Zu der Buchreihe «Kulturgeschichte der Naturwissenschaften und der Technik»

Naturwissenschaftliche und technische Gegenstände sind nicht eindeutig, sondern vieldeutig. Ihre humanen, sozial- und geistesgeschichtlichen Beziehungen zeigen sich nicht in Funktionsbeschreibungen. Ebenso sagt die rein fachliche Darstellung der Geschichte von Naturwissenschaft und Technik nichts aus über deren gesellschaftliche, wirtschaftliche und allgemein geistesgeschichtliche Voraussetzungen und über die sich ergebenden Konsequenzen. Demgegenüber versucht die gemeinsam vom Deutschen Museum und dem Rowohlt Taschenbuch Verlag herausgegebene neue Buchreihe ‹Kulturgeschichte der Naturwissenschaften und der Technik› auch jene Bezüge, welche die Fachgebiete übergreifen, zu beschreiben und durch Bilder zu veranschaulichen.

Die Bände richten sich an Lehrer und Ausbilder; doch sind sie so gestaltet, daß jeder interessierte Laie sie verstehen kann. Es zeigt sich, daß der Weg durch die Geschichte nicht eine zusätzliche Erschwerung des Lehr- und Lernstoffes bedeutet, sondern das Verständnis der modernen Naturwissenschaften und der Technik erleichtert.

Der Autor

Wolfhard Weber, geboren 1940 in Bremen, verheiratet, zwei Kinder; Studium der Geschichte an den Universitäten Marburg und Hamburg; Professor für Wirtschafts- und Technikgeschichte, seit 1980 an der Universität Bochum; Veröffentlichungen: Erdöleinfuhr und Erdölverarbeitung an der Unterweser (1968); Innovationen im frühindustriellen deutschen Bergbau und Hüttenwesen (1976); Fabrik, Familie, Feierabend (1978); Die Technik (Hrsg. gemeinsam mit U. Troitzsch, 2. Aufl. 1987); Industrialisierung: Das Ruhrgebiet (1982).

Wolfhard Weber

Arbeitssicherheit

Historische Beispiele – aktuelle Analysen

Deutsches Museum

Rowohlt

Die Buchreihe zur Kulturgeschichte der Naturwissenschaften und der Technik entstand im Rahmen zweier Projekte am Deutschen Museum, die vom Bundesminister für Bildung und Wissenschaft und der Stiftung Volkswagenwerk finanziell unterstützt wurden. Verantwortlich für die Konzeption der Reihe: Ilse Baumgarten, Bert Heinrich, Friedrich Klemm †, Otto Krätz, Michael Matthes, Jürgen Teichmann.

Die Interpretation der Fakten gibt die Meinung des Autors, nicht die des Deutschen Museums wieder.

Redaktion im Deutschen Museum: Ilse Baumgarten
Bildredaktion: Ludvik Vesely
Bildrechte: Albrecht Hoffmann
Redaktionsassistentin: Edeltraut Hörndl

Diese Veröffentlichung wurde mit Mitteln des Bundesministers für Bildung und Wissenschaft gefördert.

Originalausgabe
Veröffentlicht im Rowohlt Taschenbuch Verlag GmbH,
Reinbek bei Hamburg, September 1988
Umschlagentwurf: Werner Rebhuhn
(Titelblatt/großes Bild: Kupferstich aus G. Bottari: Contignationes, ac pontes Nicolai Zabaglia una cum quibusdam ingeniosis praxibus ac descriptione translationis Obelisci Vaticani... Rom 1743. Taf. 11
kleines Bild: Foto Bayerisches Landesamt für Arbeitssicherheit München)
Redaktion: Jürgen Volbeding
Layout: Edith Lackmann

Satz Times (Linotron 202)
Gesamtherstellung Clausen & Bosse, Leck
Printed in Germany
1480-ISBN 3 499 17718 8

Inhalt

Einleitung

Arbeitssicherheit als Problemfeld

Im deutschen Sicherheitsgesetz von 1973 heißt es, daß Arbeitsschutz die Summe aller Maßnahmen ist, die zum Schutz der Arbeitnehmer im Zusammenhang mit den Arbeitsverhältnissen zu treffen sind und daß durch Arbeitsschutz der Zustand der Arbeitssicherheit erreicht werden soll. Demnach gehört es zu den Aufgaben des Arbeitsschutzes, Arbeitsunfälle und anerkannte Berufskrankheiten zu verhüten, aber auch Erkrankungen, die im Zusammenhang mit Arbeit entstehen, wie Verschleißschäden, sowohl körperlicher, geistiger wie seelischer Art, zu vermeiden. Im weiteren Umfeld trägt auch die Arbeitszufriedenheit durch Vermeidung von Überbeanspruchung wie Unterforderung zur Erhaltung der Arbeitssicherheit bei. Mit diesem Gesetz sollte die allgemeine Gesundheit der Arbeitnehmer erhalten werden.

Gesundheit ist nach der Vorstellung der Weltgesundheitsorganisation nicht nur das Freisein von Krankheit oder Gebrechen, sondern auch ein Zustand völligen körperlichen, seelischen und sozialen Wohlbefindens. Hinter dieser Definition verbirgt sich ein so umfangreicher Anspruch, daß die Kostenträger, wie Staat und Versicherungen, angesichts der schnell wachsenden Ausgaben bald aufgeben müßten, wollte man diesen Anspruch völlig dem Individualempfinden überlassen. Wie sich inzwischen herausgestellt hat, ist die Finanzierung der Gesundheitskosten in den öffentlichen Versicherungen das größte kurz- und mittelfristige Haushaltsproblem. Von daher wird verständlich, daß sich die Arbeitgeber gegen breitere Inanspruchnahme der von ihnen mitfinanzierten Krankenkassen oder der Unfallversicherung immer wieder heftig gewehrt haben.

Die öffentliche Diskussion hat sich in der jüngsten Vergangenheit trotz des erschütternden Buches von Günther Wallraff (1985) von den arbeitsbedingten Erkrankungen wieder etwas abgewendet und beachtet nach der radioaktiven Verseuchung durch den Reaktorunfall von Tschernobyl im April 1986 und der chemischen Verseuchung des Rheins durch den Chemieunfall in Basel im Oktober 1986 stärker die allgemeinen Umweltbelastungen, die in ihrer Gesamtheit freilich deutlich machen, wie wenig der betriebliche Raum ohne effektive öffentliche Kontrolle bleiben darf.

Erst über die Safety-first-Bewegung der amerikanischen Unfallverhütung wurde seit den zwanziger Jahren dieses Jahrhunderts Arbeitssicherheit für die Öffentlichkeit zu einem bedeutsamen Begriff, der im Zusammenhang mit den Sicherheitsvorschriften eng mit der industriellen Welt des frühen 19. Jahrhunderts verbunden ist – schon 1815 wurde die «Sicherheits»-lampe eingesetzt (Weber 1984). In dieses Umfeld gehört auch eine ganze Reihe anderer und zum Teil älterer Begriffe wie Unfallverhütung, Arbeiterschutz, Arbeitsschutz, Schutz vor Berufskrankheiten, Gesundheitsschutz, technische Sicherheit usw. Der Wortbestandteil Sicherheit ist von ungemein komplexer Bedeutung und ermöglicht gerade wegen seiner Unschärfe eine starke Identifizierung und Bündelung von politischen Kräften; denn wer könnte schon gegen Sicherheit in jeder Form sein? Doch absolute Sicherheit gibt es nicht, weder im politischen noch im technischen Raum und eben auch nicht im Verhalten der Menschen untereinander und bei der Arbeit, ganz abgesehen davon, daß ein exzessives Sicherheitsstreben zu Bewegungsunfähigkeit und in der Folge zu einer technisch-gesellschaftlichen Stagnation führen kann. Es muß also darauf ankommen, nach dem Stellenwert von Sicherheit im Wettbewerb mit anderen, ebenfalls berücksichtigenswerten Komponenten unserer Lebensgestaltung, etwa dem Mobilitätsdrang, zu fragen. Der amerikanische Begriff «safety» hat eher den Charakter privater Zweckmäßigkeit, während in Deutschland daraus eine öffentliche Verpflichtung geworden zu sein scheint (Dantscher 1952, S. 114).

Das Wortsymbol Sicherheit verdrängte in der politischen Meinungsbildung bald nach dem Zweiten Weltkrieg das des Friedens und rückte um 1970 in den Bereich der inneren Sicherheit. Sicherheit bekam allmählich auch einen Selbstzweck, nachdem sie zuvor eher einen instrumentellen Charakter, etwa als Alternative für Frieden, gehabt hatte (Kaufmann 1970, S. 74ff). Dieser Umschwung ist auch im Bereich Technik zu erkennen. Sicherheit bedeutet ein bestimmtes Maß zusätzlichen Aufwandes, das über die unmittelbare Funktionstüchtigkeit eines technischen Systems hinausgeht und auch bei größeren Belastungen die Umgebung schadlos beläßt.

Sicherheit im technischen Bereich kann man in einem weiteren und in einem engeren Sinne verstehen (Tab. 1). Im engeren Sinne betrifft Sicherheit ausschließlich die technischen Mittelsysteme (Maschinen), in einem weiteren Sinne die Mensch-Mittel-Systeme (z. B. Fabriken). Letzteres wird dann oft unter Begriffen wie Arbeitsschutz, Betriebsschutz, Betriebssicherheit, Verkehrssicherheit thematisiert.

In einem technischen Lexikon (Lueger 1967, S. 604ff) wird Sicherheit in drei sich erweiternden Stufen aufgeführt:

- Die technische Sicherheit im engeren Sinne (Systemsicherheit) als der Grad des Abstandes von einer Gefahrengrenze, die zum Versagen des technischen Systems führen kann; sie hat dann ihr Optimum erreicht, wenn sie harmlos, zuverlässig und selbstsicher ist.
- Die Betriebssicherheit, welche die technische Sicherheit voraussetzt und vom Erfolg des Betriebssystems Mensch – Maschine abhängig ist;

1 **Arbeitsstätten einschließlich Betriebshygiene**	2 **Maschinen, Geräte und technische Anlagen**	3 **Gefährliche Arbeitsstoffe**	4 **Arbeitszeitregelungen**	5 **Schutz bestimmter Personengruppen**	6 **Arbeitsschutzorganisation im Betrieb**
Zur Arbeit bedarf es zunächst einmal entsprechender Räumlichkeiten einschließlich der Toiletten, Waschgelegenheiten, Umkleideräume, Pausenräume u. a.	In den Arbeitsstätten müssen die Einrichtungen aufgestellt und eingebaut werden, die zur Arbeit erforderlich sind.	Häufig werden zur Arbeit nicht nur Maschinen, Geräte und technische Anlagen benötigt, sondern auch gefährliche Chemikalien.	Nachdem die technischen Voraussetzungen für die Arbeit geschaffen sind, kommen die Menschen in die Arbeitsstätte, um an den Maschinen, Geräten und technischen Anlagen zu arbeiten. Sie dürfen nicht Tag und Nacht arbeiten, bis ihre Gesundheit Schaden nimmt und sie der Allgemeinheit zur Last fallen.	Es arbeiten jedoch nicht nur voll einsatzfähige Männer und Frauen in den Betrieben und Verwaltungen, sondern auch werdende Mütter und Jugendliche. Für sie muß es, wenn es erforderlich ist, einen besonderen Schutz geben.	Und schließlich muß es Leute geben, die sich auf dem weiten und komplizierten Gebiet des Arbeitsschutzes auskennen und ihn im Betrieb organisieren.

Tab. 1: Im Verlauf der letzten zwei Jahrhunderte, seit Beginn der industriellen Entwicklung, haben sich die technischen Systeme und die Arbeitsorganisation entscheidend verändert. In der Folge dieses Prozesses erhöhten sich die Anforderungen der Arbeitenden und der Gesellschaft an die Zuverlässigkeit und Unschädlichkeit von Arbeitsverfahren.

das Konzept der Betriebssicherheit verschiebt aber bereits die Gefährlichkeit des Betriebes auf die in diesem Betrieb tätigen Menschen, denn die Idee der Betriebssicherheit beinhaltet die Vorstellung, daß die Gefährlichkeit der Technik durch den Menschen auferlegte Verhaltensnormen gelöst oder weitgehend unschädlich gemacht werden kann.
- Die Verkehrssicherheit, die wiederum Betriebssicherheit voraussetzt und von der Art und Weise abhängig ist, mit der der Mensch mit den anderen Verkehrsgefahren fertig werden kann. Mit ihr erhält die psychische Stabilität der Handelnden einen hohen Stellenwert; sie ist unabhängig vom Konfliktpotential zwischen Kapital und Arbeit.

Es ist nicht etwa ein Ausdruck von Unfähigkeit, das Problem zu erkennen, wenn wir so viele Begriffe und Organisationen entwickelt haben, die uns vor den Risiken schützen sollen, die aus unserer Arbeit bzw. Techniknutzung fließen. Es drückt vielmehr unsere Unfähigkeit aus, die Vorsorge vor den Risiken und die Linderung der Folgen aus dem Umgang mit Technik, vor allem am Arbeitsplatz und damit bei Arbeitsunfällen, einheitlich in Angriff zu nehmen und lösen zu können (Tab. 2). Eine solche deprimierende Erkenntnis sagt noch nichts darüber aus, warum das so ist: Die gerechte oder tragbare Kostenverteilung hat dabei stets eine entscheidende Rolle gespielt. Dennoch bleibt die Forderung bestehen, daß Arbeitsschutz dreierlei erreichen soll: die körperlichen, geistigen und seelischen Kräfte bewahren und stärken, die wirtschaftliche und soziale Existenz des Arbeitenden erhalten und eine öffentlich sanktionierte Verwaltung schaffen bzw. erhalten, die eine rechtliche und gesellschaftliche Bürgschaft für einen effektiven Vollzug von Schutzmaßnahmen bietet.

Im Folgenden sollen nun Gefahrenmomente und ihre Wahrnehmung von der Vergangenheit bis in die Gegenwart aufgezeigt werden. Zugleich gilt es, den sehr unterschiedlichen gesellschaftlichen und politischen Handlungsspielraum der Betroffenen herauszuarbeiten. Dieser Ansatz kann keine umfassende Geschichte der Sozialpolitik anbieten, sondern wird durch eine Gegenüberstellung von aktuellem Verlauf technisch-wirtschaftlicher Entwicklungen einerseits und Reaktionsweisen der politisch Verantwortlichen andererseits auf die großen Lücken dazwischen hinweisen.

Arbeit vollzog und vollzieht sich zwischen dem Arbeitenden und seiner Umwelt. Früher war allein die Natur Gegenpart des Menschen. Aber schon seit langer historischer Zeit befinden sich die Arbeitenden in einem Spannungsfeld zwischen denjenigen Menschen, die andere anzuleiten, anzuspornen, zu überwachen, einzuweisen und zu kontrollieren haben, auf der einen Seite und der zu bearbeitenden Sache, dem Gegenstand, auf der anderen. Diese Auseinandersetzung unterlag im Laufe der Ge-

	kurzfristige Beanspruchungsfolgen	langfristige Beanspruchungsfolgen
negativ	● Ermüdung ● Monotonie ● psychische Sättigung	● Unzufriedenheit ● gesundheitliche Beeinträchtigung ● geringe gesellschaftliche Aktivitäten
positiv	● Anpassung und Gewöhnung ● Lernen und Übung	● Zufriedenheit ● gesundheitliches und emotionales Wohlbefinden ● Erwerb von Fähigkeiten und Fertigkeiten ● gesellschaftliche Aktivitäten

Tab. 2: Die wachsende psychische Belastung am Arbeitsplatz macht es bei Arbeitsunfällen nahezu unmöglich, einen eindeutigen Zusammenhang von Ursache und Wirkung herzustellen. Es ist einfacher, psychische Beanspruchungen am Arbeitsplatz in ihren positiven und negativen Folgen zu beschreiben.

schichte sehr vielen Wandlungen und muß daher auch in den jeweiligen zeitgeschichtlichen Zusammenhang gestellt werden. Dabei stellen sich sogleich eine Reihe von Fragen: Wie sind Arbeitsmotivation, Arbeitsorganisation, Arbeitsverhalten, Arbeitsentgelt und weitere strukturelle Probleme, etwa Stabilität und Wandel von Arbeitsformen, einzuschätzen?

Wenn wir Arbeitssicherheit hier nicht verstehen im Sinne einer Sicherheit *des* Arbeitsplatzes, sondern einer Sicherheit *am* Arbeitsplatz zum Schutz vor Verletzungen oder Unfällen, dann ist sie ein Teilaspekt der Arbeitssoziologie (Fürstenberg 1977) und unterliegt den gleichen Einflüssen wie die Arbeit selbst.

Wir werden auch zu fragen haben, mit welcher Intensität Arbeiter den Übergang aus dem Handwerk und der ländlichen Unterbeschäftigung in die sich industrialisierende Gesellschaft erlebt haben und wie ihre Reaktionen von den Konstrukteuren und denjenigen, die für den Einsatz von Technik verantwortlich sind, berücksichtigt wurden. Dabei spielt es eine erhebliche Rolle, von welchem Menschenbild ausgehend Arbeit verteilt wird. Eine Beantwortung dieser Fragen ist wichtig für die Auswahl der historischen Stoffe und der Quellen, die wir für unsere Urteilsfindung heranziehen wollen. Sie sind aber in der bisherigen Geschichtswissenschaft kaum gestellt worden, und darum werden wir uns mit vielen vorläufigen Antworten zufriedengeben müssen.

Nun ist eine fortlaufende «Berichterstattung» über alles, was mit Arbeitssicherheit zu tun hat, im Rahmen dieses Buches weder möglich noch wünschenswert. Es erleichtert aber unsere Orientierung, wenn wir Ereignisse und Reaktionen herausarbeiten können, die im Zusammenhang mit Umbrüchen, mit auffallendem, schnellen Wandel verbunden sind. Zu den wesentlichen Elementen des Wandels gehören Technologie und Arbeitsverhältnisse, dann die Einstellung, mit der Arbeit eingeteilt bzw. Arbeit aufgenommen wird sowie das Bewußtsein von den Risiken am Arbeitsplatz selbst. Wichtig für die sozialpolitische Wirksamkeit des Sicherheitsbewußtseins ist der medizinische Kenntnisstand und die Art und Weise, wie arbeitsbedingte Schäden oder Risiken wahrgenommen werden, sowie die Bedeutung, die der Gesundheit eingeräumt wird. Die Ansprüche auf Arbeitssicherheit werden auf beiden Seiten des Arbeitsplatzes formuliert – ihre Realisierung ist immer ein gesellschaftspolitischer Kompromiß.

Daß größere Anstrengungen beim Arbeitsschutz Arbeitsplätze gefährden können, ist eine vielbehauptete und zugleich triviale Erkenntnis: Unfallzahlen und -kosten kann der Produzent bei hohen Lohnkosten dann am besten senken, wenn er weniger Menschenhände in den Produktionsprozeß eingreifen läßt. Kann er diese Lohngesamtkosten nicht durch andere Maßnahmen – wie Erhöhung der Stückzahl – ausgleichen, dann werden Arbeitsplätze dorthin verlagert, wo kostengünstiger produziert werden kann. Damit erweist sich Rationalisierung als einer der effektivsten Mechanismen, bei Erreichung von mehr Arbeitssicherheit die Arbeitsplätze im Lande zu erhalten.

Zeittafel

Für die Zeittafel wurden auch die Arbeiten von Skiba 1985 und Milles/Müller herangezogen.

Zeit	Maßnahmen, Gesetze, Institutionen, Publikationen *	Zeit	Allgemeine Daten, insbesondere zur technischen und sozialpolitischen Entwicklung
		um 1200	Zunftähnliche Zusammenschlüsse der Bergleute in Schlesien und Tirol.
Um 1300	Bergordnungen mit Sicherheitsbestimmungen.	Anfang 14. Jh.	Entwicklung der Pulverwaffen.
um 1400	Berufsgebundene Krankenladen in verschiedenen Regionen.	14. bis 15. Jh.	Wirtschaftlicher Aufschwung im Bergbau, Metallgewerbe und Handwerk.
1473	Ulrich Ellenbog: Von den gifftigen Besen Tempffen und Reuchen.		
1531	Paracelsus nennt Blei und Quecksilber als Ursache für Krankheiten, u. a. der Bergsucht.		
1556	Georgius Agricola: De re metallica libri XII (dt. 1557).		
1614	Martin Pansa: Über Berg- und Lungensucht.	um 1600	Zucht- und Armenhäuser.
1656	Samuel Stockhausen: Über Bergsucht und Hüttenkatze.		
		1694	Universität in Halle gegründet.
1700	Bernardino Ramazzini: De morbis artificum diatriba (dt. 1705)	Anfang 18. Jh.	Straßenbeleuchtung mit Öl in deutschen Städten.
		1708	Bettel- und Armenordnung in Preußen.
		1712	Thomas Newcomen erhält Patent auf seine Dampfmaschine zusammen mit Thomas Savery.
		1733	John Kay entwickelt den Schnellschützen für den Handwebstuhl (langsame Ausbreitung).
		1762	Erste Lebensversicherungsgesellschaft in England.

* Eine genaue Auflistung der anerkannten Berufskrankheiten befindet sich im Anhang.

Zeit	Maßnahmen, Gesetze, Institutionen, Publikationen *	Zeit	Allgemeine Daten, insbesondere zur technischen und sozialpolitischen Entwicklung
		1764	James Hargreaves baut eine Handspinnmaschine, die Spinning Jenny (Patent 1770).
		1765	Gründung der ersten Berg-Akademie in Freiberg/Sachsen.
		1769	Richard Arkwright nimmt Patent auf Flügelspinnmaschine für die industrielle Garnfertigung.
		1776	Patent für eine Dampfmaschine mit Drehbewegung für Boulton & Watt.
		1779	Eröffnung der ersten Kinderklinik in London.
		1784	Henry Cort erhält ein Patent für die Herstellung von Puddelstahl; ab 1795 einsatzfähig. Claude de Berthollet entdeckt Chlor als Bleichmittel.
		1790	Erste deutsche Gewerbeausstellung in Hamburg.
		1791	Erste Sodafabrik nach dem Verfahren von Nicolas Leblanc: Beginn großtechnischer Herstellung chemischer Grundstoffe.
		1793	Baumwollentkernungsmaschine in den USA entwickelt.
1802	Erstes Gesetz zur Einschränkung der Kinderarbeit in England.	1802	Staatliche Impfanstalt in Berlin.
		1804	Eisenbahn mit Dampfmaschinenantrieb für Materialtransporte in Wales, erbaut von Richard Trevithick.
		ab 1807	Preußische Reformen: Bauernbefreiung und Städteordnung.
1808	Abteilung für Medizinalwesen im Preußischen Ministerium des Innern.		
		1811	Zunftzwang in Preußen aufgehoben.

Zeit	Maßnahmen, Gesetze, Institutionen, Publikationen*	Zeit	Allgemeine Daten, insbesondere zur technischen und sozialpolitischen Entwicklung
		1812	Gasbeleuchtung in London.
		1814	Gründung der ersten Gewerkschaften in England.
		1815	Humphrey Davy erfindet die Sicherheitsgrubenlampe.
		1816	In Preußen besuchen etwa 60 % der schulpflichtigen Kinder regelmäßig eine Schule.
ab 1820	Betriebskrankenkassen in Deutschland, v. a. im Maschinenbau.		
		1824	Stahlwerk nach dem Puddelverfahren in Neuwied.
		1826	Gasbeleuchtung in Berlin und Hannover. Pierre Bretonneau entdeckt den Diphteriebazillus.
1828	General von Horn (Preußen) beklagt die unzureichende Rekrutentauglichkeit in Fabrikgegenden.		
		ab 1830	Gründung verschiedener Arbeiterbildungsvereine in Deutschland.
		1831	Erste europäische Cholera-Epidemie: hohe Todesrate in den Armenquartieren z. B. in Hamburg.
1833	In England wird für die Textilindustrie das Factory Act verabschiedet: Arbeitsverbot für Kinder unter 9 Jahren, Einrichtung der Fabrikinspektion.		
1833/34	Arbeitsschutzbestimmungen für Frauen in England.	1834	Deutscher Zollverein tritt in Kraft. Gründung der Grand National Consolidated Trade Unions. Friedlieb F. Runge entdeckt Anilin im Steinkohlenteer: Grundlage der synthetischen Farbenchemie.

Zeit	Maßnahmen, Gesetze, Institutionen, Publikationen*	Zeit	Allgemeine Daten, insbesondere zur technischen und sozialpolitischen Entwicklung
		ab 1835	Eröffnung verschiedener Eisenbahnlinien auch für den Personenverkehr in Deutschland.
1839	Mit dem preußischen Regulativ wird für Fabriken und Bergwerke Kinderarbeit unter 9 Jahren und generell Nacht-, Sonn- und Feiertagsarbeit verboten; die Arbeitszeit für unter Sechzehnjährige wird auf 10 Stunden beschränkt.	1839	Bekanntgabe des fotografischen Verfahrens durch die Académie Royale des Sciences.
		1840	Justus von Liebig entwickelt Kunstdünger.
1842	In der Armenpflege wird das Heimatprinzip durch die Versorgungspflicht ersetzt.		
		1843	Bettina von Arnim schreibt «Dieses Buch gehört dem König»: sozialpolitisch engagierte Streitschrift über die Lebensbedingungen im Textilgewerbe.
		1844	Friedrich Harkort veröffentlicht «Bemerkungen über die Zivilisation und Emanzipation der unteren Klassen».
1845	Preußische Gewerbeordnung (GewO): Gewerbefreiheit, Unterstützungskassen, Ausbildungspflicht, Rücksichtnahme auf Gesundheit, Sittlichkeit und Schulbesuch der Beschäftigten. Überwachung der Arbeitsregelungen auf lokaler Ebene: freiwillige Einrichtung von Kommissionen.	1845	Friedrich Engels veröffentlicht «Die Lage der arbeitenden Klasse in England».
1846	70 Unterstützungskassen bilden den Gewerbekrankenverein in Berlin.		

Zeit	Maßnahmen, Gesetze, Institutionen, Publikationen *	Zeit	Allgemeine Daten, insbesondere zur technischen und sozialpolitischen Entwicklung
1846/47	In England wird der 10-Stunden-Tag für Jugendliche bis 18 Jahre und für Frauen festgesetzt; Nachtarbeitsverbot für Frauen.		
1847	Gründung der ersten Bauerngenossenschaft durch F. W. Raiffeisen.	1847	Ignaz Semmelweis führt die Aseptik als Vorsorge gegen Kindbettfieber ein.
		1848	Deutsche Nationalversammlung in der Paulskirche in Frankfurt am Main. Einführung des Dreiklassenwahlrechts in Preußen. Erster allgemeiner deutscher Arbeiterkongreß in Berlin. Luise Otto-Peters gibt erste deutsche «Frauenzeitung» heraus.
1849	Nach preußischem Gesetz sollen «Gewerberäte» gebildet werden: sozialpolitische Lokalparlamente aus Vertretern von Handwerk, Handel, Fabrikanten und Arbeitnehmern zur Regulierung von Konflikten. Gesetzliche Verpflichtung der Unternehmen zu Zahlungen an die Unterstützungskassen. Salomon Neumann gründet den Gesundheitspflegeverein der deutschen Arbeiterverbrüderung in Berlin.		
		1851	Erste Weltausstellung der Industrie in London. Isaac M. Singer produziert Nähmaschinen in Serie.
1853	Fabrikinspektorengesetz in Preußen: Beginn der fakultativen Gewerbeaufsicht.		
1854	Auch nach der Liberalisierung des Bergbaus behalten die Knappschaftsvereine als Zwangsorganisationen Aufgaben wie Unterstüt-	1854	Auflösung der Arbeitervereine auf Beschluß des Norddeutschen Bundes.

Zeit	Maßnahmen, Gesetze, Institutionen, Publikationen*	Zeit	Allgemeine Daten, insbesondere zur technischen und sozialpolitischen Entwicklung
	zung bei Krankheits-, Invaliditäts- und Todesfällen, Hilfe für Witwen und Waisen. Gesetzliche Regelung der gewerblichen Unterstützungskassen.		
		1860	Erster internationaler Chemikerkongreß in Karlsruhe.
		1861	Bessemer-Verfahren zur industriellen Herstellung von Stahl. Aufhebung des Koalitionsverbotes in Sachsen: Gründung des Gewerblichen Bildungsvereins in Leipzig.
		1863	Ferdinand Lassalle gründet den Allgemeinen Deutschen Arbeiterverein in Leipzig; Max Hirsch und F. Duncker gründen den liberalen Gewerkverein.
		1864	Erste Internationale in London unter Leitung von Karl Marx.
		1865	Luise Otto-Peters und Auguste Schmidt gründen den Allgemeinen Deutschen Frauenverein.
1866	Gründung des ersten Dampfkesselüberwachungs-Vereins in Baden. Carl Knaps wird erster Werksarzt in einer Anilinfabrik in Ludwigshafen.	1866	Gründung der National Labour Union in den USA.
		ab 1867	In der Chirurgie wird auf Antisepsis geachtet.
		1867	Werner von Siemens entdeckt das dynamo-elektrische Prinzip: Entwicklung des Elektromotors. Karl Marx veröffentlicht «Das Kapital», Bd. 1.
		1869	Gewerbeordnung vom Norddeutschen Bund verabschiedet (1871 vom Deutschen Reich übernommen):

Zeit	Maßnahmen, Gesetze, Institutionen, Publikationen *	Zeit	Allgemeine Daten, insbesondere zur technischen und sozialpolitischen Entwicklung
			Koalitionsfreiheit, aber kein Koalitionszwang für beide Tarifparteien.
1871	Reichshaftpflichtgesetz: Unternehmer müssen bei nachgewiesener Verfehlung Schadensersatz leisten.	1870 bis 1874	Gründung von 857 Aktiengesellschaften in Deutschland.
		1872	Gründung des Vereins für Socialpolitik.
		1873	Remington produziert Schreibmaschinen in Serie.
1874	Gründung des Reichsgesundheitsamtes in Berlin.	1874	Reichsimpfgesetz: Impfzwang gegen Pocken im ersten und zwölften Lebensjahr.
1875	Das Gothaer Programm der Sozialistischen Arbeiterpartei Deutschlands verlangt Arbeitsschutzgesetze, Arbeiterausschüsse und -kammern.		
		1876	Gründung des Centralverbandes Deutscher Industrieller (CDVI).
1878	Novelle zur GewO: gegen Bismarcks Willen obligatorische Fabrikinspektion.	1878	Verabschiedung des «Sozialistengesetzes» (bis 1890 in Kraft).
		1881	Erste elektrische Straßenbahn in Berlin von Siemens & Halske.
1883	Krankenversicherungsgesetz für Arbeiter.		
1884	Unfallversicherungsgesetz: Bildung von Berufsgenossenschaften, Ablösung der Unternehmerhaftpflicht, Leistungsergänzung zur Krankenversicherung. Reichsversicherungsamt in Berlin gegründet.		
1889	Invaliditäts- und Altersversicherung werden gesetzlich geregelt.	1889	Großer Ruhrarbeiterstreik für Arbeitszeitverkürzungen und Lohnerhöhung: Kaiser Wilhelm II. empfängt Streikdelegation; Gründung der Generalkommission der Freien Gewerkschaften Deutschlands.

Zeit	Maßnahmen, Gesetze, Institutionen, Publikationen *	Zeit	Allgemeine Daten, insbesondere zur technischen und sozialpolitischen Entwicklung
1890	Internationale Arbeiterschutzkonferenz in Berlin auf Einladung Kaiser Wilhelms II. Institut für Gewerbehygiene in Frankfurt am Main eröffnet.	1890	Robert Koch gewinnt Tuberkulin.
1891	Arbeiterschutznovelle zur GewO: Gewerbeaufsicht statt Fabrikaufsicht; GewO-Beamte erhalten Befugnisse der Ortspolizeibehörde.		
		1892	Erster Kongreß der Freien Deutschen Gewerkschaften in Halberstadt. Letzte Cholera-Epidemie in Deutschland.
		1893	Erste Lungen-Volksheilstätte in Deutschland.
		1896	Verabschiedung des Bürgerlichen Gesetzbuches (BGB), seit 1. 1. 1900 in Kraft. Gründung der Stadtkölnischen Versicherungskasse gegen Arbeitslosigkeit im Winter: Anfang der Arbeitslosenversicherung.
1897	Museum für Unfallverhütung und Gewerbehygiene in München gegründet; 1900 eröffnet und 1906 in «Bayerisches Arbeitermuseum» umbenannt.		
		1899	Erster Kongreß des Gesamtverbandes Christlicher Gewerkschaften in Mainz.
1900	In die Unfallversicherung werden Land- und Forstwirtschaft, Baugewerbe und maritime Berufsgruppen aufgenommen. Ständige Ausstellung für Arbeiterwohlfahrt in Berlin gegründet; 1903 eröffnet.	um 1900	Statistisch beträgt der Frauenlohn etwas mehr als die Hälfte des Männerlohnes; seit 1920 etwa ⅔.

Zeit	Maßnahmen, Gesetze, Institutionen, Publikationen*	Zeit	Allgemeine Daten, insbesondere zur technischen und sozialpolitischen Entwicklung
1901	Internationale Vereinigung für gesetzlichen Arbeitsschutz gründet das Internationale Arbeitsamt in Basel unter Leitung von Stefan Born.		
		1902	Eröffnung der Berliner U-Bahn.
1903	Kinderschutzgesetz regelt Kinderarbeit in den gewerblichen Betrieben.	1903	Gründung des Deutschen Museums von Meisterwerken der Naturwissenschaften und Technik in München.
1905	Internationale Arbeiterschutzkonferenz in Bern: weißer Phosphor wird als Arbeitsstoff geächtet; 1906 auf einer internationalen Konferenz von Regierungsvertretern in Berlin übernommen. Novelle zum Allgemeinen Berggesetz. Konferenz in Hagen über die Belehrung der Arbeiter über die Giftgefahren in den gewerblichen Betrieben.		
1906	Erste Verordnung zur Entschädigung von Berufskrankheiten in England. Gründung der Ständigen Internationalen Kommission für Arbeitshygiene in Mailand.	1906	Internationales Nachtarbeitsverbot für Frauen.
		ab 1910	Das Fahrrad wird zu einem allgemein gebräuchlichen Verkehrsmittel.
1911	Reichsversicherungsordnung: Einheitliche Kodifizierung der Sozialversicherungsgesetze, Ausdehnung des Betriebs- und Gesundheitsschutzes auf Heimarbeit. Erste Internationale Hygiene-Ausstellung in Dresden: Deutsches Hygiene Museum ab 1913.	1911	Verband öffentlicher Lebensversicherungs-Anstalten gegründet. Reichsversicherungsanstalt für Angestellte gegründet: Pflichtversicherung gegen Invalidität.

Zeit	Maßnahmen, Gesetze, Institutionen, Publikationen *	Zeit	Allgemeine Daten, insbesondere zur technischen und sozialpolitischen Entwicklung
1914 bis 1918	Aufhebung fast aller Schutzgesetze.	1914 bis 1918	Erster Weltkrieg.
		1916	Gesetz über den vaterländischen Hilfsdienst: Mitarbeiter- und Angestellten-Ausschüsse werden zur Beratung herangezogen, um die Kriegsproduktion zu steigern. Gasmaske und Stahlhelm gehören zur Soldatenausrüstung.
		1917	Gründung des Deutschen Normenausschusses (DNA).
		1918	November-Revolution; Philipp Scheidemann ruft die deutsche Republik aus; gesetzliche Verankerung des 8-Stunden-Arbeitstages, gültig bis 1923, durch die Arbeitszeitordnung 1938 wieder in Kraft gesetzt.
		1919	Gründung des Völkerbundes mit Sitz in Genf: Eingliederung des Internationalen Arbeitsamtes und Eröffnung der Sektion Arbeitshygiene. Internationale Arbeitskonferenz in Washington: u. a. 48-Stunden-Woche. Allgemeiner Deutscher Gewerkschaftsbund (ADGB) gegründet. Allgemeines Wahlrecht für Frauen.
		1920	Betriebsrätegesetz: Mitspracherecht bei Tarifverhandlungen, beim Arbeitsschutz, bei der Verwaltung von Pensionskassen und Werkswohnungen. Zentralausschuß deutscher Unternehmerverbände gegründet.

Zeit	Maßnahmen, Gesetze, Institutionen, Publikationen*	Zeit	Allgemeine Daten, insbesondere zur technischen und sozialpolitischen Entwicklung
1922	Gründung der Deutschen Gesellschaft für Gewerbehygiene.		
1924	Gründung des Reichsausschusses für Arbeitszeitermittlung (REFA) vom Verband der Metallindustriellen. Einrichtung einer Klinik für Berufskrankheiten in Berlin.		
1925	1. Berufskrankheitenverordnung: Ausdehnung der Unfallversicherung auf 11 anerkannte gewerbliche Berufskrankheiten. Unfallversicherung schließt den Arbeitsweg ein.	1925	Gründung des IG-Farben-Konzerns unter Vorsitz von Carl Duisberg.
		1926	Internationale Rohstahlgemeinschaft gegründet, unter Beteiligung von Deutschland, Frankreich, Belgien und Luxemburg; später Erweiterung.
		1927	Reichsanstalt für Arbeitsvermittlung und Arbeitslosenversicherung. Arbeitsrechtlicher Mutterschutz auf die Zeit vor der Geburt ausgedehnt.
1928	Scheitern eines umfassenden Arbeitsschutzgesetzes im Reichstag.		
1929	Internationale Konferenz in Lyon: Einführung der Bezeichnung Arbeitsmedizin. 2. Berufskrankheitenverordnung: Weitere 11 Berufskrankheiten werden in die Unfallversicherung aufgenommen; Silikose anerkannt. Verlegung des Kaiser-Wilhelm-Instituts für Arbeitsphysiologie von Berlin nach Dortmund.	1929	Zusammenbruch der New Yorker Börse leitet Weltwirtschaftskrise ein.

Zeit	Maßnahmen, Gesetze, Institutionen, Publikationen*	Zeit	Allgemeine Daten, insbesondere zur technischen und sozialpolitischen Entwicklung
		1930	Gründung des Instituts Français de Medicine du Travail in Paris.
		1930er Jahre	Entwicklung der Leuchtstofflampe.
1933/34	Ausbau der Klinik für Berufskrankheiten zu einem Universitätsinstitut für Berufskrankheiten in Berlin.	1933	1. Mai, Tag der Nationalen Arbeit in Deutschland. 2. Mai, Auflösung der demokratisch legitimierten Gewerkschaften. Bildung der Deutschen Arbeitsfront (DAF).
1934	Gesetz zur Ordnung der nationalen Arbeit: Einführung des ‹Führerprinzips› in der Sozialversicherung; Aufhebung der Gleichberechtigung der Sozialpartner. Ernennung von Vertrauensmännern nach den Allgemeinen Verhütungsvorschriften. Einführung der Krankenversicherung für Rentner.		
		1936	Nationalsozialistischer Vierjahresplan: wirtschaftliche Autarkie im Interesse der Kriegswirtschaft angestrebt.
1938	Mit dem Jugendschutzgesetz werden die Bestimmungen über die Arbeitszeit für Kinder/Jugendliche und Erwachsene getrennt.		
1939	Gesetz über gesundheitsschädliche Arbeitsstoffe.	1939	Einmarsch der deutschen Truppen in Polen: Beginn des Zweiten Weltkrieges.
1939 bis 1945	Bestimmungen für die Kriegswirtschaft setzen sozialpolitisch fortschrittliche Verordnungen außer Kraft; Arbeitsschutzbestimmungen gelten nicht für Fremd- und Zwangsarbeiter.	1942	Penicillin zu einem wirksamen Heilmittel entwickelt.
		1945	Bedingungslose Kapitulation der deutschen Wehrmacht.

Zeit	Maßnahmen, Gesetze, Institutionen, Publikationen*	Zeit	Allgemeine Daten, insbesondere zur technischen und sozialpolitischen Entwicklung
			Gründung der United Nation Organization (UNO) mit Sitz in New York.
1946	Gründung des Knappschaftskrankenhauses in Hamm zur Erforschung und Betreuung der Berufskrankheiten.		
1947	Arbeitsschutzwoche in Groß-Berlin und der sowjetischen Besatzungszone (SBZ).		
1948	Gründungen verschiedener Institutionen: Zentral-Institut für Sozial- und Gewerbehygiene in Berlin-Ost; Zentralinstitut für Arbeitsschutz in Soest, 1959 nach Koblenz verlegt, seit 1968 als Bundesinstitut in Dortmund; Institut für Staublungenforschung und Gewerbehygiene in München.	1948	Währungsreform: für jeden Konsumenten DM 40,00.
	Gründung der werksärztlichen Arbeitsgemeinschaft.	1949	Gründung der Bundesrepublik Deutschland: Verabschiedung des Grundgesetzes als Verfassung. Gründung des Deutschen Gewerkschaftsbundes (DGB).
1951	Beitritt Deutschlands zur Weltgesundheitsorganisation (WHO) der Vereinten Nationen. Konstituierung des Verbandes für Arbeitsstudien REFA e. V. unter Beteiligung der Gewerkschaften. Gründung des Silikose-Forschungsinstitutes der Bergbau-Berufsgenossenschaft in Bochum.	1951	Gründung der Montan-Union mit Sitz in Luxemburg, unter Beteiligung von Frankreich, Italien, Deutschland und der Beneluxländer mit dem Ziel der Konzernentflechtung. Beitritt Deutschlands zur International Labour Organization (ILO). Gesetz über die Mitbestimmung der Arbeitnehmer in den Aufsichtsräten und Vorständen der Unternehmen der eisen- und stahlerzeugenden Industrie (Montanmitbestimmung).

Zeit	Maßnahmen, Gesetze, Institutionen, Publikationen*	Zeit	Allgemeine Daten, insbesondere zur technischen und sozialpolitischen Entwicklung
1952	Einrichtung des Bundesgesundheitsamtes. Betriebsverfassungsgesetz regelt die Mitbestimmung der Arbeitnehmervertreter u. a. bei sozialen Angelegenheiten in den Betrieben der Privatwirtschaft: Betriebsräte wirken bei der Unfallverhütung mit.	1952	Mutterschutzgesetz: Erweiterung der Beschäftigungsverbote von 1942, Neufassung 1968.
1953	Erster deutscher Kongreß für Arbeitsschutz und Arbeitsmedizin in Homburg.		
Mitte der 1950er Jahre	Steigende Unfallzahlen in der Stahlindustrie: in den USA 53 Unfälle, BRD 2300 Unfälle pro 1 Mio. t Rohstahl.	1955	Personalvertretungsgesetz regelt den Einfluß der Beschäftigten auf die Arbeitsbedingungen im öffentlichen Dienst.
		1957	Gründung der Europäischen Wirtschaftsgemeinschaft (EWG) und der Europäischen Atomgemeinschaft, unter Beteiligung von Frankreich, Italien, Deutschland und der Benelux-Länder.
		1959	Verabschiedung des Atomgesetzes. 5-Tage-Woche im Ruhrbergbau.
1960	Jugendarbeitsschutzgesetz verbietet die Kinderarbeit und sichert gesundheitliche Betreuung. IG Metall fordert auf dem 6. Ordentlichen Gewerkschaftstag ein Programm zur Erhöhung der Arbeitssicherheit.	um 1960	Einsatz von programm- und numerisch gesteuerten Maschinen.
1961	Gründung der Deutschen Gesellschaft für Arbeitsmedizin.		
1963	Unfallversicherungsneuregelungsgesetz: Unfallverhütung wird zur wichtigsten Aufgabe, Regierung zu einem jährlichen Bericht verpflichtet, Sicherheits-		

Zeit	Maßnahmen, Gesetze, Institutionen, Publikationen *	Zeit	Allgemeine Daten, insbesondere zur technischen und sozialpolitischen Entwicklung
	beauftragte in großen Betrieben, Dynamisierung der Unfallrente.		
		1966	Bildung der Großen Koalition aus SPD und CDU/CSU: Verabschiedung der Notstandsverfassung.
1968	Arbeitsmittelgesetz: technische Schutzvorkehrungen als Konstruktionsvorgabe. Gründung der Bundesarbeitsgemeinschaft für Arbeitssicherheit (BASI).		
1969	Gesetz über die Fortzahlung des Arbeitsentgelts im Krankheitsfalle.	ab 1969	Koalition von FDP und SPD: zahlreiche Gesetze zur Regelung des Arbeitslebens.
1971	Verordnung über gefährliche Arbeitsstoffe: erweitert die Liste der im Gesetz von 1939 aufgeführten Stoffe.	1971	Gesetzliche Pflichtversicherung für Schüler, Studenten und Kinder in Kindergärten.
1972	Betriebsverfassungsgesetz: Erweiterung der Funktionen des Betriebsrates, keine Veränderung in der Zusammensetzung des Aufsichtsrates. Umwandlung des Bundesinstituts für Arbeitsschutz (seit 1968 in Dortmund) in die Bundesanstalt für Arbeitsschutz und Unfallforschung.	1972	Für Halbleitergeräte werden in der Bundesrepublik Deutschland $ 218 Mio. ausgegeben, 1956 waren es $ 3 Mio.
1973	Arbeitssicherheitsgesetz: Betriebsärzte, Sicherheitsingenieure und Fachkräfte für Arbeitssicherheit obligatorisch, in Kraft ab 1. 2. 1974. Aufbau eigener Arbeitsschutzorgane in den Betrieben.		
ab 1974	Studiengang Sicherheitstechnik in Wuppertal.		
1974	Aktionsprogramm Humanisierung des Arbeitslebens.		

Zeit	Maßnahmen, Gesetze, Institutionen, Publikationen*	Zeit	Allgemeine Daten, insbesondere zur technischen und sozialpolitischen Entwicklung
1975	Erweiterung der Arbeitsstoffverordnung von 1971. Verabschiedung der Arbeitsstättenverordnung.	1975	Anerkennung des Deutschen Institutes für Normung (DIN) als nationale Normenorganisation in Berlin.
ab 1976	Facharzt für Arbeitsmedizin.		
1976	EG-Sozialbericht mit einem Überblick über die Arbeitsschutzmaßnahmen in den Ländern der EG. Jugendarbeitsschutzgesetz: Verbot gefährlicher Arbeiten, ärztliche Einstellungsuntersuchungen. Ergänzung der 7. Berufskrankheitenverordnung von 1968: u. a. durch Gesundheitsschäden, die seit über 100 Jahren bekannt sind.		
1977	Unfallversicherer tragen Krankenhauskosten vom ersten Tag an: Entlastung der Krankenkassen.		
1979	Erweiterung des Gerätesicherheitsgesetzes von 1968: Prüfung medizinisch-technischer Geräte.		
1980	Neufassung der Arbeitsstoffverordnung unter Berücksichtigung der krebserzeugenden Arbeitsstoffe.	1980	Nato-Doppelbeschluß, die «konventionelle» Rüstung wird verstärkt.
1981	Bundesberggesetz löst das Berggesetz von 1865 ab: einheitliche Regelung für Deutschland. Zurückstellung bzw. Scheitern eines umfassenden Arbeitsschutzgesetzes.		
		1985	Günther Wallraff fordert mit «Ganz unten» die Diskussion um illegale Arbeitssituationen heraus.
1986	Erweiterung der Gefahrstoffverordnung von 1980.	1986	Reaktorunglück in Tschernobyl.

1: In den frühen Sozialmuseen zu Beginn des Jahrhunderts war man bemüht, die Aspekte des technischen Arbeitsschutzes und der Gewerbehygiene gemeinsam darzustellen. Mit dem Hygienemuseum in Dresden (1913) entstand das erste und größte Spezialmuseum in Deutschland; es wurde im Anschluß an die Internationale Hygieneausstellung gegründet. Da sich das komplexe Aufgabenfeld des Arbeitsschutzes einer eindeutigen graphischen Darstellung entzieht, wählte Franz von Stuck ein suggestives Plakatmotiv, das an das magische dritte Auge erinnert.

I. Von der Antike zur Neuzeit

1. Wandel der gesellschaftlichen Einstellung zur handwerklichen Arbeit

Arbeit ist im Verlaufe der Geschichte sehr unterschiedlich organisiert worden. Dabei haben Erfahrungen im Umgang mit Werkzeugen und Arbeitsmaterialien sowie der Umfang und der Charakter der produzierten Güter ebenso eine Rolle gespielt wie die Vorstellungen, die in der jeweiligen Gesellschaft über die Rolle der Arbeitenden entwickelt wurden.

Die mit dem Übergang zum Neolithikum zunehmende Differenzierung von Arbeitstätigkeiten (Landwirtschaft, Bergbau, Keramik, Metallverarbeitung) beschleunigte sich in den bronzezeitlichen Hochkulturen der frühen Stadtstaaten und ersten Großreiche und wurde zugleich einer erstmals deutlich erkennbaren sozialen Wertordnung unterstellt. Innerhalb der nun hierarchisch geordneten Gesellschaft waren die produzierenden, körperlichen Arbeitstätigkeiten auf die unteren Stufen verwiesen worden, und nur wenige Spezialisten hatten als Handwerkerkünstler die Möglichkeit, gesellschaftliche Anerkennung zu finden. Bei dieser sozialen Abwertung körperlicher Arbeit blieb es auch in den folgenden Jahrtausenden. Bis in die Spätantike hinein galt sie überwiegend als eine einseitig kräfteverzehrende Notwendigkeit, die – soweit wie möglich – Sklaven und Kriegsgefangenen überlassen wurde. In den von Xenophon (Oeconomicus IV, 2, 3) überlieferten Worten Sokrates' kommt diese soziale Geringschätzung der handwerklichen Arbeit deutlich zum Ausdruck:

«Die mechanischen Künste (Handwerker) werden gesellschaftlich verachtet. Sie können die Kräfte der damit Beschäftigten zerstören, etwa durch sitzende oder innerhäusliche Tätigkeit oder durch ganztägige Arbeit am Feuer... Diese körperliche Belastung führt zu einer Verkümmerung der Seele. Es fehlt den Handwerkern auch die Zeit, freundschaftliche und bürgerliche Pflichten zu erfüllen. Infolgedessen gelten sie als schlechte Bürger, und in einigen Städten ist es für einen Bürger, vor allem zu Kriegszeiten, nicht erlaubt, mit einem Handwerk verbunden zu sein.»

Nach Aristoteles unterschieden sich die Menschen um der Beschaffung des Lebensbedarfs willen in Herren und Sklaven. In wenigen Sätzen begründet er danach im 1. Buch seiner Politika die Sklaverei sowohl naturrechtlich als auch ökonomisch: «Als Besitzstück... ist er ein Werkzeug, das dem Lebensvollzug seines Besitzers dient» (pol. 1254a 13ff).

Es überrascht deshalb nicht, wenn innerhalb des überlieferten antiken Schrifttums Probleme des Arbeitsschutzes nirgendwo erwähnt oder diskutiert wurden. Bei dieser Einstellung zur körperlichen Arbeit konnten Überlegungen zur Vermeidung von Arbeitsunfällen und berufsspezifischen gesundheitlichen Gefährdungen, etwa bei der Metallverarbeitung (Abb. 2), kein Thema von öffentlichem Interesse sein. So läßt sich für diesen langen Zeitraum allenfalls vermuten, daß Erfahrung und Interesse an einem möglichst störungsfreien Arbeitsablauf zu praktischen Schutzvorkehrungen geführt haben dürften, die zumindest dazu beitrugen, Unfallgefahren – etwa bei Großbaustellen (z. B. Pyramiden, Tempel) oder in Bergwerken – zu senken. Doch über Art und Umfang derartiger Maßnahmen wissen wir nichts.

Mit Beginn des Mittelalters (um 500) und unter dem zunehmenden Einfluß einer neue soziale Schichten ansprechenden christlichen Kirche veränderte sich in West-Europa die Einstellung zur körperlichen Arbeit grundlegend. Als selbstverschuldete Mühsal des Menschen (Sündenfall) oder als göttlicher Auftrag (sich die Erde untertan zu machen) wurde sie theologisch und sozial aufgewertet. «Ora et labora» (Bete und arbeite), dieses Leitwort der Benediktiner, des ersten abendländischen Mönchsordens (529 n. Chr.), beeinflußte nicht nur nachhaltig die Ökonomie der mittelalterlichen Gesellschaft, sondern trieb als immer wiederkehrender Appell die Entwicklung der europäischen Ständegesellschaft zur Arbeitsgesellschaft voran. Mönche waren es auch, die einer noch in der Spätantike vereinzelt zum Einsatz gekommenen Produktionstechnologie zum Durchbruch verhalfen, der Nutzung der Energie des fließenden Wassers mit Hilfe des Wasserrades. Mit der internationalen Stabilisierung der europäischen Mächte und der Wiedergewinnung der alten Handelswege im Mittelmeer- und Nord-Ostsee-Raum wurde seit der Jahrtausendwende das Wasserrad im Verlauf des Mittelalters zur wichtigsten Antriebsmaschine, die in Verbindung mit der Mühlentechnologie das mittelalterliche Wirtschaftsleben dynamisierte und bis zur Einführung der Dampfmaschine ihre bedeutende Rolle im Produktionsprozeß behielt.

Doch trotz dieses fundamentalen Wandlungsprozesses in der traditionellen Einstellung zur körperlichen Arbeit, trotz des umfangreichen Einsatzes muskelkraftunabhängiger Antriebs- und Arbeitsmaschinen und trotz dieser dynamisch expandierenden Ökonomie, die innerhalb nur weniger Generationen (zwischen 1000 und 1200) aus einer autarken Agrarwirtschaft zu einer weltweit konkurrenzfähigen, hochspezialisier-

2: Bereits in Griechenland wie später auch in Rom waren die Handwerker in sogenannten Kollegien zünftisch organisiert. Sie konnten, je nach gegebener politischer Situation, Forderungen durchsetzen oder mußten dirigistische Eingriffe des Staates hinnehmen.

3: Der Schieferdecker, Berufsständeblatt aus dem 18. Jahrhundert. Die Arbeit im Baugewerbe, insbesondere im Hochbau, ist zu allen Zeiten sehr unfallträchtig gewesen. Sicherheitsmaßnahmen wurden, weil sie zu aufwendig waren, bis in die jüngste Vergangenheit hinein vernachlässigt. Man erwartete eben von den Bauarbeitern, daß sie schwindelfrei seien!

ten und arbeitsteiligen städtischen Gewerbewirtschaft führte, trotz all dieser für Europa so folgenreichen Entwicklungen fehlen uns auch für diese Zeit entsprechende Quellen, um beurteilen zu können, ob und in welchem Umfang Arbeitssicherheit als Problem erkannt wurde und in welchem Ausmaß etwaige Maßnahmen Arbeitsorganisation und Wirtschaftsleben der mittelalterlichen Gesellschaft beeinflußt haben. Für den Historiker ist das Schweigen der Quellen um so bedauerlicher, als er mit guten Gründen vermuten kann, daß im Verlauf dieses raschen Wandels von Arbeitsformen und Güterproduktion Probleme der Arbeitssicherheit zum Alltag des Wirtschaftslebens dieser Zeit gehört haben.

Bedingt etwa durch die zunehmende Arbeitszeit und -intensität waren die nach Stücklohn bezahlten Spinner, Färber und Weber in der verlagsmäßig organisierten Tuchindustrie Flanderns und Oberitaliens auf Gedeih und Verderb vom Geschick ihres Verlagsherrn und der Entwicklung der Absatzmärkte abhängig.

Die zahlreichen Aufstände dieser mittelalterlichen Textilarbeiter lassen hier vermuten, daß in ihnen nicht nur die Unzufriedenheit über zu geringen Stücklohn zum Ausdruck kam, sondern wohl auch die Empörung über als unzumutbar empfundene und gesundheitsgefährdende Arbeitsbedingungen. Abgesehen von den gleichsam traditionellen Gefahren auf den mittelalterlichen Großbaustellen während des Kathedralenbooms zwischen dem 11. und 13. Jahrhundert, wobei durch die Einführung von Tretradkränen zwar die Arbeit erleichtert wurde, aber auch neue Gefahren mit sich brachte (Abb. 3), dürften die durch Wasserkraft angetriebenen Maschinen der gewerblichen Produktion völlig neuartige Sicherheitsprobleme geschaffen haben. Die Mühle, als technisches System von Antriebs- und Antreibmaschinen, brachte erstmals im Arbeitsprozeß Mensch und Maschine in einen engen Zusammenhang, in dem die gleichbleibende Kraft der Maschine den Rhythmus der Arbeit bestimmte. In diesem vervielfachten Krafteinsatz, über die Möglichkeiten eines einzelnen Menschen hinaus, bestand eine neue strukturelle Qualität von Arbeit und Arbeitssicherheit. Da die durch Wasserkraft bewegten Maschinen nicht unmittelbar zum Stillstand gebracht werden konnten, war im Umgang mit ihnen gleichbleibende Konzentration und höchste Vorsicht geboten. Doch auch hierzu fehlen dem Historiker die Quellen, die erkennen lassen, wie diese neuartigen Sicherheitsprobleme öffentlich eingeschätzt und beantwortet wurden. Erst mit der Neuzeit, mit der Rezeption antiker Vorstellungen und mit dem Entstehen einer neuartigen Medizin sowie mit der zunehmend staatlich geförderten und gelenkten Wirtschaftspolitik des Merkantilismus, begründete sich auch allmählich eine Gewerbemedizin, die sich mit den gesundheitlichen Risiken in Handwerk und Gewerbe beschäftigte.

2. Alte Strukturen brechen auf

Sicherheit und Schutz am Arbeitsplatz hängen wesentlich davon ab, ob der Arbeitende das Material und die Werkzeuge bzw. die Maschinen, mit denen er umgeht, kontrollieren kann oder ob er an einem Arbeitsplatz beschäftigt ist, an dem Prozesse selbsttätig, wider Erwarten oder eben mit «übermenschlicher», oft durch technische Raffinesse in Gang gesetzter «Kraft» wirken und damit den Kontrollversuchen des einzelnen entzogen sind. Solche Maschinen zur «Überlistung» der Natur konnten zwar vom Stolz der Menschheit künden, die Last der Vertreibung aus dem Paradies etwas erleichtert zu haben, aber die Mechanismen zu ihrer Kontrolle, der individuellen ebenso wie der gesellschaftlichen, blieben meist unterentwickelt.

Doch die Maschine war meist nur ein, wenn auch wesentlicher Bestandteil des Gefährdungspotentials am Arbeitsplatz. Immerhin war sie sichtbar und greifbar und daher oft das Ziel von tätlichen, häufig organisierten Angriffen. Weniger sichtbar als vermeintlicher Übeltäter, aber höchst effektvoll für die Gestaltung des Arbeitsplatzes war – und ist bis heute – eine andere Dimension: die Aufmerksamkeit sowie die Zeit, die der Arbeitende auf seine Arbeit verwendet bzw. verwenden muß.

Aus der Kombination dieser Einflußgrößen und den zusätzlich belastenden äußeren Arbeitsbedingungen wie Kälte, Wärme, Wasser, Trokkenheit, Staub, Dreck, Gift usw. sind während der Neuzeit – und zunehmend in der industriellen Zeit – Arbeitsplatzrisiken entstanden.

Gewerbespezifische Faktoren, die Sicherheitsprobleme im Arbeitsprozeß für die Beschäftigten mit sich brachten, waren aber schon in vorindustrieller Zeit wirksam. Beim Bergbau können wir sehr früh den höheren Kapital- und Maschineneinsatz als Ursache erkennen, bei der Papierherstellung eher den Zwang zur kostengünstigen Akkordproduktion, bei der Nadelherstellung eher die Arbeitsteilung und Konzentration gefährlicher Tätigkeiten auf einige wenige Beschäftigte, die auch bei der Spezialglasherstellung, einem Luxusgut mit dem Zug zum allgemeinen Gebrauchsgut, auftrat. Die Ansiedlung solcher neuer Produktionsstätten, welche die Landesherren spätestens seit der Mitte des 17. Jahrhunderts intensiv betrieben, ist mit den Folgewirkungen für die Gesundheit der Landeskinder durchaus gesehen worden. Dirigistische Eingriffe in die Standortwahl der Betriebe gehörten zum Instrumentarium der Landesherren, wenn dadurch Schäden, etwa Gestank oder Verunreinigung des Trinkwassers, von der Allgemeinheit ferngehalten werden konnten.

Von der wachsenden Kenntnis über gesundheitliche Risiken in Handwerk und Gewerbe und von der entstehenden Gewerbepathologie zeugen zahlreiche medizinische Untersuchungen aus der damaligen Zeit.

Bergbau und Hüttenwesen: Intensivierung der Arbeit und Erweiterung des Gesundheitsschutzes

Stärker und direkter als die an Wasserrädern arbeitenden Müller, Walker usw. empfanden die Bergleute, daß sie in der Auseinandersetzung mit der Natur auf technische Hilfsmittel angewiesen waren. Solange nur über Tage in Pingen das gewünschte Erz gewonnen wurde, blieb der Aufwand verhältnismäßig niedrig. Dies änderte sich in dem Augenblick, als Schacht und Stollen tiefer gegraben oder Strecken aufgefahren werden mußten. Nun war umfangreiche Vorsorge zu treffen vor Wassereinbrüchen und vor dem Zusammenbrechen der Grube, also vor «natürlichen» Risiken. Da die Vorsorge vor solchen komplexen Gefahren nur erahnt,

4: Der Probierer war vom 14. bis zum 19. Jahrhundert der entscheidende Hüttenbeschäftigte, der den Silbergehalt des Erzes bestimmte. Mit Hilfe eines Schildes, sowohl Schutz- wie Arbeitsinstrument, reduzierte er den Lichteinfall auf seine Augen so weit, daß er die Schmelzvorgänge beobachten konnte.

aber bis heute noch nicht genau kalkuliert werden kann, ist das Gefühl des Ausgeliefertseins an die Natur beim Bergmann trotz aller umfangreichen Sicherungsmaßnahmen besonders ausgeprägt.

Der große Aufschwung des Bergbaus in den europäischen Mittelgebirgen im 15. Jahrhundert ging wesentlich darauf zurück, daß etwa ab 1460 in Nürnberg ein geeignetes Schmelzverfahren für silberhaltige Kupfererze zur Verfügung stand, das auch das Silber daraus erschließbar machte (Abb. 4). Diese Erze wurden nun mit Blei verschmolzen, und aus dem Produkt konnte man durch ein besonderes Verfahren, das Saigern, einen großen Teil des Silbers als Silber-Blei-Legierung herausziehen. Die Reste, Darrstöcke genannt, mußten nun noch einige Male nachbehandelt werden, um verbliebene Rückstände an Silber und Blei heraustropfen zu lassen (Suhling 1976). Dieser wichtige hüttentechnische Prozeß lockte umfangreiche Investitionskapitalien in das Berg- und Hüttenwesen der Mittelgebirge, ja setzte sie voraus, denn die wiederholten Behandlungen der Erze bzw. Schmelzprodukte, die alle noch Silber enthielten, machten erhebliche Vorräte an Rohmaterialien notwendig. Ausbeutungsgesellschaften, auch mit landesherrlichem Kapital, bildeten sich bald für das zunächst geheimgehaltene Verfahren, und auch die produktionstechnisch vorgelagerten Bergwerke erhielten nun Kapitalien zum Einsatz der damals modernsten Technik, und das hieß vor allem Einsatz von Wasserkraft.

Eine Generation nach dem Aufblühen des Silberbergbaus im Erzgebirge hatten sich die Landesherren mit ihren Ansprüchen auf Lenkung des Bergbaus durchgesetzt, während diese Entwicklung in den Alpenländern erst im 18. Jahrhundert stattfand und dort auch nicht diese direkte Form annahm. Das Direktionsprinzip unterwarf Eigentümer wie Arbeiter der Befehlsgewalt der landesherrlichen Bergbeamten. Es blieb in Mitteleuropa bis Mitte des 19. Jahrhunderts in Kraft und wurde in Preußen auch für den Steinkohlenbergbau angewandt (Suhling 1983).

Nun war der Bergbau, seine technische und organisatorische Veränderung, unter den Zeitgenossen dieses «Booms» keineswegs unumstritten. Er war wegen seiner Zielsetzung, die in der Erdrinde angesammelten Mineralien zu gewinnen und zu verbrauchen, schon früh aus grundsätzlicher weltanschaulicher Sicht kritisiert worden: Die Jagd nach dem Silber wecke die menschlichen Leidenschaften zu sehr, und der Eingriff in die Erdrinde sei ein Frevel an der göttlichen Schöpfung. Diese Auffassungen konnten in der beginnenden Neuzeit unter Hinweis auf die Ambivalenz menschlichen Tuns leicht widerlegt werden, u. a. von dem gelehrten Arzt und Humanisten Georgius Agricola in seinem lateinisch geschriebenen Hauptwerk «Zwölf Bücher über das Berg- und Hüttenwesen» (1556). Schwerer fiel es ihm schon, gegen die mit Bergbau und Hüttenwesen verbundenen gesundheitlichen Schäden und Unglücksfälle zu argumentieren.

Vor allem Ärzte verfaßten zahlreiche Manuskripte und Pamphlete über die gesundheitlichen Gefahren im Hüttenbereich. So hatten sich bereits W. Payer 1523 und Magnus Hunt 1529 über die Krankheiten der Bergleute geäußert, bevor Agricola sie in seiner Schrift «Bermannus» 1530 in humanistischer Dialogform ausführlich zur Sprache brachte: Atembelastungen und Hautbeschwerden gehörten vor allem dazu. Diese Literatur war umfangreich, allerdings weniger bekannt als die hervorragenden technischen Darstellungen in Agricolas Buch (Prescher 1985).

Mit der Wasserkraft und den neu entwickelten Saugpumpen ließ sich vor allem das Wasser aus den Bergwerken herausschaffen, gelegentlich auch das Erz. Auf diese Weise konnte die Knochenarbeit des Wassertragens über Leitern oder «Fahrten» reduziert werden. Agricola erwähnt ebenfalls den Antrieb von mechanischen Wetterzügen, um den Bergleuten ausreichend Frischluft zuzuführen.

Sprengpulver zur Erleichterung des mühsamen Abbaus ist erst zu Beginn des 17. Jahrhunderts, zuerst in Schemnitz 1627 durch einen Tiroler Bergmann, bald darauf im Harz und in Sachsen, eingesetzt worden. Die Sprengungen unter Tage verschärften die Arbeitsbedingungen der Bergleute erheblich. Sie litten ohnehin unter mangelnder Frischluft und waren nun noch den Staubschwaden ausgesetzt – einmal ganz abgesehen von der Gefahr durch den unmittelbaren Pulvergebrauch. Aber auch der richtige Einsatz, die richtige Anwendung der Zündvorrichtung, die Ausbildung eines Sprengmeisters, all das deutet auf die Risikosteigerung durch Einsatz technischer Mittel hin, Gefahren, die durch die «Versuch-und-Irrtum»-Methode mit bitteren Verlusten wahrgenommen wurden.

Auf die Förderung des Erzes, oft über schräge, tonnenlägige Schächte, folgte die Zerkleinerung und Zubereitung für die Schmelzverfahren (Abb. 5, 6). In Sachsen wurde 1512 das Naßpochwerk aus Tirol eingeführt. Bei diesem Verfahren wurde das Erzklein durch herabfallende Stempel zerbrochen und im Fließwasser gesammelt, so daß weniger Staub entstand und sich infolgedessen die Steinlungengefahr der Beschäftigten, meist Frauen, seltener Kinder, verringerte. Daß andererseits der ständige Umgang mit Wasser in oft kalten Gebirgsgegenden ohne ausreichende Wasserschutzkleidung ebenfalls nicht gesundheitsfördernd war, versteht sich am Rande. Doch die Bereitstellung des Wassers für diese Arbeitsweise blieb eine Frage des Kapitaleinsatzes und des Produktionsumfangs. Noch im 18. Jahrhundert mußten engagierte Bergbeamte immer wieder für die Einrichtung dieser Aufbereitungsmaschinen kämpfen, denn sie nahmen einer großen Zahl von Frauen und Kindern, die das Zerkleinern von Hand besorgt hatten, die Arbeitsplätze weg.

In den Auseinandersetzungen um die Einführung von Neuerungen, die in zunftbestimmten Städten mit etwas mehr Rücksicht auf die «Nahrungsinteressen» der Zunftmitglieder und im Direktionsbergbau mit etwas mehr Rücksicht auf die soziale Gesamtsituation der in einem Bergwerk Beschäftigten geführt wurden, haben gesundheitliche Argumente keine ausschlaggebende Rolle gespielt.

Die erste Mechanisierungsphase wurde Ende des 15. Jahrhunderts durch die weltweit sinkenden Silber- und Kupferpreise gestoppt. Die

5: In dem Buch von Georgius Agricola: De re metallica libri XII, 1556, sind neben Konstruktionszeichnungen vielfach Hinweise für den Arbeitsschutz enthalten. So empfiehlt er für die Ausschläger zum Schutz vor abspringendem Gestein als passive Schutzvorrichtung Handschuhe, Gesichtsmaske und Beinkleider.

6: Zu Beginn des 20. Jahrhunderts sind die Arbeiter beim Zerschlagen von Pflastersteinen noch immer der gleichen Gefahrenquelle ausgesetzt, doch ist die Schutzausstattung im Vergleich zu den von Agricola vorgeschlagenen Maßnahmen gering – die Arbeiter tragen Augenbrillen, Schilde schützen die Umgebung.

Ausstattung der Bergfabriken mit Maschinen wurde erst wieder erweitert, als die Landesherren im 18. Jahrhundert die wirtschaftliche Führung der Betriebe stärker unter Kontrolle nahmen (Ludwig 1979). Aber bereits Ende des 16. Jahrhunderts zeigten sich mit den technischen Neuerungen im Salinenwesen die unmittelbaren Eingriffe der Landesherren in die technischen Abläufe.

Im Hüttenwesen hatte schon Ulrich Ellenbog, der in der ersten Hälfte des 15. Jahrhunderts in Pavia Medizin studiert hatte und an der Universität Ingolstadt Medizin lehrte, gleich zu Beginn des großen Aufschwungs im Montanwesen aufgrund seiner umfangreichen Handschriftensammlung und seiner Erfahrungen mit Schmelzhütten in Memmingen eine Schrift über die giftigen Dämpfe verfaßt (Abb. 7) und in humanistischer Manier auch aufgezählt, wer sich bereits mit diesem Problem beschäftigt hatte: u. a. Hippokrates, Galen, Dioskurides, Uribasius (Ellenbog 1473). Er selbst hatte bei Augsburger Goldschmieden berufliche Vergiftungen studieren können. Ihre Ursachen reichten von giftigen Kohlendämpfen, die Kopfweh, Sehstörungen, Bewußtlosigkeit und Lähmungszustände verursachten, über Vergiftungen durch Blei und Quecksilber bis zu Zerstörungen des Gewebes durch Salpetersäuredämpfe, Antimon und Spießglanz. Er empfahl, das Gesicht abzuwenden und den Mund zu verbinden, häufig an Bisam (Moschus) zu riechen sowie Wacholderbeere (Raute diptam, auch Spichtwurz genannt) oder Tormentill und die Alantwurzel zu benutzen, also passive Schutzmittel und Medikamente (Abb. 8).

7: Die negativen Aspekte der technischen Entwicklung in der Neuzeit und ihre Auswirkungen auf die Beschäftigten wurden von Humanisten wie Georgius Agricola oder Ulrich Ellenbog unter den Aspekten der Berufskrankheiten untersucht.

8: Das medizinische Interesse, neue Heilmittel zu finden, die durch die Kenntnis der geologischen Besonderheiten leichter zu gewinnen waren, führte den Arzt Agricola in den Jahren 1522–1525 nach Italien. Wie Ellenbog weist auch er auf die Bedeutung hin, die Nahrungsmittel als Vorsorge gegen Gesundheitsschäden haben. Seit dem 14. Jh. erhalten die Knappen ärztliche Hilfe aus ihren Krankenkassen.

Um das Erz von unerwünschten Beimengungen zu befreien, waren viele Brenn- und Röstverfahren erforderlich. Die abziehenden Gase enthielten Schwefel, Arsen und Antimon und zerstörten überall die Vegetation, die sich nur dann erholte, wenn die Produktionsstätten aufgegeben wurden. Den manchmal kostbaren Flugstaub zu sammeln, war bei geschlossenen Schmelzöfen durchaus möglich und wurde von Agricola auch vorgeschlagen, doch war die Technik hierfür meist zu kostenintensiv.

Die von Agricola beschriebenen technologischen Neuerungen, die zu einer erhöhten Produktion führten, verstärkten zugleich die gesundheitlichen Gefahren, gegen die er dann ankämpfte. Dieser systematische Zusammenhang ist von ihm selbst nie formuliert worden. Doch die gesundheitlichen Risiken bei der Rohstoffaufschließung und Metallgewinnung blieben ein breit diskutiertes Thema innerhalb der medizinischen Zunft. Theophrastus von Hohenheim, genannt Paracelsus (Abb. 9), der schon um 1530 seine Schrift «Von der Bergsucht und anderen Bergkrankheiten» verfaßte, aber erst 1567 veröffentlichte, geht im zweiten und dritten Buch ausführlich auf die Berufskrankheiten von Hüttenleuten, Schmelz- und Münzmeistern, Goldschmieden usw. ein. Martin Pansa (1640), Samuel Stockhausen (1656), Ph. W. Stockhausen (Jena 1712), ein Enkel des Vorgenannten, die Haller Dissertationen von J. G. Neumann 1721, von St. A. Kochlatsch 1721, von F. Hoffmann 1738 und dann die Arbeit des

9: Ausführlicher und intensiver als Georgius Agricola beschäftigte sich Theophrastus von Hohenheim, genannt Paracelsus, mit den Erkrankungen im Hüttenwesen.

berühmten Chemikers Johann Friedrich Henckel in Freiberg/Sachsen (Hen(c)kel 1728) dokumentieren den medizinischen Erkenntnisstand. Die Realitätsbezogenheit der zahlreichen Dissertationen in Halle unterstreicht zwar die reformerische Bedeutung, die diese Universitätsneugründung (1694) für Mitteleuropa hatte; dennoch ist die naheliegende Frage nach den Konsequenzen aus diesen Erkenntnissen von den Zeitgenossen traditionell beantwortet worden: Auch die besten Wissenschaftler sahen außer Vorsicht und Ableitung der Gifte keine Möglichkeit, diesen Gefahren auszuweichen. Jedenfalls ist nirgends von alternativen Verfahren oder von der Anwendung anderer Produkte die Rede.

Die Berg- und Hüttenleute hatten sich zu korporativen Organisationen, den Knappschaften, zusammengeschlossen, deren Struktur im Vergleich zu den Gilden und Zünften in den mittelalterlichen Städten offener war und damit der hohen Fluktuation in den Bergbaustädten entsprach. Gerade weil die Gruppe der wichtigsten Bergleute, die Hauer, nun einmal eine verantwortliche Tätigkeit ausübte, die schlecht zu kontrollieren war und ein hohes Maß an Selbstdisziplin und Vielseitigkeit in der Berufsausübung verlangte, hatten die Landesherren mehr noch als die Kapitalisten ein Interesse daran, diese Gruppe auszuzeichnen: Die Hauer erhielten Freiheit von der Werbung (Militär), Steuerfreiheit auf Nahrungsmittel und andere Privilegien, die dann im landesfürstlichen Wohlfahrtsstaat der Spätaufklärung systematisch zusammengefaßt wurden. Dazu gehörten auch die freie Behandlung von Krankheit und Unfallfolgen, die Lohnfortzahlung von vier bis acht Wochen sowie die Bestellung eines Bergarztes, etwa seit dem frühen 18. Jahrhundert.

Die Formierung eines «Bergstaates» hat den Bergleuten ein besonderes «Standes»-Bewußtsein, aber auch einen Beschäftigungsanspruch gegeben und sie vor dem Absinken in die unterständischen Schichten bewahrt. Sie hat aber keineswegs die Drangsal durch lange Arbeitszeit und schlechte Arbeitsbedingungen verhindert. In Preußen haben die im Silberbergbau groß gewordenen Beamten auf der Einhaltung von Standards bestanden und damit auch die Sicherheit der Grubenbaue erhöht. In England und Belgien blieb wie in Sachsen der Steinkohlenbergbau frei von der staatlichen Vormundschaft, eine Regelung, der sich ab 1851 etappenweise auch der wichtigste deutsche Kohlenförderer, Preußen, anschloß. Dieser Rückzug führte zu erheblich risikoreicheren Arbeitsbedingungen.

Nässe, Staub und Chemikalien: Arbeit in den Papiermühlen

Risiken am Arbeitsplatz tauchten dort auf, wo Spezialisierung und ein größerer Umfang in der Herstellung Hand in Hand gingen. Einen hohen Einsatz von Maschinen finden wir in der Papiermacherei (Bayerl 1986;

Bayerl 1987). Die Übergänge zwischen Handwerk und Manufaktur in diesem Gewerbe waren fließend, je nach Zahl der eingesetzten Arbeiter und Maschinen. Die technologische Entwicklung des Papiermachens kam aus China über Spanien und Italien nach Deutschland, wo Stromer 1390 in Nürnberg die erste Papiermühle baute und sich dabei zwei mittelalterliche europäische Neuerungen zunutze machte: die wasserradgetriebene Stampfe und das aus feingezogenem Draht gefertigte Schöpfsieb, welches das Wasser aus der feuchten Fasermasse abtropfen ließ.

Bei der Papierherstellung mußten die gesammelten Lumpen zunächst von Hand sortiert, aufgetrennt, zerschnitten und von störenden Bestandteilen befreit werden, bevor sie in die Stampfe kamen, in dem die mit Kalk versetzten Lumpen einen Tag lang unter der mechanischen Einwirkung des Stempels zu Halbzeug zerfasert wurden. Die schweren Maschinen, deren Getriebe und Zapfen offen lagen, erforderten stete Wachsamkeit der Beschäftigten, die bei den immerwährenden Erschütterungen der Gebäude durch die Stampfmaschine schwer aufrechtzuerhalten war. Auch die abgelieferten Leinenlumpen, oft von geschlechtskranken Bewohnern der «Franzosenhäuser», mußten die Papiermachergehilfen ebenso wie die flußabwärts wohnende Bevölkerung aus Angst vor Verseuchung beunruhigen. Im 18. Jahrhundert setzte sich in Deutschland der Holländer durch, ein Gerät mit einer Walze, die mit Messern besetzt war und die das Halbzeug schnell und gründlich zerkleinerte.

Nach der Vermischung der Zeugmasse mit Wasser im Rührkasten kam der Papierstoff in die Bütte und wurde nun in drei Arbeitsschritten von drei Personen veredelt: dem Schöpfer, der das Drahtsieb in die Masse tauchte und den Bogen abschöpfte, dem Gautscher, der die Form übernahm und durch Umkehren den Bogen vom Draht trennte, ihn auf ein Filzstück legte und den Papier-/Filzstapel (Pauscht) unter die Presse brachte, und schließlich dem Leger, der den Filz von den Bogen trennte und sie auf dem Trockenboden aufhing. Das Maß der Arbeitsleistung war ein Pauscht aus 181 Bogen. Da die Arbeit neben und unter der großen Presse «offen» geschah, d. h. die Maschine offen herumstand wie Handwerkszeug, blieb sie mit ihrem langen Hebel und ihren häufigen Verklemmungen ein ständiger Gefahrenherd. Zusätzlich erhöhte sich das Arbeitsrisiko, weil bei der nach Stückzahlen berechneten Arbeitsentlohnung schnell gearbeitet werden mußte.

Auf das Trocknen folgte das Leimen, um das Papier schreibfähig zu machen, anschließend wurde es geglättet, also von Unebenheiten befreit. Dieser Arbeitsschritt erfolgte durch Schleifen von Hand mit entsprechender Staubentwicklung, wurde aber zunehmend ab Mitte des 18. Jahrhunderts mit einem Werkzeug, dem Hammer, ausgeführt. Dieser Übergang vollzog sich nicht ohne Auseinandersetzungen zwischen «ehrbaren» Glättern und «pfuschenden» Stampfern. Hier fand ein wichtiger Teilübergang statt, der für die Veränderung der europäischen Gewerbelandschaften vom 15. bis zum 19. Jahrhundert charakteristisch war: Die Arbeitsgeschwindigkeit konnte zwar durch den Werkzeugeinsatz mittels Hammer erhöht werden, aber ob der Arbeiter das tat, hing nur sehr begrenzt von dem angetriebenen Werkzeug, viel eher von Rahmenbedingungen der Arbeit ab, speziell der Entlohnung nach Akkordsätzen.

Wegen der vielen Gefahren, z. B. Lumpenstaub, war es auch nicht verwunderlich, wenn die Lumpenzerschneidung und die Lumpenwäscherei seit dem frühen 18. Jahrhundert immer wieder Mechanisierungsversuchen unterworfen wurden. Doch haben dabei sicherlich Effizienzgesichtspunkte für den Anwender eine größere Rolle gespielt als Überlegungen zur Arbeitssicherheit: In einer Papiermühle lagen Arbeitsplätze ganz verschiedener Qualität dicht beieinander. Geheizt wurde der Zeugkasten und der Lumpenbottich, aber auch der Rührkasten. Durch Kalkzutaten entstanden chemische Hitzeprozesse, die das Ungeziefer aus den Lumpen vertreiben sollten. Die Leimküche stank; dort wurden Schafklauen, Lederabfälle und andere tierische Abgänge zu Leim aufgekocht. Fand die Arbeit beim Schöpfen in einem notwendigerweise feuchten Klima statt, so war für das Trocknen auf dem Dachboden eine luftige und zugige Einrichtung am wirkungsvollsten. Das Heben der schweren Pauschten rief Bandscheibenschäden und Rheumatismus hervor, und das ständige Herumgreifen in kalkhaltigem Wasser ließ die Haut der Hände springen und die Fingernägel ausfallen, besonders in warmem Wasser. Doch «das Papier litte dabei nicht», stellte ein schriftstellender Technologe des 18. Jahrhunderts treuherzig fest (Beckmann 1802, S. 145).

Wasser war für die Papierherstellung von zentraler Bedeutung: Es war Transportweg für die Lumpenanlieferung und Produktionsmittel bei deren Verarbeitung. Es war ein entscheidender Faktor bei der Standortwahl für eine Papierfabrik. Doch gerade hier stießen sich die Interessen; denn Wasser war nicht nur Produktionsmittel, sondern diente zugleich auch der Nahrungsmittel- und Trinkwasserversorgung.

Zugeteilte Gefährdung: Arbeitsteilung in den Nadelzentren

Neben der Mechanisierung ist auch die Reorganisation des betrieblichen Ablaufs, die intensivere Nutzung mancher Prozesse von entscheidendem Einfluß auf die Arbeitssicherheit gewesen. Die Nadelherstellung ist das in der wirtschaftstheoretischen Literatur immer wieder genannte historische Beispiel für die Bedeutung der Arbeitsteilung, einschließlich des daraus folgenden Produktionsablaufs; es wird erstmals 1722 bei Ernst Ludwig Carl (1682–1743) erwähnt. Berühmt geworden ist die Nadelpro-

10: Diese idealisierte Darstellung des Drahtziehens aus dem 18. Jh. steht im krassen Gegensatz zu den tatsächlichen Arbeitsbedingungen in den Nadelzentren, in denen sich die arbeitsteilige Organisation früh durchsetzte.

duktion als Gleichnis für die volkswirtschaftlichen Segnungen der Arbeitsteilung durch Adam Smith (1723–1790), der seine Untersuchung über die Bedingungen der Herstellung dieses unscheinbaren Endproduktes 1776 veröffentlichte. Die veränderte Blickrichtung vom Endprodukt hin zur Koordination ist schon in dem Werk von Carl angelegt. Ihr Bezugspunkt war die Leistungsfähigkeit der Teilarbeiter, gemessen am Gesamt-Output. Die Erwartung, über Kostensenkung weitere Käuferkreise zu erschließen, regte technisch und organisatorisch Begabte an, Produktionsabläufe arbeitsteilig aufzubauen.

Die Herstellung von Nadeln fügte sich meist als Veredelungsbetrieb an vorhandene Drahtzentren an (Abb. 10). Einige für den lokalen Markt arbeitende handwerkliche Nadelhersteller und einige Lieferanten für Zwischenhändler gingen im 17. und 18. Jahrhundert dazu über, den Absatz an holländische Exporteure selbst zu übernehmen und die Stückzahlen zu vergrößern; so entstanden Nadelzentren in Aachen, in Schwabach bei Nürnberg und Altena im Sauerland. Während in Aachen und Schwabach die verlagsmäßige Organisation vorherrschte, baute Johann Caspar Rumpe, ohne auf größeren Widerstand zu stoßen, Ende des 18. Jahrhunderts in Altena «eine klassische Manufaktur, bei der das zeitliche Nacheinander der Produktionsabschnitte in ein räumliches Nebeneinander verwandelt worden war» (Aagard 1980, S. 157).

Nadeln wurden aus dem Ausgangsmaterial Draht hergestellt, den man noch einmal durch ein Zieheisen zog, geraderichtete und auf doppelte Nadellänge abschnitt. Diese Stücke wurden nun beidseitig an einem

Schleifstein bearbeitet, der entweder über Wasserkraft oder vom Schleifer selbst angetrieben wurde. Der Schleifer nahm immer mehrere Stücke zwischen Daumen und Zeigefinger; um seine Arbeit kontrollieren zu können, mußte er sein Gesicht dicht über den Schleifstein beugen, und schließlich war er gezwungen, trocken zu schleifen, um Rost zu vermeiden (Abb. 11). Das beidseitig angespitzte Stück wurde dann getrennt, jedes Teilstück mit einem Kopf aus feinerem Draht, der zweimal gewikkelt war, versehen und dieser dann festgeklopft. Bei der Nähnadel wurde das stumpfe Ende plattgeschlagen und durchbohrt. Das Einatmen der Metall- und Steinstäube führte schnell zur «Schleiferkrankheit», die um so verbreiteter auftrat, je länger die Arbeit am Tage dauerte.

Im Handwerksbetrieb wurde jede der Teilarbeiten nur gelegentlich, losweise, ausgeführt; dennoch setzte es sich schon recht früh durch, die gefährlichste Arbeit, das Schleifen, an die Lehrjungen zu delegieren, die diese als Gesellen schnell weitergaben. Schon im Verlagswesen, wie in Schwabach im 17. Jahrhundert, als die Verleger den aufwendigsten Prozeß, das Schleifen, zentralisierten, begann sich die Situation für die Schleifer zu verschärfen: Sie erhielten, wenn sie die Nadeln aller anderen Verlegten zu schleifen hatten, einen höchst gefährlichen Dauerarbeitsplatz!

11: Metallschleifer in einer französischen Fabrik kurz nach 1900. Kälte, Feuchtigkeit, Staub sowie die liegende Körperhaltung kennzeichnen die Arbeitsbedingungen der Schleifer, die durch die verlagsmäßige Organisation ihres Handwerks besonders schlecht für Gewerbebeamte erreichbar waren.

Die industriellen Bedingungen auf anderen Gebieten verschärften die Risiken auf den noch nicht industrialisierten Feldern: Im Jahre 1821, nach starken realen Lohnabsenkungen, als die Arbeitsbedingungen ihren wohl tiefsten Stand erreicht hatten, bemerkte ein Beobachter in England:

«...Hierzu kommt noch, daß das Wasser, das meistens bei diesen Mühlen von Oben auf die Räder fällt, dieselben an solchen Stellen zu erbauen veranlaßt, wo sie von drei Seiten von Erdwällen eingeschlossen sind, ... [so] daß die ungeheure Menge von Sand- und Eisenstaub, die stündlich hier erzeugt wird, wie Wolken langsam in den Schleifstuben umherrollt, und am Ende die Luft darin so sehr verfinstert, daß... man die Arbeiter kaum mehr sitzen sieht: der Staub setzt sich zwar auf den Boden und das Gebälk, wird aber durch das Rütteln des Triebwerkes von demselben aufgejagt. [Und weiter stellte er fest:] ... es geschieht nicht selten, daß das Wasser, in welches die Spitzen der Nadeln getaucht sind, dem Arbeiter auf den Händen friert...» (Dinglers Polytechnisches Journal 11, 1821, S. 198f).

Englische Statistiker beobachteten in diesen Jahren eine Lebensarbeitszeit vom Eintritt in den Beruf bis zum Tode der Arbeiter von etwa zwölf Jahren. Die Attraktivität solcher Arbeitsplätze war, wenn es eine Alternative gab, entsprechend gering. Es überrascht auch nicht, daß die landesherrliche Wohlstandspolizei des 18. Jahrhunderts bei großem Bedarf Zuchthäusler an solchen Schleifgeräten einsetzte.

Aber auch die Techniker, beispielsweise der Technischen Deputation Preußens, die diesen offenkundigen Skandal Anfang der 1830er Jahre zur Kenntnis nahmen, sahen nur den Widerstand der Schleifer gegen Schutzvorrichtungen, den diese – wegen der denkbaren Behinderungen und damit Produktionseinschränkungen – leisteten. Sie übersahen den menschenverachtenden Grundzug eines ausschließlich auf Produktionssteigerung gerichteten Technikeinsatzes. Allein der Nähnadelfabrikant Philipp Heinrich Pastor bei Aachen führte eine von ihm selbst entwickelte effektive Staubabführmethode ein, doch ohne daß ihm in den folgenden zwanzig Jahren die anderen Zentren mit ähnlichen Maßnahmen gefolgt wären (Aagard 1980).

Nicht nur wirksame Arbeitsschutzvorrichtungen fehlten; es mangelte der Gesellschaft auch an der moralischen Selbstverständlichkeit, daß Arbeiter auch in gefährlichen Berufen einen Anspruch auf körperliche Unversehrtheit hatten. Wer schmutzige Arbeit machte, hatte sozusagen selber schuld.

Die giftige Seite des Spiegels: Luxusproduktion in Manufakturen und Hausindustrie

Die Herstellung von Spiegeln durch Belegen der Rückseite von Glas mit hellen, das Licht reflektierenden Substanzen ist schon im 14. Jahrhundert in Venedig bekannt gewesen. Größere organisatorische Veränderungen in der Produktion, bei der Teiloperationen mechanisiert wurden, haben im 17. Jahrhundert die Leistungsfähigkeit der Spiegelmanufaktur

12: Mitte des 18. Jahrhunderts beschreibt ein Zeitgenosse seine Eindrücke bei der Besichtigung einer königlichen Spiegelmanufaktur in Frankreich: «In der Sommerhitze halten es die Neugierigen, welche die Manufaktur besichtigen, nicht länger als eine Viertelstunde in den Werkstätten aus. Ein lauwarmer schwerer, dicker und stinkender Boden nimmt ihnen den Atem. Sich die Nase zuhaltend, verlassen sie diese übelriechenden Kloaken, in denen die Luft so knapp ist, daß man sich unter der Glocke einer Vakuummaschine zu befinden glaubt. Ein sehr kräftiger Mann kann sofort nach dem Eintritt in die Manufaktur drei livres pro Tag verdienen. Aber derselbe Mann büßt innerhalb von sechs Monaten die Hälfte seiner Kraft ein und seine Gesundheit verschlechtert sich zusehend wegen der Ermüdung durch die verzehrende tödliche Arbeit ebenso wie durch die ungesunde Luft» (Mercier 1787). In der dargestellten Arbeitssituation atmen die Kinder von den Quecksilberdämpfen am meisten ein.

in Murano erheblich verbessert, gleichzeitig damit aber auch die gesundheitliche Gefährdung der Beschäftigten erhöht. Eine weitere Gefahrenquelle entstand mit den neuartigen, vor allem chemisch-technischen Verfahren (vgl. hierzu die ausführliche Untersuchung von Aagard 1980).

Die geblasenen oder später gegossenen Glasscheiben wurden in mehreren Arbeitsabschnitten mit Zinnamalgam undurchsichtig gemacht: Eine dünngehämmerte Zinnfolie oder auch Stanniol wurde auf einen Marmor- oder glatten Holztisch gelegt und fehlerfrei geglättet; darauf wurde flüssiges Quecksilber gegossen, das sich mit dem Zinn verband; auf dieses Amalgam wurde nun die Glasscheibe geschoben und beschwert, so daß eine innige Verbindung von Glas und Amalgam eintreten konnte; abschließend mußte der Spiegel getrocknet werden. Für diese Arbeit waren Sorgfalt und Berufserfahrung notwendig (Abb. 12).

Über die Auswirkungen dieser Arbeit auf den Zustand der Arbeiter heißt es in einer zeitgenössischen Beschreibung:

«Die Arbeiter, die das Blattzinn oder Stanniol fertigen und auflegen, bekommen häufig Schmerzen in den Gelenken, Kopfweh und ein Zittern, welches in den Händen anfängt, bald aber, besonders, wenn sie mehrere Jahre ihre Beschäftigung unausgesetzt treiben, sich über den ganzen Körper verbreitet. Das Gesicht wird blaß und hat den Ausdruck der Betrunkenheit. Unmerklich verringert sich ihr Fassungsvermögen und ihr Gedächtnis. Nach und nach werden sie ganz dumm, schleppen sich in diesem Zustand noch einige Jahre hin und bekommen gewöhnlich die Auszehrung oder sterben am Schlagflusse. Selten kann ein Arbeiter länger als acht, höchstens zwölf Jahre seine Profession treiben, dann kommen gewöhnlich Krankheiten, die sie [ihn] daran hindern» (Schlegel 1823, S. 82; Aagard 1980, S. 168).

Bemerkenswert ist neben der Erkenntnis des Zusammenhangs von Beruf und Krankheit die am Ende geäußerte Unbedarftheit, mit der die Berufskrankheit als eine unverrückbare Größe hingenommen wird.

Die Quellen erzählen uns nichts über einen Widerstand der Arbeiter – dies kann kaum als Akzeptanz interpretiert werden; denn Anlaß zur Kritik hätte es genug gegeben:

«Die eigentliche Gefahr für die Belegarbeiter ging vom verwendeten Quecksilber aus. Quecksilber ist schon bei gewöhnlicher Temperatur flüssig und verdunstet bei Zimmertemperatur. Der Dampf, der sehr giftig ist, dringt durch die Lungen in den Körper ein; darüber hinaus kann Quecksilber auch durch die Haut aufgenommen werden. Da die Schutzvorkehrungen im 18. Jahrhundert nur mangelhaft waren, nahmen fast alle Spiegelbeleger bei ihrer Arbeit ständig große Mengen an Quecksilber auf und vergifteten sich» (Aagard 1980, S. 168).

Ähnlich wie bei der Nadelschleiferei verschärfte auch die organisatorische Konzentration die Risiken für die Belegarbeiter, Belegarbeiterinnen und Belegkinder. Das Belegen war nun nicht mehr eine von vielen Tätigkeiten, sondern wurde zu einer ausschließlichen Arbeit.

Durch das Anbringen von Spiegeln in ihren Schlössern konnten die Fürsten des Barockzeitalters ihre zentrale Stellung auch äußerlich, d. h. für jeden sichtbar, zum Ausdruck bringen. Die höfischen Ansprüche bei Spiegeln richteten sich vor allem auf große Flächen. In Frankreich konnte man seit 1688 das Spiegelglas auch gießen, statt bislang nur blasen (Weber 1981). Damit konnten viel größere Gläser hergestellt werden, die ihrerseits, wegen der erheblichen Verdunstung, größere Quecksilbermengen notwendig machten. Aufmerksame wirtschaftliche Berater der Fürsten, auch in Deutschland, erkannten in dem umfangreichen höfischen Bedarf für die Produkte einerseits und den hohen Preisen dafür andererseits auch die Möglichkeit einer stärkeren heimischen Gewerbeförderung und empfahlen erfolgreich die Ansiedlung von Glasgießereien, Spiegel- und Porzellanfabriken – also den sog. Luxusproduktionen, denen Sombart für die Ausprägung des industriellen Kapitalismus eine wichtige Pilotfunktion eingeräumt hat, weil hier bestimmte Verfahren erstmals ohne Rücksicht auf enge Rentabilitätsgesichtspunkte durchprobiert werden konnten (Sombart 1922).

Die Ratgeber unterließen aber Hinweise auf die hohe gesundheitliche Gefährdung der Beschäftigten, obwohl Bernardino Ramazzini schon 1700 in seiner Schrift «De morbis artificum diatriba», die als Grundlegung der Gewerbepathologie gilt, auf die Gefährdungen auch gerade des Spiegelbelegens hingewiesen hatte (vgl. Ackermann 1780; Karbe 1968, S. 761). Er schlug vor, den Kontakt zwischen Arbeitern und Dämpfen zu unterbinden – Handschuhe und Binden vor dem Gesicht konnten das Problem allerdings nicht lösen.

Eine neue Belegtechnik (mit Silber anstelle von Zinnamalgam), die es immerhin schon seit 1843 gab, hätte diese mörderischen Arbeitsplatzverhältnisse sofort beenden können, aber Unbekümmertheit um die Gesundheit und fortwirkende wirtschaftliche Interessen waren stärker. Selbst Mitte des 19. Jahrhunderts entwickelte Ziehöfen, die die Dämpfe auffingen und das Quecksilber daraus zurückgewannen, waren mit ihren laufenden Verbesserungen noch 1888 in der Fürther Spiegelindustrie nicht eingeführt!

Schon 1820 hatte in Berlin Karl H. W. Sundelin die Lähmung der Nerven durch Quecksilberdämpfe nachgewiesen, doch das verhinderte die Verwendung von Quecksilber in Spiegelfabriken keineswegs. Vor allem Frauen, die drei Viertel der Arbeitskräfte in den Fabriken stellten, und die Heimarbeiterinnen, die den Dämpfen ununterbrochen ausgesetzt waren, erkrankten an Quecksilbervergiftungen. In aller Regel waren auch die Kinder der Heimarbeiter betroffen: 65 % der «Belegkinder» vollendeten nicht das erste Lebensjahr, und das durchschnittliche Lebensalter der Mütter betrug – vier Jahre nach der Reichseinigung – 36 Jahre (Frevert 1984, S. 225).

Erst als unter dem Druck der in Deutschland aufkommenden Arbeitsschutzgesetzgebung (s. Zeittafel) die schlimmsten Übelstände staatlich verfolgt wurden, «lohnte» sich die alte Technik nicht mehr, und man ging schnell zur neuen über.

«Fabriquen»: Orte von Lärm und Gestank

Ende des 18. Jahrhunderts wünschte man in Deutschland die größeren, als Fabriken bezeichneten Betriebe herbei, um durch «Industrie» oder Gewerbefleiß zahlreiche Menschen versorgen zu können. Der Kameralist und Technologe Johann Heinrich Jung (1746–1817), in der Literaturgeschichte besser als Jung-Stilling und Gesprächspartner Goethes bekannt, urteilte wie folgt:

«Alle stinkenden Handthierungen sollen durchaus in den Städten, und zwischen den Wohnungen der Bürger nicht geduldet werden; aber auch die lärmende und Getöse verursachende [Hantierung], als Schmide, Schlösser, vorzüglich Kupferschmiede und alle dergleichen sind sehr beschwerlich; da es aber noch beschwerlicher seyn würde, wenn man sie aus der bürgerlichen Gesellschaft verbannen wollte, so muß die Polizey alle die lärmenden Handwerker nach und nach in eine besondere Gasse zu bringen suchen: denn da sie des Getöses gewohnt sind, so werden sie selbst dadurch nicht beunruhigt ... Die Gelehrten werden am allermehrsten durch die lärmenden Handwerker in ihrem Studieren gehindert, daher sorgt auch die Polizey für sie: denn kein Kupferschmied oder Schlösser oder Schreiner, mit einem Wort, keiner der Getöse macht, darf in der Nähe eines Gelehrten wohnen, oder in seine Nachbarschaft ziehen; es versteht sich von selbst, wenn der Gelehrte zuerst da war und eine beständige Wohnung hat; war aber der Handwerksmann zuerst da, so muß der Gelehrte eine andere ruhigere Wohnung aussuchen ... Es gibt aber auch Handtierungen, die ein fortdauerndes und immer gleichförmiges Getöse verursachen, als da sind Mühlen von allerhand Gattung: Eisen- und Kupfer-Hämmer, Drechselbänke u. d. g.; diese ermüden gar nicht, sondern man gewöhnt sich gar leicht daran. Daher können sie von der Polizey allenthalben geduldet werden: ich habe meine tiefsinnigste philosophische Studien in der Nähe von 9 Reckhämmern, deren doch jeder wenigstens 8 Schläge, oder mit Anstoß der Kammern, und des Stösers, 24 laute Schläge in einer Sekunde macht, durchgearbeitet, und recht ungestört dabey schlafen können, ob ich gleich äusserst reizbare Nerven habe» (Jung 1788, S. 199f).

Hier finden wir bereits vor Einzug der Industrie in die Städte das auch für die kommenden Jahrzehnte praktizierte Konzept zur Lösung von Umweltproblemen: Konzentration, so daß die Verschmutzer unter sich sind, und Folgen- statt Ursachenbekämpfung. Der enge Zusammenhang von Arbeitsschutz und Umweltschutz in der Frage des Lärms wird auch von diesem Fachmann der Gewerbeförderung durch Rückgriff auf eine antike Formel «gelöst»: Gestank darf nicht sein – man kann sich als Bürger nicht daran gewöhnen; Lärm ist für Handwerker akzeptabel – sie sind an solchen «Schmutz» gewöhnt.

Auch eine für die Arbeitssicherheit noch bedeutendere Beobachtung können wir aus dem Jung-Zitat gewinnen. Kriterium für die Duldung oder Nichtduldung ist die ganz persönliche Einstellung des Beobachters: Da er viel schreibt und sich für einen Gelehrten hält, beurteilt er die Ausweichforderung nicht von der Sache, vom Lärm her, der dann als Ausdruck der gewerblichen Tätigkeit gegen andere schutzwürdige Güter abgewogen wird, sondern nach Priorität und subjektivem Empfinden. Da er selbst bei dem gleichförmigen Geräusch der Mühlen durchaus leben konnte, sollen das andere auch können – die hier angewandte Methode der individuellen Gefahreneinschätzung und Risikowahrnehmung dominiert heute noch und kann sich auf eine starke Tradition berufen. Sie wird oft von denen geäußert, die mit der Lenkung oder Verwaltung des Betriebes beauftragt sind oder selbst dort arbeiten, also ein unmittelbares Interesse an dem Fortgang der Anlage haben: Laufende Maschinen sind eben ein angenehmes Geräusch in den Ohren ihrer Nutznießer.

Seit der Mitte des 17. Jahrhunderts, nach dem Ende des Dreißigjährigen Krieges, dehnten sich in Mitteleuropa Gewerbelandschaften aus, die ihren Absatz oft in Übersee hatten und deren Produkte vorwiegend von holländischen Verlegern oder Kaufleuten auf die Märkte gebracht wurden. Lange war Holland Ausgangspunkt dieser steigenden gewerblichen Tätigkeit, darauf folgten England und Frankreich. Dafür wurden viele Arbeitsabläufe mechanisiert, vor allem um die Herstellungskosten zu senken. Dieser Prozeß lief dort besonders früh an, wo nur ein geringer sozialer Widerstand überwunden werden mußte.

Die zunehmende Maschinisierung bedeutete Mechanisierung und Motorisierung der Produktion, also den Ersatz der Handwerkszeuge durch Maschinen. Diese Umwandlung barg erhebliche Unfallgefahren, einmal direkt durch die Maschinen selbst, andererseits indirekt durch die zeitintensivere Beschäftigung an ihnen. Nun stiegen die Risiken für beruflich bedingte Erkrankungen: Aus einer schon längst bekannten Krankheit, die hin und wieder in Verbindung mit einem Gewerbe auftrat, wurde nun eine Krankheit, die in fast regelmäßiger Weise hier auftrat, so daß gegen Ende des 18. Jahrhunderts und Anfang des 19. Jahrhunderts z. B. die Lebenserwartung bei jungen Messerschleifern kaum über 30 Jahre hinausging, ebenso bei den Spiegelbelegern.

Gewerbekrankheiten: Untersuchungsfeld der Medizin

Bernardino Ramazzini (1633–1714) hat die gewerbepathologischen Erscheinungen sehr allgemein beschrieben (Abb. 13). Zu Beginn des aufgeklärten Zeitalters, des 18. Jahrhunderts, löste er sich von der bis dahin dominierenden Betrachtung von Bergbau und Hüttenwesen und bezog

13: Bernardino Ramazzini, Autor des bahnbrechenden Werkes über die Krankheiten der Künstler und Handwerker: De morbis artificum diatriba (1700/1705 dt.). Im Rahmen der landesfürstlichen «Wohlstandspolizey» und unter dem Eindruck der wirtschaftlichen Verhältnisse hat Johann Christian Gottlieb Ackermann das Buch 1780/83 neu bearbeitet und herausgegeben.

sämtliche Gewerbezweige in seine Untersuchung mit ein. Doch auch in Deutschland konnten aufmerksame Ärzte eine Verdichtung von Krankheitssymptomen in gewerblichen Berufen erkennen. Im Jahre 1780 übersetzte Johann Christian Gottlieb Ackermann Ramazzinis Buch erneut ins Deutsche und erweiterte es durch eigene Untersuchungen. Er war lange Jahre in Göttingen tätig, wo mit Johann Beckmann (Beckmann 1777; Troitzsch 1980, S. 45–56) ein an technologischen Fragen äußerst interessierter Ökonom wirkte. Ackermann orientierte sich an der Art der Belästigung durch das Handwerk (vgl. Ackermann 1780/83; Karbe 1968): Er verfolgte die Krankheiten, wie es J. F. H. Henckel bereits vorgeschlagen hatte, hinsichtlich ihrer materiellen Verursachung. So erläuterte er die Entstehung von Gewerbekrankheiten aus der Arbeit in schmutziger Umgebung: Gerber, Färber, Seifensieder, Lichtzieher, Kleidersäuberer, Fleischer, Totengräber, Kloakenfeger, Wäscherinnen, Hebammen und Ammen sind «unreine» Handwerker, weil sie mit unreinen und stinkenden Materialien, gelegentlich auch mit Urin, arbeiten. Häufig wurde von Wollbereitern schlechtes Fett zur Behandlung der Wolle benutzt oder die Ausdünstungen des auf einem kleinen Ofen in der Wohnung erhitzten Öls riefen Brustkrankheiten hervor.

Die dem Menschen nicht natürliche Lage des Körpers bei der Arbeit schätzte er als eine weitere Ursache ein. Er führte die Erkrankungen der in Zwangspositionen gehaltenen, stehenden, sitzenden und herumgehenden «Künstler» und Handwerker, also der Weber, Strumpfwirker, Tuchscherer, Schuster, Schneider, Läufer, Reiter, Träger, Fechter an, auch der Juden, ohne daß deren Berufskrankheiten allerdings deutlich werden.

Aber auch Staub war als Ursache von beruflichen Erkrankungen längst erkannt worden: Bäcker, Müller, Perückenmacher, Maurer, Getreidesieber, Tabakbereiter, Hechler bei Seide, Wolle, Baumwolle, Flachs und Hanf sind nur einige der gefährdeten Berufe.

Andere Arten des Staubes reizen die Haut wegen ihrer «Spitzigkeit»: Steinmetz, Heusammler, Drescher; beißende Stäube brennen, scharfe Stäube, etwa Kalk oder Tabak, und Ruß verursachen Krebs, z. B. an den Hoden der Schlotfeger. Staub reizt die Augen der Perückenmacher. Die feinen Steinstäube bei Steinmetzen zerschneiden mit ihren Spitzen die feinen Lungenfasern, führen zu Husten, Asthma, Blutspeien und Schwindsucht und stumpfen das Messer des Zergliederers bei der anatomischen Untersuchung!

Ebenfalls gehören für ihn Überanstrengung einzelner Glieder des Körpers wie Finger und Daumen sowie die Brust dazu: Zeug- und Leineweber spucken deshalb so oft Blut, weil sie ihren Körper so weit vorbiegen und die Brust gegen den Brustbaum stemmen müssen, um dann das Anschlagen der Lade abfangen zu können. Auch die Orte, an denen manche Handwerke betrieben werden müssen, waren häufig an ungesunder

Stätte gebaut, z. B. die der «Wasser»arbeiter: Bader, Fischer, Haloren (Salzarbeiter). Die Art der Arbeit und der Hantierung kann Krankheiten hervorbringen: Bergleute, Quecksilberarbeiter, Vergolder, Bleischmelzer, Steinmetzen, Müller.

Ackermann erkannte aber auch die große Bedeutung, welche die neue Organisationsform der zentralisierten Produktion, die er «Fabrik» nennt, für die Beschäftigten haben konnte. Die zu Beginn des 19. Jahrhunderts von der Öffentlichkeit in Deutschland wahrgenommenen Elendssituationen in England sind hier bereits deutlich beschrieben:

«Man wird mir erlauben, daß ich unter den Krankheiten der Künstler und Handwerker derjenigen, die in Fabriken arbeiten, besonders gedenke, weil theils Fabriken, besonders in großen Städten und Ländern, wo Manufakturen und die Handlung blüht, sehr häufig sind, und weil meist junge Leute, die Hoffnung des Staats, in denselben arbeiten, die desto mehrere Aufmerksamkeit verdienen, weil mit jedem derselben dem Staat eines seiner thätigen Mitglieder unbrauchbar wird, oder verloren geht, theils auch, weil unter solchen Personen, die in Fabriken arbeiten verschiedene Krankheiten im Schwang gehen, die wichtig genug sind, daß sie erwähnt werden, und weil die Fabriken auch selbst auf die Sitten und das moralische Verhalten derer, die sich in denselben aufhalten, meist einen sehr großen und für die ganze übrige Lebenszeit junger Leute wichtigen Einfluß haben» (Ackermann 1, 1780, S. 272f).

Diese Situationsanalyse beschreibt die Anfänge kapitalistischer Fabrikproduktion noch unter dem Privilegienschutz des «aufgeklärten» spätabsolutistischen Staates und fußte u. a. auf der Untersuchung der thüringisch-sächsischen Verhältnisse.

Als gegen Ende dieses Zeitalters seine Schrift ein breites deutschsprachiges Publikum erreichte, war hier inzwischen ein Wandel eingetreten. Die humanistischen Staatsreformer hatten ihren Blick von den Einzelheiten nützlicher Tätigkeiten des Alltags ab- und sich der vermeintlich harmonischeren Antike zugewandt. Die «Erziehung zur Industrie» des 18. Jahrhunderts wurde – mit großer Verspätung – ersetzt durch die Allgemeinbildung für alle, vornehmlich für Bürger. Als der Staat in den kommenden Jahren der wirtschaftlichen Liberalisierung seinen wohlfahrtsstaatlichen Anspruch aufgab, hat er seine Verantwortung für die gesundheitlichen Konsequenzen gewerblicher Tätigkeiten gleich mit aufgegeben. Der Bereich wurde, wie auch die gewerbliche Tätigkeit, «privatisiert».

Es ist einsichtig, wie tief gedemütigt oder resigniert empfindliche Zeitgenossen auf solche Schilderungen reagieren mußten. Auch Goethe hat seine Erkenntnisse aus diesen gesellschaftlich-technischen Bedingungen vor- und frühindustrieller Existenz gewonnen:

«Das überhand nehmende Maschinenwesen quält und ängstigt mich, es wälzt sich heran wie ein Gewitter, langsam, langsam; aber es hat seine Richtung gewonnen, es wird kommen und treffen ... Man denkt daran, man spricht davon, und weder Denken noch Reden kann Hilfe bringen ... Denken Sie, daß viele Täler sich durchs

Gebirg schlingen...; noch schwebt Ihnen das hübsche frohe Treiben vor, das Sie diese Tag her dort gesehen; denken Sie, wie das nach und nach zusammensinken, absterben... werde» (Goethe III, 13, 1821).

Lange vor den Elendserscheinungen in den Industriebetrieben entstanden die schlechten Lebens- und Arbeitsbedingungen. Noch stand die Industrielle Revolution in Deutschland bevor. Ihre nur für jeweils ein Segment der Wirtschaft geltende «revolutionäre» Wirkung und die fortwährende Industrialisierung immer neuer Teilbereiche sollte schließlich auch Möglichkeiten anbieten, den schlimmsten Auswüchsen zu begegnen. Aber welche Kräfte mußten sich regen, damit diese oft menschenverachtende Arbeitswirklichkeit sich änderte?

Es ist nicht überraschend, daß sich der für die Erhaltung des Staatswesens und seiner äußeren wie inneren Sicherheit besonders verantwortlich fühlende Stand, das Militär, als erste gesellschaftliche Gruppierung gegen die Konsequenzen dieser liberalen Wirtschaftspolitik wandte, die mit dem preußischen Edikt zur Kontrolle der Kinderarbeit von 1839 die vorsichtige Rückkehr des Staates in die Sozialpolitik signalisierte.

II. Fabrikenzeitalter: Veränderte Arbeitsbedingungen im 19. Jahrhundert

Die Auffassung, daß die Industrialisierung mit dem Fabrikenzeitalter begann, hat sich fest etabliert, auch wenn neuere Forschungen eine so scharfe Trennung nicht mehr ziehen möchten. Auch unser bisheriger Blick auf den Arbeitsschutz läßt den oft gezogenen Schluß nicht zu, daß ein gesteigertes Gesundheitsrisiko am Arbeitsplatz erst mit dem Industrialisierungsprozeß Einzug gehalten habe. Ältere Überlegungen zu dem Beginn der Industrialisierung kreisten um die Begriffe «Markt und Maschine» (Berg 1983), die den Kern eines dann letztlich revolutionären Umschwungs bildeten, so daß sich schließlich auch die politischen Instan-

14: Der Energiehunger der neuen industriellen Wirtschaft schien mit der Entwicklung der Kraftmaschinen nahezu unersättlich zu werden. Die Großfeuerungsanlagen, wie hier in einem englischen Gaswerk 1821 oder auf den Dampfschiffen, boten bis in das erste Drittel des 20. Jh. hinein oft menschenunwürdige Arbeitsplätze.

zen und Organisationsformen angepaßt, mithin parlamentarische oder später demokratische Formen der politischen Willensbildung durchgesetzt hätten, wenn letztere nicht gar zum Teil bereits Voraussetzung für den Wandel zur Industrie gewesen wären.

Wir sollten den Zeitraum seitdem bis zum Ersten Weltkrieg in Phasen einteilen, die sich an deutlich voneinander abhebenden Stadien der Entwicklung von Arbeitssicherheit orientieren müßten. Doch solche Phasen haben Historiker bislang nicht erkennen können. Wohl lassen sich verschiedene Stadien technischer Entwicklung, sozialer oder politischer Veränderungen an Verfassungen, an politischer Partizipation usw. ablesen, doch eine davon unabhängige Entwicklung von Arbeitssicherheit ist nicht erkennbar. Arbeitssicherheit war in der frühen Phase der Industrialisierung eine nicht offen ausgesprochene und in den uns zur Verfügung stehenden Quellen nicht recht greifbare Zielvorstellung.

Im Folgenden sollen neuartige Arbeitsplätze in ihren Grundstrukturen nachgezeichnet werden, auch in ihren Risiken, die sie nach unserer heutigen Erkenntnis für die Beschäftigten mit sich gebracht haben, und es soll gefragt werden, ob sich Risikowahrnehmungen ermitteln lassen (Abb. 14).

Zunächst wird dabei der Zeitraum bis zur Mitte des 19. Jahrhunderts behandelt, bevor die Entwicklungen bis 1870 und bis 1914 ins Auge gefaßt werden. In einem zweiten Teil, dem Kapitel «Neue Aufgaben für Politik und Gesellschaft», sollen dann die gesellschaftlichen Mechanismen dargelegt werden, die entwickelt worden sind, um auf diese Problematik in der Öffentlichkeit aufmerksam zu machen und um sie zu stärken bzw. die Arbeitsunfälle zu bekämpfen.

1. Die Anfänge der Industrialisierung

Eine wachsende Zahl von Untersuchungen, die sich mit der gewerblichen Verdichtung ländlicher Gegenden beschäftigt, hat das Bewußtsein dafür geschärft, in die gewerbliche Entwicklung nicht gleichsam automatisch eine revolutionäre Situation hineinzudenken. Die meisten neuen Produktionsstätten wuchsen nicht in den Städten unter den Augen des Handwerks heran, sondern außerhalb der Städte, meist auf dem Lande und unter der Obhut eines privilegierten Unternehmers, dem Entrepreneur. Diese Entwicklung begann in England und Holland schon im 17. Jahrhundert mit der Veredelung von kolonialen Importwaren, etwa der Tabakpflanzen. Es folgten dann, auch in anderen dichter bevölkerten Ländern, der Zeugdruck, die Herstellung von Gußwaren (Töpfe, Öfen), von Leinen und Wollwaren, das Klöppeln und die Strumpfwirkerei. Einige Prozesse geschahen bereits in der Form großer, arbeitsteilig organisierter

Werkstätten, ohne daß die Arbeitsteilung zunächst weit über das auch im Handwerk oder in der Hausindustrie übliche Maß hinausging.

Durch die gemeinsame Unterbringung an einer Produktionsstätte und aufgrund der fehlenden sozialen Kontrolle über die Einhaltung fester Tätigkeitsmerkmale konnten aber nun leichter Veränderungen durchgesetzt werden. Endpreis bzw. die Herstellungskosten für Massenprodukte waren zwar entscheidend, doch innerhalb dieses Rahmens konnten die Produzenten technisch aufwendigere Lösungen eine Zeitlang durch länger arbeitende und schlechter entlohnte Arbeitskräfte oder auch durch risikoreichere Produktionsverfahren ausgleichen. Längere Arbeitszeit, höheres Arbeitstempo durch Erhöhung der Stückzahlen oder Senkung der Stücklöhne, Lohnsenkungen, Reorganisation des zunächst nur wenig veränderten Arbeitsverfahrens – all das spielte sich ohne großen Widerstand in den ländlichen Produktionsstätten ab, während die Gesellen (Abb. 15) in den Städten heftigen Widerstand gegen manche Zumutungen der Meister leisteten (Grießinger 1981).

Maschinen bzw. Maschinenausstattung machten immer höhere Kapitalausstattungen der Fabriken erforderlich, die sich sehr eindrucksvoll in Wachstumskurven einfangen lassen. Diese Grundannahme beherrscht heute noch fast alle Darstellungen zur Industriellen Revolution. Eine

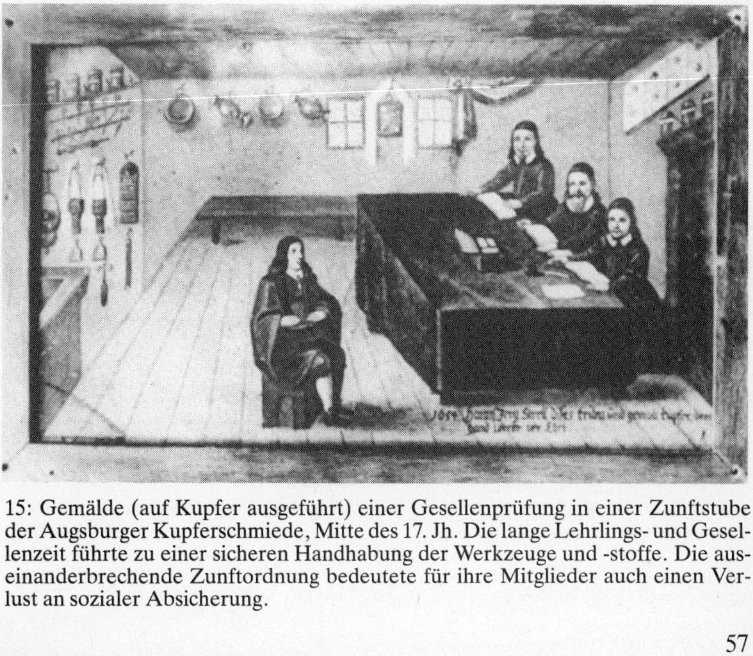

15: Gemälde (auf Kupfer ausgeführt) einer Gesellenprüfung in einer Zunftstube der Augsburger Kupferschmiede, Mitte des 17. Jh. Die lange Lehrlings- und Gesellenzeit führte zu einer sicheren Handhabung der Werkzeuge und -stoffe. Die auseinanderbrechende Zunftordnung bedeutete für ihre Mitglieder auch einen Verlust an sozialer Absicherung.

16: Maschinensaal einer Papierfabrik, 1865. Die Mechanisierung der Arbeit bedeutete für die Papierherstellung, daß Frauen und Kinder anstelle von Gesellen eingesetzt wurden. Kennzeichnend für die Arbeitsbedingungen in den Fabriken waren die offenen Maschinen und Transmissionen sowie das Fehlen eines Transportsystems für Materialien.

extrem hohe Umwandlungsrate von zirkulierendem in fixes Kapital kann für die Frühzeit der industriellen Entwicklung aber nicht eindeutig nachgewiesen werden.

Dennoch hat die starke Betonung der Maschinen, der Kraft- und Arbeitsmaschinen, im Prozeß der Industriellen Revolution viele Untersuchungen über das Verhalten der Arbeiterschaft an diesen Maschinen und in den betrieblichen Organisationsformen, in die sie eingebunden waren, hervorgebracht: die Disziplinierung der Arbeiterschaft in den und durch die neuen Fabriken (vgl. Conze/Engelhardt 1979).

Haben allein schon die neuen Maschinen in der Fabrik und die Koppelung des Menschen an die Maschinen den Arbeitern neue Verhaltensweisen aufgezwungen? Ist der Widerstand gegen sozio-ökonomisch-technologischen Wandel und das Streikverhalten aus Erfahrungen in industriellen Einrichtungen erwachsen? Zweifel haben sich hier angemeldet.

Die Anlage selbst großer Fabriken darf nicht darüber hinwegtäuschen, daß diese oft aufsehenerregenden Gebäude nicht voll durchautomatisiert waren, auch wenn Ure und Marx durchaus vom «automaton» sprechen (Marx 1982, S. 1928, 1940; Ure 1835). In ihnen wurden viele Tätigkeiten ausgeführt, die teilweise auch weiterhin zu Hause hätten abgewickelt werden können. Manche wurden nur gelegentlich und dann aus technischen Gründen in die Fabrik verlegt, etwa für die aufwendige Technik beim Walken, bei chemischen Prozessen, beim Schleifen. Noch bildeten die tatsächlich mechanisierten Tätigkeiten keinen kontinuierlichen Produktionsgang; die Teilprodukte mußten immer wieder herausgenommen und von Hand weiterverarbeitet werden, entweder in der Fabrik selbst oder auch außerhalb (Abb. 16).

Im Verlauf des 18. Jahrhunderts waren Werkzeuge und Handmaschinen erheblich verbessert worden, geeignet für die Stuben der Hausindustriellen. Deren «Gewinne» wurden durch die neuen Maschinen, durch sinkende Löhne und/oder längere Arbeitszeit aber wieder aufgezehrt. Auf diese Weise konnte die Hausindustrie oder Familienwirtschaft immer noch strukturell mit der Fabrikarbeit verbunden bleiben. Die Subkontrahierung blieb eine noch lange geübte notwendige Ergänzung der Fabrikproduktion. Der Einzug der Arbeitsmaschine war erheblich stockender, als wir es uns heute, aus einer weit vorangeschrittenen Zeit, vorstellen.

Auch die Dampfmaschine ist nur sehr zögernd in die Fabriken eingeführt worden, solange noch andere billigere Kraftressourcen vorhanden und die an mechanische Kraftantriebe anzuschließenden Arbeitsmaschinen noch nicht entwickelt waren. So waren ihre ersten Einsatzorte im Bergbau ab 1720, in der Wasserversorgung ab 1775, in Großstadtgetreidemühlen ab 1785, bei Eisenbahnen ab 1804/10 und Schiffen ab 1788, bevor sie in Textilfabriken, in England ab 1810, im Elsaß ab 1820 und in Sachsen ab 1840 breitere Anwendung fand.

Das Verhalten der Arbeiterschaft, ihre Disziplinierung im Sinne einer Einübung zweckrationalen Verhaltens und damit ihre Unterwerfung unter die bürgerlichen Vorstellungen von der Organisation des öffentlichen wie des privaten Lebens nach dem Motto «time is money» ist also nur begrenzt über die Fabrik mit ihrer rigorosen Zeitdisziplin bewirkt worden. Der Lebens- und Arbeitsrhythmus zu Hause konnte damit nicht voll erfaßt werden (Lüdtke, in: Conze/Engelhardt 1979). Und solange der Lohn nicht einheitlich und kontrollierbar festgelegt werden konnte, sondern sich an der Erfahrung und dem Überblick des Meisters orientierte, etwa im Baugewerbe oder in großen Eisenhüttenwerken, blieb dem einzelnen Arbeiter ein zumindest subjektiver Spielraum, durch den er sich den vorgeschriebenen Zeit- und Lohnregelungen immer wieder entziehen konnte. Widerstand gegen die Zeitregelungen (Huck 1980), Aneignung von Rohstoffen, Wilderei, Ähren- und Beerenlesen, Holzsammeln usw. blieben weithin gepflegte, wenn auch immer wieder verbotene zusätzliche Einkommensmöglichkeiten.

Sicherlich ist auch die Vorstellung von Gesundheit, verstanden als ein subjektiv befriedigender wie objektiv nachweisbarer Zustand, der über eine vernünftige Lebensweise zu erreichen ist, nicht über betriebsinterne Normvorgaben der Arbeiterschaft vermittelt worden. Die Berichte entsetzter bürgerlicher Reformer zeigen uns eher das Gegenteil, eine Bewegung von außerhalb des unternehmensinternen Zusammenhangs, von Ärzten und Philanthropen, den bürgerlichen Sozialreformern jener Zeit, welche die oft skandalösen hygienischen Verhältnisse verbessern wollten. Es fällt auf, daß sich der Staat und seine bürgerlichen Hilfstruppen um die Aufsicht über hygienische Verhältnisse in den Fabriken kaum, dafür aber mit polizeilicher Hilfe und über die Armengesetzgebung um die Kontrolle der Hygiene in den Wohnungen um so stärker gekümmert haben (Weisbrod 1981).

Was unterschied nun aber die neuen Formen der Produktion derart von den älteren, daß wir von einer neuen Epoche sprechen können? Es ist der erfolgreiche Versuch, die erforderlichen Produktionsketten für aufwendigere Produkte an einem Ort zu konzentrieren, sie unter qualitative und wertmäßige Kontrolle zu bringen. Dabei brachten nicht alle neuen oder veränderten alten Arbeitsplätze unwiderruflich gesundheitliche Schädigungen mit sich. Gezeigt werden soll vielmehr, wie schwierig es für die Verantwortlichen wurde, die Risiken der industriellen Arbeit realistisch einzuschätzen.

In welchen Betrieben entstanden denn nun neue Arbeitsplätze, oder wo wurden die bestehenden verändert?

Im Rhythmus der Maschine: Arbeit in der Textilindustrie

Blickt man in die zeitgenössischen Anleitungen und Beschreibungen der Fabrikationsprozesse in der Textilindustrie (Oeser 1856), fällt die große Spezialisierung innnerhalb der einzelnen Arbeitsschritte auf. Die zu verarbeitenden Fasern mußten vorbereitet und gereinigt, sie mußten für den Spinnprozeß in vielen Schritten hergerichtet werden, bis die Fäden genau für die beabsichtigten Zwecke gesponnen werden konnten. Jeder Schritt konnte durch eine Maschine abgedeckt werden, wenn sie nur einfach genug war und die Anstellung billiger Arbeitskraft ermöglichte. Um 1850 waren Hecheln, Kardieren, Strecken, Anlegen, Vor- und Feinspinnen bereits mechanisiert. Die Garne gingen dann je nach weiterem Verwendungszweck in die Vorbereitung zum Weben oder Stricken. Darauf folgte oft eine weitere Behandlung der Stoffe, die nun bedruckt oder gefärbt wurden, wobei mit vielen chemischen Substanzen gearbeitet wurde, um die Farbe dauerhaft auf den Fasern zu fixieren.

Die wirtschaftlichen Konsequenzen des Maschineneinsatzes waren für jede reine Handarbeit vernichtend. So sank der Marktpreis für lose gesponnenes Drosselgarn, dem «roller spun» no. 40 (d.h. 40 Yards Faden pro Gewichtspfund in England von 16 Shilling im Jahr 1779 auf 3 Shilling

17: Diese Aufnahme aus dem 20. Jh. zeigt den immer noch ganz unbefangenen Umgang einer Arbeiterin mit der Textilfaser Baumwolle: Atemschutz findet nicht statt. Erst 1976(!) sind die Erkrankungen durch Rohbaumwolle und Flachsfasern als Berufskrankheit anerkannt worden.

im Jahr 1812; davon mußten in beiden Jahren etwa 2 Shilling für den Rohstoff ausgegeben werden. Noch drastischer war der Verfall bei den festeren Mule-Garnen, beispielsweise dem Garn no. 100: Hier sank der Preis von 38 Shilling im Jahr 1786 auf 4 Shilling im Jahr 1812, wobei ebenfalls gut 2 Shilling für den Rohstoff zu rechnen waren. Damit war der Verdienst des Spinners für die gleiche Menge Garn bei dem losen Garn auf nominal 7 %, bei dem festeren auf unter 6 % geschrumpft (Chapman 1972, S. 44). Das Interesse der Unternehmer konzentrierte sich daher ganz auf die Arbeitsmaschinen, und sie verhielten sich dabei so, als handele es sich um Werkzeuge, die man weglegen oder herausholen könne, und nicht um die Schaffung einer völlig neuen, eben Fabrikatmosphäre.

Die Arbeitsatmosphäre war staubig, feucht und, wenn es produktionsnotwendig war, gelegentlich warm. Sie begünstigte die Entstehung von Haut- und Lungenkrankheiten, da nicht gleichzeitig mit einem produktionsfördernden auch ein menschenverträgliches Klima geschaffen wurde. Batteur- und Kardiermaschinen der Baumwolle führten mit ihrem Bedienungsaufwand und den durch sie produzierten feinen Stäuben ebenso wie die Hechelmaschinen in Roßhaar- und Flachsbrechfabriken zu Brustbeschwerden, Pneumonien, Emphysemen (Abb. 17). Bei extremen Temperaturen in Schlichtereien und Dampfmaschinenhäusern litten Arbeiter an Herz-, Leber-, Blutaderkrankheiten (Böhmert 1, 1873). Der Spinnsaal wurde von vielen Unternehmern als vergrößerte Hausstube angesehen, und sie begriffen nicht, daß mit der Konzentration an Staub, schlechter Luft, geringem Licht usw. die Schwelle zu einer ungesunden Umgebung überschritten worden war.

Rheumaerkrankungen entstanden in den ungeheizten, feuchten Räumen der Wäscher, die Drucker litten unter Augenentzündungen und, wenn sie mit arsenikhaltigen Farben zu tun hatten, an Geschwüren. Die Stecher der Druckmuster klagten wegen der Arbeitsüberlastung über Sehschwäche und Brustleiden.

Der Einbau einer Lüftung verbot sich aus Sparsamkeitsgründen: Weder sollten die vielen schwebenden Fasern, die ja irgendwann einmal zu Boden fielen und dann zusammengefegt wurden (Abb. 18), noch Feuchtigkeit und Wärme ins Freie entweichen; denn Raumheizung war kostspielig. Klimatechnik blieb bis in die zweite Hälfte des 20. Jahrhunderts unbekannt, auch wenn die Lüftung sich mit dem Aufkommen der elektrischen Ventilation verbesserte. Durchaus mögliche einfache konstruktive Lösungen waren sehr selten (Böhmert 1, 1873).

Einen nachhaltigen Einfluß auf die Arbeitsbedingungen hatte der Übergang von der Naturbleiche zur chemischen Bleiche, der schon im

18: Arbeitssituation in einer Spinnerei, 1835. Die Kinder arbeiteten bei laufenden Maschinen und mußten beim Zusammenfegen der Fasern dem Wagen ausweichen. Ständig in gebückter Körperhaltung arbeitend, waren sie gezwungen, ununterbrochen Staub einzuatmen.

Verlauf des 18. Jahrhunderts eingesetzt hatte. Wurde früher mit Buttermilch gesäuert und dauerte das Verfahren wochenlang, so benutzte man nun künstliche, chemische Flüssigkeiten und kürzte den Vorgang ab – eine als großer Fortschritt empfundene Verbesserung, die aber aus dem Freien in die Fabrik verlegt wurde und damit den Zeitraum verlängerte, während dessen die Arbeiter/innen den Stoffen ausgesetzt waren.

An den Arbeitsplätzen der Spinning Jennys, der Handwebstühle, ebenso wie in den Papier- und Glasfabriken war billige, ungelernte Arbeitskraft begehrt. Die ungelernten Landarbeiter, Frauen und Kinder wurden in den größeren Betrieben einer starren Ordnung unterstellt, bei der der Fabrikherr oder technische Leiter auf schärfste Einhaltung der Disziplin achtete – die Fabrik hatte sich herausgeschält.

In den Beschreibungen der Fabriken bis 1870 fällt immer wieder auf, wie oft Schmutz in Form von Staub, Dämpfen und Rauch als Synonym für Werktätigkeit, für Industrie verstanden wird. Mit dieser Sichtweise wurden ältere handwerkliche Vorstellungen weitergetragen. Die Unternehmer selbst haben dieser Vorstellung bis in die Mitte des 19. Jahrhunderts ebenfalls gehuldigt und wohnten meist in der Nähe ihrer Fabriken. Doch spätestens seit dieser Zeit begannen auch die hartnäckigsten Vertreter mit handwerklicher Mentalität, ihre Wohnsitze von der Fabrik zu entfernen. Ein offensichtlicher Grund war der ständig wachsende Raumbedarf für die Vergrößerung der Fabriken, gleichzeitig aber dokumentierte sich hier der politisch-gesellschaftliche Anspruch der Unternehmer, aus der niederen Sphäre der Produktion nunmehr in die gehobene der politischen Mitbestimmung zu wechseln. Die Verlagerung des Wohnsitzes ist sicher auch Ausdruck der wachsenden Angst vor gesundheitlichen Gefahren, die mit der industriellen Produktion verbunden sind. Die Villa Hügel im Süden Essens (Buddensieg 1984) ist auch ein Symbol der panischen Angst vor Schmutz, die Alfred Krupp (1812–1887) empfunden hat.

Auffallend ist, daß die den Schmutz in ihren Fabriken produzierenden Fabrikherren die Säuberung der Arbeiter zunächst zu einer Privatsache erklärten. Selbst so aufmerksame und engagierte Fabrikinspektoren wie die aus dem schweizerischen Thurgau hielten die Bereitstellung von Badeeinrichtungen für eine öffentliche Pflicht, obwohl der Schmutz doch offensichtlich nicht öffentlich entstanden war (Böhmert 1, 1873, S. 405).

Wo Hygieneansprüche sich als disziplinarische Maßnahmen eigneten, wurden sie eingesetzt. Ein bekanntes Beispiel ist die Bereitstellung von unternehmenseigenem Wohnraum. Zu Beginn des 19. Jahrhunderts stand der kleinen Zahl technisch kompetenter Fabrikleiter und Aufseher/Meister eine schnell wachsende Zahl unqualifizierter Männer, Frauen und Kinder gegenüber, die in England oft familienweise in die Fabrik kamen. Soweit sie unverheiratet waren, erhielten manche – nächst den Meistern – auch Wohnraum. Ab Anfang des 19. Jahrhunderts wurden sie, je nach Umfang des Wohnungsbaus, mehr oder minder geschlossen in Siedlungen untergebracht, deren strenge Reglements meist hygienisch begründet wurden.

Die niedrigen Löhne und der schon erwähnte hohe Anteil nicht-mechanisierter Arbeit bremsten sogar gelegentlich die Mechanisierung, weil die Unternehmer vor allem bei Modeschwankungen auf dem Bekleidungssektor um die Entwertung des investierten Kapitals fürchteten. So anpassungsfähig waren die frühen Maschinen nicht. Außerdem konnten die Arbeiter durch extrem ausdehnbare Arbeitszeiten nach Belieben als konjunkturelle Puffer verwendet werden: In Deutschland betrug die Wochenarbeitszeit in den Jahren 1840/50 bis zu 78 Stunden und mehr. Die durchschnittliche Arbeitszeit in der Baumwollindustrie wurde durch die Verkürzung der Pausenzeiten ausgedehnt (vgl. Sozialgeschichtliches Arbeitsbuch 1, 1982, S. 140):

Jahre	**brutto** (Std./Tag)	**netto** (ohne Pausen)
1800–32	12	10
1832–41	12,5	10,5
1842–64	13	11,5
1865–70	12,5	11
1871–80	12	10,5

Mit der ersten Generation von Maschinenbauern, Maschinenaufsehern und Vorarbeitern hatten die Fabrikbesitzer nicht nur gute Erfahrungen gemacht. Die Gruppe der «Arbeiteraristokraten», zu denen auch die Mulespinner vor der Vollautomatisierung des Spinnverfahrens 1835 gehörten, war stolz auf ihre in langjähriger Arbeit erworbenen empirischen Kenntnisse. Das gleiche galt für den in der frühindustriellen Stahlherstellung unverzichtbaren Puddler. Sie hatten in der frühindustriellen Fabrik eine unangreifbare Position, bis sie durch die automatisch arbeitende Mule, die Andrew Ure und Karl Marx so sehr beeindruckte, und durch neuartige Verfahren zur industriellen Stahlherstellung (ab 1860/75) als selbstbewußte, eigenständige soziale Gruppe verschwanden.

Die Auswirkungen dieser weiteren Technisierung auf die Unfallrisiken gingen zu Lasten der weniger Qualifizierten: Hatten die Meister und Mechaniker, die solche Maschinen installiert hatten, noch eine Vorstellung von den gefährlichen Elementen, so fehlte den unqualifizierten Arbeitskräften, Männern wie Frauen, diese Vorstellung. Sie konnten weder das Risiko einschätzen, noch durften sie es, denn sie sollten die Maschine nicht unter dem Aspekt der Unfallsicherheit bedienen, sondern nur möglichst schnell an ihr arbeiten (Abb. 19). Es ist daher kein Wunder, daß

19: Unfall an einer Mulespinnmaschine Ende des 19. Jh. Bei komplizierteren Maschinen, deren Bedienung auch Kräfteaufwand und/oder technische Kenntnisse erforderte, wurden Männer bevorzugt. Waren die Arbeiter/innen nach dem Anknüpfen der Spinnfäden nicht schnell genug aus dem Gefahrenbereich des vor- und zurückfahrenden Wagens heraus, konnten sie – wie hier – schnell eingequetscht werden.

Übermüdung und Arbeitshetze, meist durch überhöhte Akkordsätze hervorgerufen, und wenig ergonomische Arbeitsplatzbedingungen für sehr viele Arbeitsunfälle und -krankheiten verantwortlich waren.

Zwischen Kinderarbeit und Facharbeitern: Arbeitsbedingungen in Bergbau, Eisenhüttenwesen und Maschinenbau

Bei besonders kapitalintensiven Teilprozessen, etwa im Eisen- und Metallhüttenwesen, oder bei rohstoffgebundenen Arbeiten wie im Bergbau, waren Produktionskonzentrationen bereits in der frühen Neuzeit vollzogen worden, und wir haben gesehen, daß die Entwicklung auch rückläufig sein konnte, wenn der Markt sich änderte.

Schon im 17. Jahrhundert war Steinkohle als eine neuartige Energieform beim Glas- und Kupferschmelzen erfolgreich eingesetzt worden, doch das 18. Jahrhundert machte einen erheblichen Schritt vorwärts in eine irreversible Richtung. Stück für Stück ging man dazu über, den Werkstoff Stahl mit Hilfe von Steinkohle (Koks) zu erzeugen.

Die neuen Verfahren senkten vor allem Kosten und damit die Preise. In Glasgow fiel der Preis des Roheisens nach den Berechnungen Fremdlings (Fremdling 1983, S. 208) für den Zeitraum von 1825 bis 1845 von (umgerechnet) 141 Mark auf 58 Mark. Diese Entwicklung machte in Deutschland eigenständige Versuche zur Einführung der Roheisenherstellung mit Koks ökonomisch überflüssig. Noch dramatischer fiel der Preis für Stahl (Schmiedeeisen, Stabeisen). Leider sind keine eindeutigen Angaben erhalten (Birch 1967, S. 230), in etwa aber sank der Preis von 1806, also bereits nach Einführung des Puddelverfahrens, bis 1830 auf ein Drittel. Gegen dieses Verfahren verteidigten sich die deutschen Frischhütten, die Schmiedeeisen herstellten, mit einem größeren Zollschutz und zunächst durch längere Arbeitszeit und größere Marktnähe, bis der enorme Bedarf für Eisenbahnschienen die Unterlegenheit des alten Frischverfahrens auch in quantitativer Hinsicht offenkundig werden ließ.

Dieser gewaltige Preisverfall machte Eisen und Stahl für den Bau zentraler Maschinenteile erschwinglich. Eisen und Stahl konnten auch für den Schienenverkehr bereitgestellt werden. Der Bedarf wuchs so stark, daß die Eisen- und Stahlproduktion im 19. Jahrhundert ein Indikator für den Fortschritt und den Wohlstand eines Landes wurde.

Die Entwicklung zu längeren Betriebszeiten begann schon in der vorindustriellen Zeit: Im Verlauf des 18. Jahrhunderts wurden die kurzen Kampagnen der Hochöfen von einigen Wochen auf fast ein ganzes Jahr gebracht. Dazu waren ausreichende Rohstoffvorräte, gute Verkehrsverbindungen und vor allem das richtige Material für die Auskleidung und den Betrieb der Hochöfen herbeizuschaffen. Auf diese Weise wurden immer mehr diskontinuierliche Verfahren, die den Beschäftigten noch Zeit gelassen hatten, sich zu erholen, abgelöst durch kontinuierliche Verfahren, deren Arbeitsgeschwindigkeiten durch die Maschinenantriebe, zunächst Wasserräder, dann Dampfmaschinen, bestimmt wurden.

Die Folgewirkungen im gesundheitlichen Bereich wurden nicht so schnell sichtbar, weil immer wieder Arbeitsunterbrechungen Erholung verschafften und ein Ursache-Wirkung-Verhältnis nicht schnell erkennbar war. In dem Moment jedoch, als Pausen kaum mehr möglich waren, traten Vergiftungserscheinungen auf. Die Gefährdungen wurden noch größer, als Mitte des 19. Jahrhunderts die Hochöfen zu chemischen Reaktionskammern mit abgeschlossenen Ein- und Ausgängen (Gichtverschluß und geschlossene Brust, vor- und nachgeschaltete Winderhitzer und Regenerativöfen) umgestaltet wurden.

In der Stahlherstellung bildet das Bessemer-Verfahren den Übergang vom früh- zum industriellen Verfahren, das Mitte des 19. Jahrhunderts versuchsweise und um 1860 endgültig in die Produktion eingeführt wurde. Ab 1879 wurde es in Kontinentaleuropa durch das Thomas-Verfahren für die häufigeren phosphorhaltigen Erze ersetzt (Wengenroth 1986). Bei beiden wurde Luft bzw. der in der Luft enthaltene Sauerstoff durch flüssiges Roheisen hindurchgeblasen. Die Reaktionsgase wurden abgeleitet, weil sie zu heiß waren bzw. die Arbeiter auch vergiftet hätten (Abb. 20). Im Siemens-Martin-Verfahren, bei dem eine einzelne Charge

20: Königshütte in Oberschlesien. Gemälde von August Dressel, 1912. Obwohl ökologische Schäden von aufmerksamen Forstbeamten schon um 1860, also frühzeitig, wahrgenommen und seit über einer Generation beklagt wurden, stellt der Maler hier industriellen Fortschritt, gleichgesetzt mit Rauch, in der Tradition aus der Zeit Mitte des 19. Jh. dar. Die Wagen werden noch – unfallträchtig – von Hand bewegt.

fast eine ganze Schicht lang «kochte» bzw. reagieren konnte, entstand weniger Hektik. Es blieben freilich in den Hüttenwerken wegen der Größe und des Gewichts der Arbeitsgeräte sowie wegen der ohnehin starken Hitze- und Staubbelastungen viele gesundheitliche Risiken. Früher als etwa in der Textilindustrie bemühten sich die Betreiber jedoch, die gefährlichen Ausdünstungen durch hohe Schornsteine abzuleiten, um den Arbeitsplatz zu entlasten. Die daraufhin protestierenden Anlieger hatten freilich nicht oft Erfolg, obwohl solche Prozesse immer wieder angestrengt worden sind.

Bei den mechanischen Operationen in einem Hütten- und Walzwerk vollzogen sich im Verlaufe des 19. Jahrhunderts Veränderungen, die im wesentlichen auf Vergrößerung bei gleichzeitiger Gebundenheit an die Betriebsbedingungen der Dampfmaschine hinausliefen. Die notwendige Walzarbeit bei Hüttenprodukten war Schwerstarbeit, solange die Arbeiter die Produkte an den schnell laufenden Walzen dirigieren oder in Empfang nehmen mußten (Abb. 21). Erst zu Beginn des 20. Jahrhunderts erleichterte der Elektromotor in diesem Produktionszweig die schwere körperliche Arbeit: Er war anpassungsfähiger in der Laufgeschwindigkeit und konnte über Kräne und Laufkatzen mehrere Bewegungsrichtungen bedienen.

21: Die Arbeit an den Profilwalzen führte wegen der enormen Strahlungshitze schnell zu körperlicher Erschöpfung, bei gleichzeitig erhöhtem Arbeitstempo, das durch den maschinellen Antrieb vorgegeben wurde. Vor- und nachgelagerte Prozesse des Walzens blieben zunächst auf die menschliche Muskelkraft und Reaktionsfähigkeit angewiesen.

22: Feuervergolderei, 1845. Alle Schmelzprozesse, die eine so wichtige Rolle in der ersten Industrialisierungsphase gespielt haben, liefen zunächst ohne wirksame Absaugvorrichtungen ab – mit entsprechenden gesundheitlichen Risiken für die Beschäftigten.

Die chemischen Gefahren in den Metallhütten waren bei der Verarbeitung von Blei, Zink, Silber, Gold noch viel bedeutsamer (Abb. 22). Fielen diese Hütten rein quantitativ bei statistischer Betrachtung nicht so ins Gewicht, so waren die Risiken im Einzelfall jedoch sehr hoch, höher als bei der Eisenverhüttung.

Bei der Herstellung kostenempfindlicher Konsumentenprodukte wurden qualifizierte durch ungelernte Arbeiter/innen und Kinder ersetzt, während Fachleute auf den Gebieten Eisenhüttenwesen, Maschinenbau und Verkehrsbauten für die konstruktiven Teile äußerst gesucht waren, nicht nur in England, sondern auch in Kontinentaleuropa. Die Kluft zwischen den konstruktiven «Kernen» eines arbeitssparenden Innovationsschubes und seinen vielfältigen Anwendungen in arbeitsintensiven Prozessen zieht sich bis in die heutigen Tage hin, deutlich etwa in der elektronischen Technologie. Die bürgerliche politische Öffentlichkeit in England nahm diesen Konflikt erstmals um 1820/30 als ganz heftigen Streit um die Handelsfreiheit wahr: Durften Maschinen aus England ausgeführt werden und durfte auch das Konstruktionspersonal ins Ausland abwandern und damit der englischen Wirtschaft schließlich Konkurrenz machen (Braun 1984, S. 131ff)? Auch diese Fragen sind seitdem immer wieder bezüglich anderer Produkte und Qualifikationen gestellt worden.

Der Maschinenbau blieb über viele Jahrzehnte ein stark durch Facharbeiter und handwerklich gut qualifizierte Mechaniker geprägter Gewerbezweig. Auch in den mechanischen Werkstätten – etwa in England Ende des 18. Jahrhunderts – ging man schon früh dazu über, den Arbeitsprozeß aufzuteilen. Ein Beispiel ist um 1800 Soho Foundry, die Werkstatt von Boulton & Watt. Doch nicht nur durch Spezialisierung entstanden Risiken für den Dreher usw., auch unangepaßte Materialverwendung führte bei Maschinen, Eisenbahnen und Dampfkesseln zu Brüchen und damit zu erheblichen Unfällen. Das vielfach verwendete neue Material Stahl war noch gar nicht ausreichend erforscht.

Grundlage der revolutionären Umwälzung in der gesamten Produktion war sowohl bei der Bereitstellung der neuen Werkstoffe wie für das Verkehrswesen eine zu wettbewerbsfähigen Preisen angebotene Energiegrundlage, die Steinkohle. Sie war zunächst und im ganzen 19. Jahrhundert konkurrenzlos billig gegenüber allen anderen verfügbaren Energieträgern, obwohl die Zahl der bei ihrem Abbau Beschäftigten rasant anstieg und ihr «Produktions»prozeß stark handwerklich orientiert blieb.

Der Arbeitsplatz im Steinkohlenbergbau ließ sowohl in besonderem Maße die Ausbeutung des Menschen durch den Menschen zu, wie sie in überlangen Arbeitszeiten, in schikanöser Behandlung der Arbeiter, in der Kinder- und Frauenarbeit, im geringen Unfallschutz usw. zum Ausdruck kam; seine weitere Entwicklung stellte aber auch hohe Anforderungen an den technischen Ausbau. Doch dieser diente nicht dazu, den

23: Wie ambivalent Sicherheitsgeräte in liberalistischen Wirtschaftssystemen sein konnten, zeigte sich am Einsatz der Sicherheitslampe von Davy nach 1815: Da sie Schlagwettergefahr anzeigte, konnte man nun Bergarbeiter auch in sonst gemiedenen Flözen arbeiten lassen.

gefährlichsten Teil, den Arbeitsplatz vor Ort, vor der Kohle, zu entschärfen, sondern steigerte die Arbeitsleistung, indem nach der Entwässerungstechnik des 15., der Sprengtechnik des 17. und des 18. Jahrhunderts nun die über Tage entwickelte Verkehrstechnik in die Untertagewelt eindrang.

Wie selten in der Arbeitswelt waren im Bergbau die sonst eher getrennt gehaltenen Bereiche der Sicherung des Eigentums bzw. des Bergwerks und der Sicherung des Lebens der Bergarbeiter miteinander verknüpft (vgl. Kroker 1979, 1986). Der Flözbergbau, bislang in Deutschland eher oberflächennah betrieben, drang bald in größere, risikoreiche Tiefen mit Schlagwettergefahr vor. Wie England bewies, konnte sein Abbau auch in privatkapitalistischer Manier betrieben werden, wenn er auch für die bürgerlichen Arbeitsorganisationen eine große Herausforderung darstellte (Abb. 23).

Die staatlichen Bergbeamten, etwa in Preußen, konnten sich um Sicherheitsgesichtspunkte noch stärker kümmern. So hat Alexander von Humboldt (1769–1859) aus seinen Erfahrungen in Schlesien und Ansbach ein Rettungsgerät für Bergleute entwickelt. Aber auch die Sicherheitspfeiler, die in den Flözen stehen bleiben mußten, waren vorsichtiger berechnet und breiter ausgelegt als in den englischen Gruben.

Wo geordnete Administration und älteres Standesbewußtsein vorhanden waren, ließen sich wenigstens noch Beschwerden über schlechte Arbeitsbedingungen und Gefahren vorbringen, doch wo die Leistungsfähigkeit des Menschen, zusammen mit den Kosten für seine Arbeitskraft, zum allein ausschlaggebenden Faktor für seine Beschäftigung wurde, griff beispiellose Ausbeutung um sich. Man ging davon aus, daß die Kraft eines achtjährigen Kindes zum Öffnen der Türen in einem dunklen Streb für die Arbeitszeit von 14 Stunden ausreichte. Erst in einem mühsamen Prozeß über die Mobilisierung der Öffentlichkeit konnten diese Zustände langsam abgestellt werden. So befragte eine englische Parlamentskommission 1838 die Beschäftigten eines englischen Kohlenbergbaudistrikts und hörte erschütternde Aussagen (Reports from Commissioners 1842, repr. 1968, S. 136): In einem Jahr hatte es 339 Tote gegeben!

Im Alter von	unter 13	13 bis 18	über 18
In den Schacht gefallen	13	16	31
Seilbruch	1	0	2
Absturz beim Ausstieg	0	0	3
Ertrunken	3	4	15
Steinfall	14	14	69
Unspezifiziert	6	3	32
Gasexplosionen	13	18	49
Erstickt (durch Gas)	0	2	6
Schießpulverexplosion	0	1	3
Durch Wagen überfahren	4	5	12

Viele Kinder (ab 3 Jahren), Frauen und Männer kamen durch nachlässige Sicherung der unterirdischen Anlagen und durch mangelhafte Transporteinrichtungen ums Leben. Beträchtlich war aber bereits die Zahl der durch Stein- und Kohlenfall sowie durch Gas Verletzten und Getöteten (Abb. 24). Die Menschen hatten sich in neue, gefährliche Abbauregionen vorgewagt, ohne die Risiken für die Beschäftigten zugleich in ihr Kalkül einzubeziehen. Beide Ursachen sollten auch nach weiteren einhundert Jahren immer noch an der Spitze der Todesursachen im Steinkohlenbergbau stehen.

Der steigende Bedarf an Steinkohle ließ immer mehr Bergarbeiter an die Arbeitsplätze unter Tage strömen, meist junge und kräftige Menschen aus agrarischen Gebieten, die mit ihrer Arbeit ein hohes Gesundheitsrisiko eingingen. Der Steinkohlenbergbau lag lange zusammen mit den Verkehrsberufen, etwa der Binnenschiffahrt, an der Spitze der Gefähr-

a)

b)

24: Darstellung des Kohlentransports, (a) in Frankreich 1867, (b) in England 1842. Solange keine maschinelle Kohlenförderung installiert war, mußte die Steinkohle auf dem Rücken (auch von Kindern und Frauen) über Hunderte von Trittstufen auf langen Leitern in nassen und dunklen Gruben zutage geschleppt werden.

lichkeit (Abb. 25). Die Arbeiter gingen komplexen Tätigkeiten nach, bis einzelne Geräte plötzlich neue Verhaltensweisen erzwangen, an die sich die Arbeiter nicht schnell genug gewöhnen konnten. Hinzu kamen gerade im handwerklich betriebenen Bergbau viele Unfälle durch Arbeitshetze. Die Verlaufskurven der Unfälle im Steinkohlenbergbau vor dem Ersten Weltkrieg sind dafür ein treffender Beleg (Völkening 1980).

Insgesamt haben die Organisationsprinzipien wie Arbeitsteilung, lange Arbeitszeit, Dequalifikation handwerklicher Fähigkeiten, das Problem des Einsatzes von Lehrlingen und Frauen als Lohndrücker dazu geführt, daß die englischen und bald auch die vielen europäischen Arbeiterbewe-

25: Zeitgenössische Darstellung eines Unfalls bei der Kohlenförderung durch Seilfahrt in Frankreich, 1867. Die Seilfahrt von Personen war in Preußen bis 1858 verboten. Die von Albert 1834 erfundenen Drahtseile machten dann aber auch die maschinelle Personenbeförderung in Aufzügen bzw. Käfigen möglich.

gungen entsprechende Forderungen, etwa in den Programmen der sozialistischen Parteien oder in den Parlamentsdebatten, gestellt haben. Explizite Forderungen nach Arbeitssicherheit haben bei der auf politische Emanzipation bedachten Arbeiterbewegung eine äußerst geringe Rolle gespielt.

Die Industrie expandiert

Die unaufhaltsame Ausweitung der Fabrikarbeit, die wachsende Zahl von Teiloperationen, die nun hinter den Fabrikmauern ausgeübt wurden, die schnell wachsende Zahl von Fabrikbeschäftigten, die in Innenräumen arbeiteten und damit von der frischen Luft und Erholungspausen abgeschnitten waren, die weitgehend fehlende Ventilation und die stärkere Überwachung sowie schließlich die fehlende langjährige Lehre, der Beginn maschinellen Transportes, der die Transportgüter so schwer werden ließ, daß die Transportarbeiter dabei immer stärker gefährdet waren – alle diese Faktoren verstärkten die gesundheitlichen Risiken in der neuen Arbeitswelt.

Je arbeitsteiliger die Prozesse waren und je weniger Kraftaufwand erforderlich war, um so eher konnten Frauen und Kinder angestellt werden und um so geringer konnte der Lohn sein.

Der Hoffnung vieler Politökonomen und Philosophen zu Beginn des 19. Jahrhunderts auf die Möglichkeit für jeden Menschen, auch jedes Kind, seinen eigenen Lebensunterhalt verdienen zu können, stand bald die Realität entgegen: extrem lange Arbeitszeiten, ehemals in der Hausindustrie und nun in den neuen Fabriken, schnell sinkende Löhne, scharfe Fabrikdisziplin und viele Unfälle. Die offensichtlich ungleiche Ausgangsposition der Arbeiter und der Fabrikherren beim Abschluß eines Lohnvertrages wurde geflissentlich übersehen. Der Arbeiter konnte nur seine Arbeitskraft verkaufen, während der Fabrikherr in der Ausgestaltung des Arbeitsplatzes zunächst gar keiner, dann einer nur oberflächlichen und in der Regel ineffektiven öffentlichen Kontrolle unterlag. Über die handwerklich-verlegerische Ausbeutungsmentalität klagten Konservative ebenso wie Sozialreformer, die durch Aufklärung und Selbsthilfe Verbesserung herbeiführen wollten. Dieses konnte freilich nur in monopolistischen Betrieben gelingen, für die die Konkurrenz weitgehend ausgeschaltet war, so daß Gelder zur Verfügung standen. Wegen der niedrigen Löhne und der geringen innerbetrieblichen Aufstiegsmöglichkeiten wechselten viele Beschäftigte oft den Arbeitsplatz – mit entsprechenden Problemen der Gewöhnung an die neue maschinelle Umwelt.

In der zweiten Hälfte des 19. Jahrhunderts – in England eine halbe Generation früher – erlebte die Bevölkerung eine gewaltige Ausdehnung der Fabrikbetriebe (Tab. 3) und eine weitergehende Mechanisierung. Mit den Dampfschiffen und Eisenbahnen schwollen die Städte an, zunächst die Seestädte, dann die Binnenstädte. Die bis dahin noch mit den Fabriken verbundenen Familienproduktionen wurden langsam aufgelöst. Mit wachsender Spezialisierung wuchs die Arbeitsteiligkeit über eine einzelne Fabrik hinaus.

Daneben taten sich neue Formen oder Gebiete der Hausindustrie auf: Die ersten Bekleidungsgeschäfte ließen von Näherinnen und nicht mehr von Schneidern Bekleidungsstücke nähen, und die bald zur Verfügung stehende Nähmaschine mit ihren ambivalenten Folgen für die zu Hause arbeitende Frau vergrößerte die Zahl der Heimarbeiterinnen schnell. In den Zonen der «De-Industrialisierung», etwa in den deutschen Mittelgebirgen, die ihre Eisenverarbeitung an die Steinkohlengebiete verloren oder die ihre wasserradgetriebenen Handwerksbetriebe, ja sogar auch

Tab. 3: Anteil der Beschäftigten in den Gewerbezweigen Bergbau, Metallerzeugung/-verarbeitung und Textilindustrie im Vergleich von 1850 zu 1875 gemessen an der Gesamtzahl der Beschäftigten (Sozialgeschichtliches Arbeitsbuch 1, 1982, S. 54).

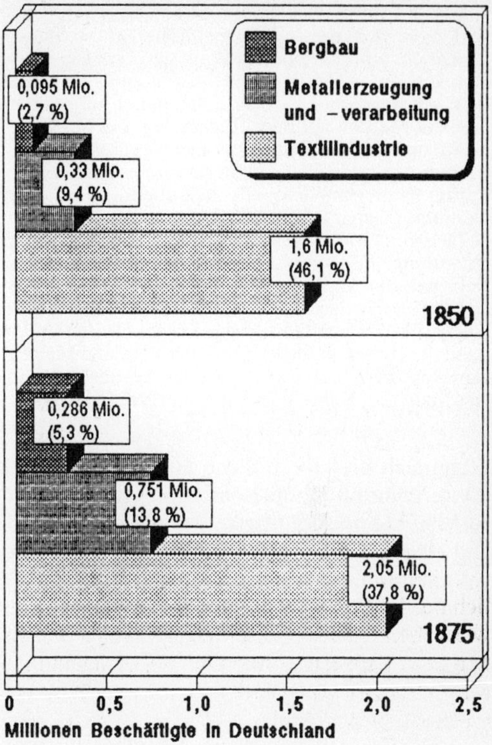

Fabriken einbüßten, breiteten sich die Holzverarbeitung oder die Spielzeugmacherei und viele Formen arbeitsintensiver branchenergänzender Tätigkeiten aus.

Steinkohle, Stahl und Dampfmaschinen wurden nun so billig, daß der Bau von Kriegsschiffen in Eisen und Stahl möglich wurde und daß ganz Europa mit Eisenbahnnetzen überzogen werden konnte. Doch für die Bearbeitung des neuen Metalls standen oft nur die ehemaligen handwerklichen Verfahren zur Verfügung (Abb. 26). Friedrich Spielhagen (1829–1911) berichtete darüber 1869 (zit. n. Bullivant/Ridley 1, 1976, S. 88–89):

«In der Maschinen-Fabrik des Commerzienrathes Streber wurde ein großer Dampfkessel vernietet. Drei rußige Gesellen harrten, mit bis über die Ellenbogen aufgestreiften Hemdärmeln, die Hämmer in den gewaltigen Händen, auf den rothglühenden Eisenbolzen, welchen eben ein Vierter von dem in der Nähe glühenden Herde in der Zange herbeitrug. Der Eisenbolzen verschwand in der Öffnung des Dampfkessels und erschien nach wenigen Sekunden in dem Nietloch; die Zyklopen faßten ihre Hämmer fester und schlugen in gleichmäßigem Takte die Spitze des Bolzens zum Nietkopf um. Das gab einen Höllenlärm. Und wenn man nun Jemand, welcher der Sache unkundig war, sagte, daß in dem Bauch des Kessels, auf welchen die schweren Hämmer mit solchem sinnbetäubendem Lärm fielen, ein Mensch auf dem Rücken lag, der die Niete mit einer Zange in Empfang nahm und mit der Zange aus aller Kraft einen Gegendruck ausübte, während die Hämmer auf den Nietkopf herunter rasselten, so wäre das besagtem müßigen Besucher kaum glaublich, jedenfalls aber der Mensch im Bauche des Kessels als einer der armseligsten bemitleidenswerthesten Sterblichen erschienen.

Die Niete war eingeschlagen, die Hämmer ruhten, der mit der Zange kroch aus dem Bauch des Ungeheuers hervor, und ich brauche dem Leser wohl nicht zu sagen, wer der Mann mit der Zange war. Auch schäme ich mich nicht, ... freilich gewähre ich in diesem Augenblick einen einigermaßen schrecklichen Anblick. Der untere Teil meines Gesichtes, Hals und Brust, sind mit Blut bedeckt, das mir während der letzten halben Stunde aus Nase und Mund geströmt ist. Aber die Drei mit den Hämmern lachen nur, und der eine, der Vorschmied, sagt: ein ander Mal sperrt das Maul auf, Kamerad; es fliegen Euch keine gebratenen Tauben hinein.»

Zeigt sich hier die übliche Handwerksdrückerei gegen Lehrlinge oder Unverständnis für die Bearbeitungsmethoden der neuen Werkstoffe? Die auch heute noch häufigste Berufskrankheit, die Lärmtaubheit, wird hier mit einer bis in die jüngste Vergangenheit hinein typischen Kraftmeierei als unerheblich abgetan.

26: Kesselbau in Belgien, um 1900. Das Nieten der Kesselbleche konnte ab 1900 durch die autogene Schweißung abgelöst werden. Damit verschwand zwar der lärmintensive Arbeitsvorgang, doch mußte nun für schnelle Ableitung der entstandenen Gase gesorgt werden.

27: Eisenwalzwerk. Gemälde von Adolf Menzel, 1875. Die Werkzeugmaschine hatte im Eisenwerk bislang nur diejenigen Arbeitsverfahren übernommen, die vom Menschen kräftemäßig nicht abgewickelt werden konnten. Verfahren zur Erleichterung der körperlichen Arbeit standen, da Arbeitskräfte in ausreichendem Maße verfügbar waren, nicht im Vordergrund der Konstruktion.

Doch die Mechanisierung gewann nach 1850/70 eine neue Qualität. Die Maschinen, welche Elektrokabel oder Nähmaschinen, bald auch Fahrräder herstellten, mußten schon erheblich genauer und präziser arbeiten können. Reibungsprobleme, Materialermüdungsfragen mußten geklärt und technische Antworten für den Fertigungsprozeß und Nutzungsvorgang gefunden werden. Die Materialprüfung wurde damit zu einem wichtigen Qualitätsbefund für die Herstellung von Dampfkesseln und Schienen.

Das schnelle Wachstum der Städte und der Ausbau der großen Industriebetriebe provozierte Neuerungen in der Holzverarbeitung und im Bauwesen und als Folge des Maschinenbaus auch in der Metallverarbeitung. Die Mechanisierung verdrängte nun auch etablierte Gewerbezweige, so die Feilenhauer. Andererseits verlangte sie aber nach einer wachsenden Zahl qualifiziert ausgebildeter Mechaniker, deren Anteil an den Beschäftigten jedoch erheblich geringer war als die Zahl der verdrängten Facharbeiter (Abb. 27). In England war diese neue Qualifikation nur über eine langjährige gute Betriebsausbildung zu erreichen, während die kontinentaleuropäischen Staaten schon früher, also zu Beginn des 19. Jahrhunderts, eine systematische Schulung eingeführt hatten – zunächst um ihren eigenen Bedarf in Militär oder Staatswirtschaft zu befriedigen, später auch, um das Gewerbe zu fördern. Versuche gerade englischer Facharbeitervereinigungen, die Fertigungsprozesse unter ihrer

Kontrolle zu halten, scheiterten nicht nur daran, daß sie technologisch überrollt wurden: Schon in den fünfziger Jahren wurden sie von Unternehmern erfolgreich ausgesperrt, verloren also auch im politischen Machtkampf (Berg 1979, S. 155).

Die unglaubliche Vergrößerung mancher Fabrikationszweige, z. B. bei Krupp, und die immer noch anhaltende Dequalifikation vieler gelernter Handwerker boten den Arbeitern aber auch die Möglichkeit, zu einer festeren Organisationsform zu kommen. Aus dem Kampf einzelner oder kleiner dezentraler Gruppen gegen Ausbeutung und unerträgliche Arbeits- und Lebensverhältnisse wurde nun ein besser organisierter Widerstand, zuerst in England, seit den sechziger Jahren dann auch in Deutschland. Wie ein Lied von Karl Henckell aus dem Jahr 1884 signalisiert, standen dabei gesundheitliche Motive nicht im Vordergrund (Bullivant/Ridley 1, 1976, S. 186).

Das Lied vom Eisenarbeiter

Es stampft und dröhnt mit dumpfem Ton
Und qualmt und raucht ringsum,
Und Mann an Mann in schwerer Fron
An seinem Platze stumm.
Der Hammer sinkt, die Esse sprüht,
Das Eisen in der Flamme glüht...

Und Tag für Tag um kargen Sold
Rührt er die rauhe Hand,
Er geizt um Ehre nicht, um Gold
Und all den glatten Tand...

Er denkt, der Mensch sei gleich und frei,
Ob auch in Schweiß und Ruß –
Der Hochmut rollt an ihm vorbei,
Der Stolz vergällt den Gruß...

«Das ist ein grausam Weltgebot,
Fremd sind sich Herr und Knecht.»
Sein Auge blitzt, sein Feuer loht:
«Allmächtiger, sei gerecht!»

«Und wenn ein Gott im Himmel nicht
Den Schrei der Not versteht,
Dann stürm herein, du Weltgericht,
Wo alles untergeht!»
Der Hammer sinkt, die Esse sprüht,
Das Eisen in der Flamme glüht.

Neue Industrien

England hatte bis in das zweite Drittel des 19. Jahrhunderts die größte Dynamik im Ausbau seines industriellen Systems entfaltet und mit dem «Workshop of the World» auch eine zentrale Rolle, eine uneinholbar scheinende Position eingenommen. Doch schon auf dem repräsentativen Glanzstück dieser Epoche, der Weltausstellung in London 1851, aber vor allem auf der Jubiläumsausstellung der USA 1876 in Philadelphia hatte sich gezeigt, daß die technische Entwicklung einer anderen Dynamik folgte als der Handel mit Produkten aus Kolonien, den man von England aus über den Schiffahrtsweg beherrschen konnte. Das Spektrum fabrikmäßiger Produktion wurde erheblich erweitert: erstens durch die massenhafte Herstellung einfacher Maschinen mit Hilfe praktischer Werkzeugmaschinen, den Revolverbänken, Fräs- und Bohrmaschinen, zweitens durch die in Nordamerika zuerst vollzogene Standardisierung sowie drittens durch die Aufnahme anderer, stärker wissenschaftsbestimmter Industrieproduktionen wie der chemischen Industrie und der Elektrotechnik, vor allem in Deutschland. Auf der einen Seite setzte diese Entwicklung den Einsatz technisch-wissenschaftlich qualifizierter Ingenieure voraus. Andererseits entstanden mit dem Aufbau der Elektrotechnik und Leichtindustrie und durch die weitergeführte Arbeitsteilung in der Produktion viele Frauenarbeitsplätze (Abb. 28).

Da die Elektroindustrie von Anfang an durch sehr große Firmen vertreten war, in denen die hygienischen und sicherheitstechnischen Einrichtungen meist effektiver organisiert waren, wurde die gesundheitliche Gefährdung am Arbeitsplatz nicht so bedrohlich wie in der Textilindustrie zwei Generationen zuvor oder in der gerade aufblühenden Großchemie. Doch die schneller laufenden Werkzeugmaschinen mit elektrischem Antrieb bedeuteten ein neues Unfallrisiko für die Metallindustrie, weil die menschliche Reaktionsfähigkeit über die langen Arbeitszeiten hinweg dem mechanischen Takt der Maschinen nicht folgen konnte.

Auch für die Öffentlichkeit bot die Elektrizität eine neuartige Gefährdung. War Leuchtgas noch riechbar gewesen, so war Elektrizität weder riechbar noch sichtbar und ohne eigene Gefährdung nicht fühlbar: Damit hatte auch für die breite Öffentlichkeit das Zeitalter begonnen, in dem das Gefährdungspotential von Technik nicht mehr unmittelbar einsichtig ist, sondern über Instrumente angezeigt werden muß. Eine sehr langwierige Anpassung setzte ein, die bis heute nicht abgeschlossen ist.

Die angestrebte Standardisierung machte die Massenfertigung mit vielen un- und angelernten Arbeitskräften erst möglich; doch in der Leichtindustrie, mit ihren unterschiedlichen Organisationsformen und Spezialisierungen, verursachte sie große Koordinationsprobleme, während sie in der übersichtlicher organisierten Elektroindustrie schneller eingeführt werden konnte. (Abb. 29). Die Herstellung standardisierter Einzelteile

28: Die amerikanische Wirtschaft ging sehr früh zum Maschineneinsatz bei Teiloperationen über, hier dargestellt bei der Fertigstellung von Gewehren, 1881. Schutzeinrichtungen für die Beschäftigten sind nicht zu erkennen.

29: Arbeitsteiliges und mechanisiertes Verfahren von Norton zur Herstellung von Blechdosen, um 1890. Wo die Facharbeiterlöhne hoch waren, wie in den USA, oder große Stückzahlen hergestellt werden mußten, wie in der Konservendosen-Herstellung, wurde der Arbeitsgegenstand den Arbeitern zugeführt.

und ihre Montage an Bändern mochte noch so dequalifizierend wirken, die stark eingeschränkte Bewegungsfreiheit der Arbeiter/innen ließ die Unfallzahlen pro produziertes Stück sinken; doch die Erhöhung des Gesamtausstoßes bei weiterhin fehlenden Schutzvorrichtungen brachten erschreckend hohe Unfallzahlen mit sich.

Die Maschinenbauindustrie reagierte auf den erhöhten Bedarf an Drehern und anderen Facharbeitern, indem sie in großem Maße Lehrlinge ausbildete, um für die Zukunft Wahlmöglichkeit und Reserve zu haben. Der neue, ab 1890 benutzte Schnellstahl für Drehbänke gab eine andere Antwort auf diesen Bedarf: höhere Bearbeitungsgeschwindigkeit statt zahlreicher Dreher. Andererseits zeigte sich hier erstmals, daß in der Industrialisierung nicht nur ältere Berufe ausstarben, sondern auch neue qualifizierte Berufsfelder entstehen konnten. Der Ausbau einer mittleren Managementlaufbahn für Facharbeiter, die auf Werkmeisterschulen, bald auf Maschinenbauschulen ausgebildet wurden, war ein paralleles Zeichen dafür.

Der «Lehrstuhl für Werkzeugmaschinen und Fabrikbetriebe», das erste Hochschulinstitut in Deutschland, das sich den Werkzeugmaschinen und der Rationalisierung widmete, wurde 1904 unter Georg Schlesinger

(1874–1949) an der Technischen Hochschule Charlottenburg eingerichtet. Schlesinger benannte schon 1910 den Arbeitsschutz als ein Konstruktionsprinzip und war damit den Vorstellungen der Branche um Jahrzehnte voraus (Schlesinger 1910; vgl. Spur 1979; Matschoß 1942).

Die Riesenbetriebe der eisen- und stahlerzeugenden Industrie konnten durch den Einsatz betriebsinterner Verkehrs- und Transportsysteme die Unfallzahlen senken (Abb. 30), doch an den Übergangsstellen blieben sie hoch: So waren beispielsweise große Waggons für Lokomotiven sinnvoll,

30: Herstellung kleiner Gußstücke für Eisenbahnbremsen in der Gießerei Westinghouse in Pittsburgh/USA, um 1890. Das Band bestimmt die Arbeitsgeschwindigkeit und reduziert komplexe Arbeitsvorgänge: unfallsteigernde und unfallsenkende Tendenzen bei ein und derselben Neuerung. Die weitere Bearbeitung konnte erst nach dem sehr kraftaufwendigen manuellen Transport der Gußstücke stattfinden.

doch wenn sie von Hand rangiert werden mußten, waren sie kaum handhabbar. Neue Großanlagen wie Brikettfabriken waren nicht so sicher, als daß sie nicht doch einmal explodierten, und bei Grubenexplosionen in großen Bergwerken waren mehr Arbeiter gefährdet als in kleinen. Statistisch wichtiger wurden aber die vielen weniger spektakulären, gleichwohl aber für den einzelnen gefährlichen Unfälle Tag für Tag in den immer stärker mit Maschinen und chemischen Prozessen durchsetzten Produktionsvorgängen: Ein häufiger Unfallort war der Gasmotor, der vor der Entwicklung der Turbine bei Vorhandensein genügend großer Gasmengen zum Antrieb der Generatoren für die Elektrizitätserzeugung verwendet wurde.

Der Gewerbeinspektor in Arnsberg berichtet 1908 über die bedenklichen Folgen für die Belegschaft, so große Mengen Gas zu verarbeiten (Jahresberichte der Gewerbe-Aufsichtsbeamten 1, 1909, S. 1.352):

«Die Großgasmaschinen zur Verwertung der Gichtgase in Hochofenwerken verursachen durch das Ausströmen von Gasen erhebliche Belästigungen. Deshalb

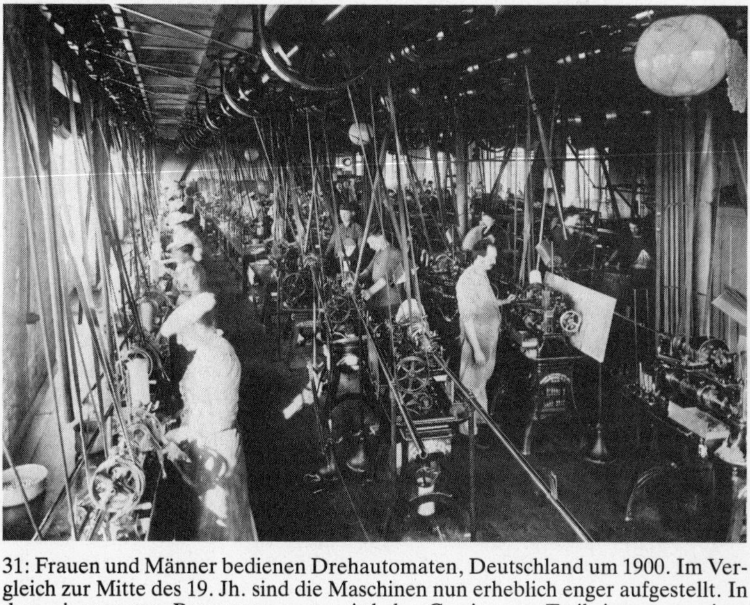

31: Frauen und Männer bedienen Drehautomaten, Deutschland um 1900. Im Vergleich zur Mitte des 19. Jh. sind die Maschinen nun erheblich enger aufgestellt. In dem eingeengten Bewegungsraum wird das Gewirr von Treibriemen zu einer enorm großen Gefahrenquelle, auch wenn das Haar der Frauen unter Hauben gebändigt ist. Zwar stehen die Maschinen im Tageslicht, doch ist die künstliche Beleuchtung für dunkle Tage viel zu schwach.

haben die mit der Wartung solcher Maschinen betrauten Arbeiter verschiedentlich Klagen erhoben. Es bereitet anscheinend Schwierigkeiten, die Stopfbüchsen andauernd dicht zu halten ... Auch darauf ist hingewirkt worden, daß die bei den Gasmaschinen beschäftigten Leute, zur Vermeidung der 24stündigen Wechselschichten, an den Sonntagen durch Reservemannschaften frühzeitig abgelöst werden.»

Und selbst die schon nahezu einhundert Jahre alte Technologie der Kraftverteilung durch Transmissionen in Fabriken führte immer noch zu Unfällen (Abb. 31). So berichtet 1908 der Gewerbeinspektor für Baden (Jahresberichte der Gewerbe-Aufsichtsbeamten 2, 1909, S. 5.66):

«Die Unfälle an Transmissionen beim Reinigen und Schmieren, sowie beim Riemenauflegen sind trotz aller Mahnungen und trotz vieler abschreckender Beispiele nicht im Abnehmen begriffen. Zahlreiche schwere Verletzungen, einfache und doppelte Arm- und Beinbrüche, Rippen- Schlüsselbein- und Schädelbrüche, schwere Quetschungen, Verrenkungen, Gehirnerschütterungen und fast unzählige leichte Verletzungen sind im Berichtsjahr bekannt geworden. Das leidige Auflegen der Riemen während des Ganges der Transmission mit der Hand hat zwei Menschenleben gekostet.»

Obwohl der Zusammenhang von Luftverunreinigung in den Arbeitsräumen und Erkrankung der Arbeiter/innen seit einem halben Jahrhundert öffentlich bekannt war, mußten die Gewerbeinspektoren immer wieder korrigierend eingreifen (Abb. 32). In Arnsberg erleichterte ihnen allerdings die Elektrizität die Umsetzung von Verbesserungsvorschlägen (Jahresberichte der Gewerbe-Aufsichtsbeamten 1, 1909, S. 1.353):

«In einer großen Baumwollspinnerei und -weberei wurden alle zwölf Krempelmaschinen an die Staubabsaugung angeschlossen, deren Wirkung beim Reinigen der Krempel durch Umlegung eines Hebels noch verstärkt werden kann, so daß jetzt kein Staub mehr in den Arbeitsraum gelangt. Die neun Rauhmaschinen wurden an eine besondere Entstaubungsanlage angeschlossen. Aus der Schlichterei mit zwei Schlichtmaschinen werden die warmen Dämpfe durch einen Ventilator abgesaugt und im angrenzenden Webereisaal durch geschlitzte Röhren verteilt. Die auf diese Weise in den Webereisaal eingeführte geringe Feuchtigkeit ist für die Gewebe vorteilhaft.»

Wie wenig sich bestimmte maschinelle Verfahren und Unfallrisiken für einen Typ von Betrieb festhalten ließen, zeigt ein Bericht über die modernen Stanzmaschinen, die in Berlin eingesetzt wurden (Jahresbericht der Gewerbe-Aufsichtsbeamten 1, 1909, S. 1.91):

«Die überwiegende Mehrzahl [von Unfällen an Pressen und Stanzen] ist leichter Natur gewesen, nur wenige haben schwere Folgen gehabt. Sie ereigneten sich an den von Hand oder Maschinenkraft angetriebenen Pressen und Stanzen zur Herstellung von Installationsartikeln zur elektrischen Beleuchtung, von Metall- und Stoffknöpfen, Luxus- und Gebrauchsgegenständen aus Metall und Zelluloid, Papierausstattungen, Seifenstücken usw. und bestanden hauptsächlich in Hand- und Fingerverletzungen.

Als Ursachen der Unfälle sind das Einlegen und Halten der Arbeitsstücke bei kontinuierlich arbeitenden Maschinen, das Herausnehmen der fertigen oder miß-

32: Staubabsauganlage um 1925. Den gesetzlichen Regelungen für eine intensive Unfallverhütung, unter anderem an gefährlichen staubbelasteten Arbeitsplätzen, folgten bald technische Lösungsvorschläge, die von Firmen und Fachleuten für Arbeiterschutz und für Fabrikhygiene vorgestellt wurden. Die Installierung ließ allerdings häufig auf sich warten.

ratenen Gegenstände während des Ganges und das zu frühzeitige Einrücken der Maschinenkraft in erster Reihe anzuführen; ... dagegen haben die schweren Unfälle, entsprechend der fast ausschließlichen Beschäftigung von Männern an größeren und gefährlicheren Maschinen (Durchzugpressen, Maschinenbalanziers, Steindruckpressen usw.), nur das männliche Geschlecht betroffen. Auch das Alter spielt bei der Unfallgefahr keine auffällige Rolle, weil jugendliche Arbeiter in der Regel von den gefährlichen Pressen und Stanzen ferngehalten werden, und ältere Personen bei der Beschäftigung an diesen meist keinen genügenden Unterhalt finden würden und sie deshalb im allgemeinen meiden. Es scheint indessen, daß mit dem Überschreiten des Alters von 16 Jahren eine häufigere Verwendung von jungen Leuten an Pressen und Stanzen einsetzt ohne Rücksichtnahme auf körperliche Entwicklung und geistige Fähigkeit, da die Zahl der Unfälle in diesem und dem nächst höheren Alter eine sichtbare Steigerung erfährt.»

Zahlreiche Unfälle sind sicherlich auch auf Unachtsamkeit und Sorglosigkeit der Arbeiter zurückzuführen, wie sie leicht bei einförmiger und abstumpfender Tätigkeit und als Folgen der meist üblichen Akkordarbeit passierten. Es ist schwer, aus den überlieferten Berichten herauszufinden, ob zu hoher Akkordsatz, Überforderung des Arbeiters oder Leichtsinn zu den Unfällen geführt hatte. Jede der streitenden Parteien suchte sich ihre Version heraus. Doch nicht nur die Unfälle selbst, auch die Behandlung erregte manchmal den Ärger der staatlichen Aufsichtsbeamten (Jahresberichte der Gewerbe-Aufsichtsbeamten 3, 1909, S. 6.56):

«Die meisten Unfälle bestehen in kleineren Haut-, Finger- oder ähnlichen leichten Verletzungen. ... Der Arbeiter zog sich beim Arbeiten an einer kleinen Bohrmaschine eine geringfügige Verletzung an einem Finger zu. Er beachtete die Wunde zuerst nicht und mußte deshalb einige Tage darauf wegen Blutvergiftung in das städtische Krankenhaus aufgenommen werden. Die Sache wurde schlimmer, und ein Arm wurde abgenommen. Die Aufnahme in das Krankenhaus erfolgte im Juli 1908, und der Verletzte ist zur Zeit der Berichterstattung (Februar 1909) noch im städtischen Krankenhaus in Behandlung. Die der Krankenkasse hieraus entstehenden Kosten wären wohl vermieden worden, wenn der Arbeiter etwas über Wundbehandlung gewußt hätte. Aber wie viele Arbeiter haben davon eine Ahnung? In Hinsicht der Aufklärung nach dieser Richtung wird unter den Arbeitern noch viel zu wenig getan... Die Aufklärungsarbeit unter den Arbeitern dürfte am sichersten von den Krankenkassen selbst ausgehen.»

2. Neue Aufgaben für Politik und Gesellschaft

Wie haben nun die Betroffenen, die unterschiedlichen Interessengruppen der heranwachsenden industriellen Gesellschaft reagiert? Und welche Reaktionen sagen uns etwas über das Verhältnis der Arbeitenden zu Fragen der Arbeitssicherheit? Wann sind einer breiten Öffentlichkeit die engen Verbindungen von Arbeit und Krankheit bzw. Unfallrisiko aufgefallen, und wie sahen die Reaktionen aus?

Zunächst: Der zeitgenössische Begriff ist Arbeiterschutz, ebenso wie Gesundheitsschutz. Erst in den Verhandlungen der Bundesratskommission 1878 zur Einführung einer obligatorischen Fabrikaufsicht wurde vorgeschlagen, den werbenden Unterton im Begriff Sicherheit deutlicher herauszuheben, also «Arbeitersicherheit» zu sagen. Diese Anregung kam von Eugen Langen (1833–1895), einem Polytechniker und Industriellen der Zeit, Förderer u. a. des Otto-Motors und der Wuppertaler Schwebebahn. Spätestens zu diesem Zeitpunkt muß also im Bundesratsausschuß allen Beteiligten, den Vertretern der Länderverwaltungen, der Industrie und der Ingenieure deutlich gewesen sein, daß Arbeit mit Risiko verbunden war und daß man aus optischen Gründen dieses «Risiko» besser als «Sicherheit» bezeichnete (Abb. 33). Statistisch läßt sich das eine ohnehin als Kehrwert des anderen ausdrücken. An diesen Beratungen war die Arbeiterschaft nicht beteiligt.

Auf die Arbeitersicherheit oder den Arbeiterschutz ist im Verlauf des 19. Jahrhunderts von mehreren Seiten und je nach zeitlicher Phase unterschiedlich eingewirkt worden:
- durch die Regierungen bzw. die besonders einflußreiche, weil dem Parlament weitgehend entzogene Ministerialbürokratie;

33: Die glorifizierende Darstellung der Transmission zeigt am lebensgefährlichen, weil wallenden, Gewand sinnfällig, wie weit in der Mitte des 19. Jh. wirtschaftlicher Fortschrittsglaube und das Bewußtsein über die realen Arbeitsplatzgefahren auseinanderklafften.

- später durch das Parlament, das wiederholt eine Diskussion der oft skandalösen Vorfälle erzwang und auf diese Weise dafür sorgte, daß 1878 die «Sachverständigenkommission des Bundesrates zu Vorschriften über den Schutz gewerblicher Arbeiter gegen Gefahren für Leben und Gesundheit» zustande kam;
- ferner von den Eigentümern der Maschinen, die einerseits erhebliche Schäden durch Zerstörung oder Ausfall fürchteten und andererseits Auflagen des Staates zum Schutz der Öffentlichkeit auf sich zukommen sahen. Hier griffen im Auftrag der Unternehmen Ingenieure und Wissenschaftler mit ihren Materialuntersuchungen ein;
- durch die Pflicht der Unternehmer, sich infolge der politischen Umstellungen im Deutschen Reich nach 1876/79 um die Unfallsicherheit in ihren Betrieben kümmern zu müssen. Der Weg führte über ihre Beteili-

gung an den öffentlich-rechtlich abgesicherten Kranken- und Unfallversicherungskassen bzw. Berufsgenossenschaften;
- durch die Novellierung der Gewerbeordnung von 1869/78 im Jahre 1891, mit der der wilhelminische Staat und seine Aufsichtsbeamten nun doch direkt in die innerbetrieblichen Verhältnisse eingriffen.

Vor der obligatorischen Fabrikaufsicht

Das Prinzip der Arbeitsteilung und die Fertigung der notwendigen Geräte und Werkzeuge hatte sich seit Ende des 16. Jahrhunderts in neuen Arbeitsorganisationen niedergeschlagen. Als besonders lukrativ erwies es sich, für einfache Tätigkeiten Kinder anzustellen (Abb. 34). Aus heutiger Sicht verurteilen wir diese Kinderarbeit, haben aber dabei die Aufwertung von Kindheit, die im 18. Jahrhundert begann, mit in unsere Beurteilung aufgenommen. Kinderarbeit ist als Selbsternährungsmöglichkeit von sonst verhungernden Kindern zunächst aber positiv eingeschätzt worden. Diese Haltung ist vergleichbar etwa mit der heutigen Einstellung vieler erwachsener Deutscher, die eine dreckige und eigentlich unzumut-

34: Erzaufbereitung in Frankreich, um 1865. Frauen und Kinder verrichten, wie seit Jahrhunderten, immer noch den größten Teil dieser Arbeit. Der Materialfluß des Erzes ist noch diskontinuierlich, nur zum Teil über Eisenbahnwagen organisiert.

bare Arbeit für Arbeitskräfte aus Entwicklungsländern durchaus für sinnvoll halten, weil sie zu Hause ja noch elender leben müßten.

Diese Auffassung des 17. und 18. Jahrhunderts zur Kinderarbeit hat dann im Zuge des Bevölkerungswachstums und der rapide ansteigenden Verarmung für die gesamte unterständische Bevölkerung Platz gegriffen. Das Schicksal der Kinder in Waisenhäusern hat freilich zu wenig Optimismus Anlaß gegeben. Die Todesraten lagen hoch. Die allgemeine medizinische Unkenntnis über eine sinnvolle Nahrungszusammensetzung ließ sämtliche Findelkinder des Jahres 1858 im Prager Findelhaus sterben – über 1800 – sowie die überlebenden des Vorjahres (Weber-Kellermann 1974; Castell 1987). Die Kinder belasteten als Esser die Armenkassen der englischen Gemeinden, die zu Beginn des 19. Jahrhunderts die Versorgung der Armen vom tatsächlichen Bedarf abkoppelten und unter dem Niveau der niedrigst bezahlten Arbeit festsetzten. In den vierziger Jahren strichen die meisten deutschen Staaten das Heimatprinzip, nach dem die Geburtsgemeinde für den Unterhalt aufzukommen hatte, aus den Armengesetzen.

Die Arbeit in den Manufakturen und Protofabriken begünstigte die Ausbreitung von Krankheiten – dies war der Ausgangspunkt für den englischen Gesetzgeber, insbesondere zum Schutz der Kinder bremsend einzugreifen. In den Fabriken Peels grassierte 1784 und 1796 das Faulfieber, so daß 1802 das englische Parlament das erste Kinderschutzgesetz überhaupt erließ; es verlangte geweißte Arbeitsräume, Lüftung, Schulstunden für die Lehrlinge und eine Maximalarbeitszeit von täglich 12 Stunden bei Nachtarbeitsverbot. Es schützte eine schwache Gruppe von Arbeitenden – zunächst nur die Lehrlinge und nicht etwa Kinder allgemein!

Nachdem die Kontinentalsperre 1813 aufgehoben worden war und damit die meisten Märkte der überlegenen englischen Industrie wieder zugänglich waren, setzte sich unter den erfolgreichen Textilindustriellen Englands und den bürgerlichen Sozialreformern die Einsicht durch, daß Kinder und Frauen stärker geschützt werden müßten. Robert Owen (1771–1858), der als Fabrikbesitzer seit 1816 Reformen propagierte, strebte kürzere Arbeitszeiten und eine grundlegende Schulbildung für die Kinder an; immerhin wurden im Gesetz von 1818 Maximalarbeitszeiten für Kinder ab neun Jahren fixiert, sie durften nur noch 72 Stunden in der Woche beschäftigt werden. Die Gegner sozialer Zugeständnisse bedienten sich nun von einer Argumentation, welche die dynamischen Aspekte von technisch bestimmter Industriearbeit nicht oder nur wenig berücksichtigt, aber selbst heute noch angeführt wird; sie sagten als Folge der Reformen den sicheren Kollaps der englischen Industrie voraus, wobei sie warnend auf die viel längeren Arbeitszeiten im Elsaß, in der Schweiz und in Deutschland verwiesen.

Die preußischen Staats- und Gesellschaftsreformer um Karl August von Hardenberg (1750–1822) erfuhren durch viele Eingaben in den Jahren 1815/16 von der Arbeitssituation und dem gesundheitlichen Zustand der Fabrikkinder in den preußischen Provinzen. Außerdem hörten sie den englischen Industriellen Robert Owen, der 1818 auf der Tagung der Heiligen Allianz der Siegermächte über Napoleon I. in Aachen seine Reformideen vortrug. Nach Rückfragen bei den politischen Spitzen der Provinzen verharrte die preußische Regierung aber dann auf dem einmal eingeschlagenen Weg der Reform durch liberale Wirtschaftspolitik und Schulbildung für alle. Die Schulpflicht konnte zwar von den Lokalbehörden überwacht werden, aber die Kontrolle blieb wirkungslos, da die meisten Eltern auf die Mitarbeit der Kinder finanziell angewiesen waren. Insofern verschärfte das preußische Zollgesetz von 1818 – eine Maßnahme der liberalen Wirtschaftspolitik – die Situation der Kinder.

Über fünfzehn Jahre sträubte sich die politische Führung in Berlin gegen die Einsicht, daß wirtschaftliche Interessen von vielen Eltern und Unternehmern gemeinsam die Gesundheit der Kinder ruinierten und daß ein sanfter Druck auf einen regelmäßigen Schulbesuch diesem Interesse nicht entgegenwirken konnte. In England war 1833 ein Fabrikgesetz erlassen worden, das jegliche Arbeit für Kinder unter neun Jahren verbot, und 1846 folgte eine weitere Bestimmung, in der eine maximale Arbeitszeit von zehn Stunden täglich festgelegt wurde; anders als in England wirkte in Preußen ein weiterer wichtiger Gesichtspunkt auf die staatliche Verwaltung ein, nämlich die Kriegstauglichkeit der Rekruten. Diesem Argument war in Preußen wenig entgegenzusetzen, und so verbot der erste deutsche Erlaß zum Thema Arbeitssicherheit, das «Regulativ über die Beschäftigung jugendlicher Arbeiter in Fabriken» vom 3. März 1839, die Arbeit von Kindern unter neun Jahren und schränkte diejenige von Kindern zwischen neun und sechzehn auf zehn Stunden am Tag ein, wenn vorher drei Jahre lang eine nicht näher spezifizierte Schule besucht worden war. Die Aufsicht verblieb bei den Ortsbehörden.

Die damalige Argumentation läßt erkennen, daß die Kinder in ihrer Wehrlosigkeit gegenüber den dominierenden Interessen der Wirtschaft geschützt werden sollten. Dies geschah nicht so sehr aus Gründen des Arbeitsschutzes, sondern wegen des Bedarfs an tauglichen Rekruten, also aus Staatsraison. Trotz aller sittlich-moralischen Appelle, welche diese Gesetzgebung begleiteten, bewirkte sie wenig für den Schutz der Kinder.

Wie sollten auch in den preußischen Provinzen die Ortspolizeibehörden als Kontrollorgane zwischen 12stündiger Kinderarbeit in einer Fabrik und einer ebenso langen Arbeitszeit auf dem Felde unterscheiden? Erst 1853 erhielten die übergeordneten Provinzen die Möglichkeit, Fabrikinspektoren einzusetzen; doch nur die drei westlichen Regierungsbezirke Arnsberg, Aachen und Düsseldorf machten Gebrauch davon. Eine Ver-

35: Baumwollspinnereien in Georgia/USA, um 1910. Barfuß auf öligen Metallteilen bei offen laufenden Transmissionen zu arbeiten, widerspricht jeglichen Ideen von Arbeitsschutz. Kinderarbeit gehörte auch in den fortgeschrittenen Industrieländern zur Tagesordnung, solange nicht staatliche Aufsicht und das ökonomische Interesse der Eltern für eine zukunftsträchtige längere Ausbildung der Kinder sorgten.

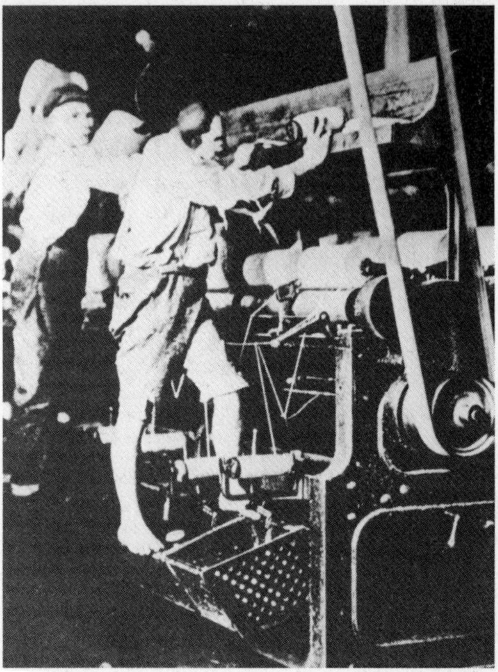

änderung vor Ort haben sie zunächst nicht bewirkt. Ihre Bedeutung bestand vielmehr darin, daß nunmehr staatliche statt kommunaler Stellen über die oft erschreckenden Verhältnisse in den Industriebetrieben berichteten und daß diese Berichte nicht mehr als private Meinungsäußerung abgetan werden konnten.

Die Kinderarbeit in den Fabriken wurde, trotz der moralischen Entrüstung, die weite Bevölkerungskreise erfaßt hatte, über ein halbes Jahrhundert nur wenig eingeschränkt und selten kontrolliert, bevor sie (Abb. 35) auch aus technologischen Gründen stark zurückging (Ludwig 1965; Gladen 1974, S. 39ff), um dann aber erneut zu einem wesentlichen Faktor der Hausindustrie zu werden. Viel wirkungsvoller als die Diskussion um die Kinderarbeit und die nachfolgenden gesetzlichen Bestimmungen beeinflußten zwei andere Probleme den Fabrikalltag: die Frage, wie die Armen und die ähnlich rechtlosen kranken Arbeiter versorgt werden sollten.

Krankheitsvorsorge war seit dem Mittelalter eine genossenschaftliche Aufgabe von gleich oder ähnlich Betroffenen, von wirtschaftlich Selbständigen gewesen. Für die Armen, die hausindustriell Tätigen und die frühen Arbeiter betrieben Landesherr und Staat bis in das 19. Jahrhundert hinein Gesundheitspolitik in der Form der Sanitätspolizei. Zusätzlich hatten sie mit dem Bau von Zucht-, Arbeits- und Waisenhäusern bzw. mit den dort geltenden Disziplinarmaßnahmen einen weitgehenden Bruch mit den bisherigen Lebensgewohnheiten der dort Einsitzenden herbeigeführt: Es gab viele kleine Räume, die Häftlinge wurden gegenüber der Außenwelt und auch gegeneinander abgeschottet; es herrschte eine hierarchische Ordnung; man verlangte ein neues Verhalten des Häftlings zu Körper und Sexualität, indem Reinigungsvorschriften, z. B. das Kurzschneiden der Haare, und ärztliche Kontrollen durchgeführt und die Geschlechter voneinander getrennt wurden. Außerdem mußten sie hart arbeiten und körperliche Strafen erdulden lernen. Soweit jedenfalls die Norm (Frevert 1984).

Die enge Zusammengehörigkeit von Arbeit und Krankheit war wegen der langen Arbeitszeiten und wegen der häufigen Arbeitsunfälle eine naheliegende Feststellung: Krankheit wurde zunehmend als Attribut des Arbeitsprozesses wahrgenommen. Mit dem Zustrom von unterschiedlichen Arbeitern in die Fabriken und der Auflösung der ständischen Klammern bei gleichzeitiger Untätigkeit des Staates war nun der Unternehmer herausgefordert. Aus diesem Grund wurden verschiedentlich unternehmenseigene Betriebskrankenkassen in Betrieben mit stark handwerklichem Einschlag und einem großen Anteil hochqualifizierter Facharbeiter gegründet. Dies geschah überwiegend im Maschinenbau und in der Eisenindustrie, weniger im typischen Fabrikbetrieb der Textilindustrie, in der vorwiegend Frauen und Kinder beschäftigt wurden. Sind anfänglich durchaus Ansätze zu einer Politik zu erkennen, die selbstverwaltete Versicherungskassen auch für Arbeiter zulassen wollte (Frevert 1984), so richteten die Unternehmer im Wettbewerb mit solchen Vorstellungen bald eigene Betriebskrankenkassen ein, womit sie auch die Vorstellung des ursächlichen Zusammenhangs von Krankheit und Arbeit akzeptierten.

Welches Ausmaß Erkrankungen um die Mitte des 19. Jahrhunderts bereits erreicht hatten, zeigt ein Beispiel aus Dortmund. Beim Hörder Bergwerks- und Hütten-Verein waren in den fünfziger Jahren etwa ein Drittel aller Erkrankungen offene Arbeitsunfälle. Der Anteil wäre noch höher, würden die beruflich bedingten Krankheiten mitgerechnet. Es ist nicht überliefert, daß Arbeiter ihre Krankheitserfahrung zum Anlaß genommen hätten, Forderungen nach einer Veränderung der krankmachenden Arbeitswelt zu stellen. Streiks und Proteste richteten sich in der Regel gegen die bestehenden Lohn- und Arbeitszeitvereinbarungen und nicht gegen gesundheitsschädliche Arbeitsverhältnisse. Unterstützt wurden solche Verhaltensweisen immer wieder durch die Vorstellung einer traditionellen handwerklichen Meister-Gesellen-Lehrlings-Situation, in der ein ganzheitlicher Vollzug die vollständige Beherrschung eines Verfahrens suggerierte.

Weit häufiger als Verbesserungen am Arbeitsplatz selbst war die Einrichtung äußerer Wohlfahrtsleistungen. Werkswohnungen, Kantinen, Menagen (Wohnraum für Ledige) usw. wurden als Instrumente der Betriebsbindung und Loyalitätssicherung eingesetzt. Unter dem Vorwand gesundheitlicher Fürsorgemaßnahmen sind dann oft disziplinierende Maßnahmen ergriffen worden. Vor allem wenn es sich um Werkskrankenkassen handelte, lag die Verknüpfung und Sanktionierung sehr nahe. Neben diesen oben aufgeführten, negativ abgrenzenden, bürokratischen Regelungen gab es auch Ansätze einer positiven, «sanften Armutspolitik», die beim Arbeiter ansetzte, ihn aber nicht als Armen ansah. Diesem politischen Ansatz lag die Auffassung zugrunde, daß Arme ja gerade nur deswegen arm sind, weil sie keine Erwerbsarbeit ausüben können.

Wichtiger Ausgangspunkt solcher Überlegungen waren die rechtsphilosophischen Ideen des preußischen «Staats»-Philosophen Georg Wilhelm Friedrich Hegel (1770–1831). In seiner 1820 erschienenen Rechtsphilosophie wies er auf die Notwendigkeit hin, in einer nicht mehr von Ständen organisierten und legitimierten Gesellschaft über die Bildung von Korporationen nachzudenken (§ 250–256); sie sollten als genossenschaftlich organisierte Gruppierung sozusagen jeweils eine «zweite Familie» sein, mit deren Hilfe die bürgerliche Gesellschaft zu ihrer Vollendung gelange und so dann in das allgemeine Prinzip des Staates umschlüge (Umlauf 1980, S. 30f).

Da der Arbeiter im Normalfall aber nicht bedürftig und auch kein Armer war, der die Voraussetzung für die Gewährung öffentlicher Armenunterstützung erfüllte, sollte auch er sich mit Versicherungen und Selbstverwaltung, also mit durchaus eigenen Organisationen an der Gestaltung der Gesellschaft beteiligen. Auf diese Weise könnte individualistisches (Sparen) und solidarisches Prinzip (Leistung der Kasse nicht nach Einzahlung, sondern nach Bedürfnis) miteinander zum Nutzen der Arbeiter verbunden werden. Diese Überlegungen knüpften also an bürgerliche Selbstverwaltung und Versicherung an. Da sie den Steuerzahler wenig kosteten, brachten sie in der Vorstellung vom liberalen Rechtsstaat auch zunächst keine Zielkonflikte mit sich. In diesem Konzept sollten Arbeiterversicherungskassen an die Stelle der aufgelösten Zünfte und Gildenkassen treten.

Die Vielzahl der unterbeschäftigten Handwerker sowie starke soziale Unruhen veranlaßten die preußische Regierung 1845, die erste Gewerbeordnung zu erlassen, in die Hegelsche Überlegungen Einlaß fanden. Mit ihr wurde zwar nicht der Schritt zu direktem staatlichen Eingreifen in gesellschaftliche Belange vollzogen, sie nahm jedoch die zeitgenössische

Diskussion um eine korporative Umgestaltung der Gesellschaft auf Gewerberäte – Parlamente, die nach Branchen und Regionen zusammengesetzt waren – sollten die auflaufenden Probleme parlamentarisch lösen helfen. Diese Politik der vom Staat unabhängigen Lösungen wurde nach der Revolution von 1848/49 nur in der Regelung der Unterstützungskassen 1854 fortgesetzt.

Hatte die bisherige Gesetzgebung zur Steuerung der Armut den Armen und auch den Arbeitern in ihrer Rechtspersönlichkeit nicht die Möglichkeit gegeben, individuelle Ansprüche gegen die Organe des Staates oder der Kommune durchzusetzen (Weisbrod 1981), so wurde in der Preußischen Allgemeinen Gewerbeordnung vom 17. Januar 1845 erstmals gesetzlich an die Notlage der Arbeiter bei den Wechselfällen des Lebens gedacht. Die genossenschaftlich in Selbsthilfe gewachsenen Unterstützungskassen wurden insoweit als Vorbild herangezogen, als nach den §§ 144 und 145 dieser Gewerbeordnung auch Fabrikarbeiter solche Hilfskassen gründen können sollten. Der Beitritt war freiwillig, lediglich Gesellen und Gehilfen konnten von Gemeinden zum Zwangsbeitritt veranlaßt werden. Die gesamte Regelung blieb jedoch fakultativ und der genossenschaftlichen Selbstverwaltung unterworfen. Verbesserungen im Jahre 1849 bezogen die selbständig Gewerbetreibenden mit ein und sahen die Zwangsmitgliedschaft der Fabrikarbeiter vor. Die Anteile wurden für den Arbeitgeber (Handwerksmeister) auf ein Drittel und für den Arbeitnehmer (Handwerksgeselle) auf zwei Drittel festgelegt. In dem Gesetz über die gewerblichen Unterstützungskassen 1854, das die korporativen Tendenzen aus der Zeit vor 1848 letztmalig spiegelte, erhielten die Bezirksregierungen die Aufsicht und das Recht, Ortsstatuten und Beitrittszwang zu konstituieren. So sinnvoll die Zwangsmitgliedschaft für die Stärkung der Kassen sein mußte, so negativ wirkte sich die Ausschaltung der Gemeinden aus. Deren Interesse hatte darin bestanden, im Ernstfall keine Armenhilfe zahlen zu müssen. In der Folgezeit stagnierte die Entwicklung, bis die Beitrittspflicht zu Unterstützungskassen für gewerbliche Arbeitnehmer im Hilfskassengesetz von 1876 aufgehoben wurde. Die daraufhin entstandenen freiwilligen Unterstützungskassen entsprachen zwar dem liberalen Verständnis von privat organisiertem Versicherungswesen, sie ließen auch dem gewerkschaftlichen Willen zur Selbstorganisation einigen Spielraum, sie blieben aber als effektive Hilfe für die Arbeiter zu schwach.

Die wirtschaftliche Einigung Klein-Deutschlands und die sich nach den Einigungskriegen (1864/66) andeutende wirtschaftspolitische Verdichtung im Norddeutschen Bund (1866–1871) ist von einer lebhaften Wirtschaftsgesetzgebung begleitet worden. Dazu zählten vor allem Rahmenbedingungen wie Handelsverträge, Währungsregelungen, Normsetzung für den Zahlungsverkehr, für Gewichts- und Längenmaße, aber auch eine

Rahmenordnung für das Gewerbe: die Gewerbeordnung von 1869, die später auf das Reich ausgedehnt wurde.

Die Nationalliberalen, für die Norddeutsche Gewerbeordnung vom 21. Juni 1869 verantwortlich, nahmen die möglichen staatlich überwachten Zwangsregelungen im Krankenkassenwesen wieder zurück. Liberale Politik sah in der Gesundheit eine Privatsache, die sich nur individuell durch Versicherung, aber nicht durch staatlichen Eingriff und Zwang regeln ließ. Die Gewerbeordnung hob die Beitragspflicht zu den Unterstützungskassen für gewerbliche Arbeiter wieder auf, die nachweisen konnten, daß sie einer anderen Krankenhilfs- oder Sterbekasse angehörten. Die vielen und häufig lebensunfähigen freien Kassen, die nun ohne obrigkeitliche Kontrolle ihrer Geschäfte ins Leben gerufen wurden, boten der organisierten Arbeiterbewegung zwar eigenständige Verantwortungsräume, doch eben diese gerieten mit dem Sozialistengesetz 1878 unter die Kontrolle der politischen Polizei. Ganz abgesehen davon lösten die Kassen nicht die Probleme jener, die sich aus Mangel an Einsicht oder Lohn eine solche Mitgliedschaft nicht leisten wollten oder konnten. Das Gesetz löste auch nicht die Probleme, die durch die Mobilität der Arbeiterschaft entstanden, denn Auszahlung der angesparten Beiträge oder deren Übertragung usw. war nicht möglich. Eine neue Regelung des Krankenkassenwesens war erforderlich – sie kam 1883 (Umlauf 1980, S. 26ff).

36: Der Streik. Gemälde von Robert Kohler, 1886; im selben Jahr diente es der Illustrirten Zeitung Leipzig als Vorlage. Der Maler stellt die dynamische Atmosphäre einer Situation mit offenem Ausgang dar. Gleichzeitig entspricht er der bürgerlichen Ideologie, indem er Frauen an den Rand gedrängt beobachtend oder mäßigend eingreifend malt, während die ökonomische Realität viele Frauen zu schwerer körperlicher Arbeit zwang.

Inzwischen hatten die ersten organisierten Streiks (Abb. 36) die bürgerliche Öffentlichkeit auf einen umfangreichen, aber widerspruchsvoll geregelten Tatbestand aufmerksam gemacht: Arbeiter und Handwerker unterlagen nach wie vor dem Koalitionsverbot, während die Unternehmer jederzeit Verbände bilden durften. Auch diese Fragen mußten gelöst werden.

Angesichts der festen Überzeugung liberaler Parlamentarier und Beamter im Handelsministerium, daß Gleichgewichtigkeit zwischen Unternehmern und Arbeitern nur bei geltendem Koalitionsrecht gegeben sei, wurde dieses Recht in die Gewerbeordnung von 1869 auch aufgenommen (§ 152). Im gleichen Moment siegten Staatsraison und die Interessen der Wirtschaftsbourgeoisie, indem der Koalitionszwang unter Strafe gestellt wurde (§ 153). Bei dem überquellenden Arbeitskräfteangebot war damit möglichen Streiks die Wahrscheinlichkeit genommen. Zum Streik selbst fand sich in der Gewerbeordnung nichts. Die Einzelheiten sind über die – streikfeindliche – Rechtsprechung ausgefüllt worden.

Ein neuer Wert: die Gesundheit der Arbeiter

Gesundheit war im Bewußtsein der Menschen immer mehr zu einem unverzichtbaren Element geworden. Die Zeit der Aufklärung, das 18. Jahrhundert, brachte durch ihre äußeren Disziplinierungsmaßnahmen einen gewaltigen Schub in Richtung auf die Erhaltung der individuellen Gesundheit. Propagiertes Ziel war es, lieber arm und gesund als reich und krank zu sein.

In England formulierten es die Vertreter des «Sanitary Movement», u. a. Edwin Chadwick (1800–1890), als ihre Aufgabe, die schlechten Lebensverhältnisse der Arbeiter zu verbessern. Ihnen war wohl bewußt, daß die Krankheiten der Arbeiter mit deren üblen Lebensverhältnissen zusammenhingen. Diese Verhältnisse sollten durch eine innerlich und äußerlich saubere «moralische» Lebensführung verbessert werden (Chadwick 1842). In Deutschland vertrat Fr. Oesterlen eine vergleichbare Auffassung (Oesterlen, 1865). Die Sanitätsbewegung, die sich in der Mitte des Jahrhunderts nunmehr umwelthygienisch ausrichtete, wurde von Architekten, Ingenieuren, Kommunalpolitikern, später auch Ärzten getragen. Trotz aller wissenschaftlichen Begründung ihres Tuns behielten sie die alte Kombination von Gesundheit und Sittlichkeit bei.

Der enge Zusammenhang von bestimmten beruflichen Tätigkeiten mit immer wieder auftretenden Krankheiten war, wie erwähnt, schon seit dem 15. Jahrhundert wahrgenommen worden, doch die weiter fortschreitende technische Entwicklung, die Konzentration maschineller Arbeitsprozesse und der Einsatz chemischer Hilfsmittel vervielfältigten diese Erscheinungen. Die Phosphornekrose als Folge der Zündhölzerherstellung wurde 1845 durch Ernst v. Bibra und Lorenz Geist, die Krankheiten der

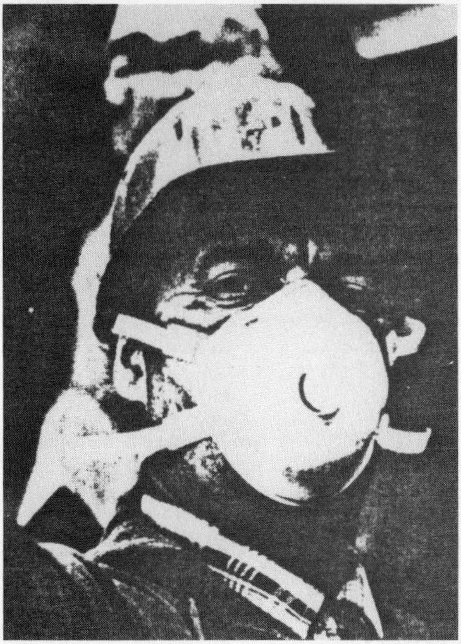

a)

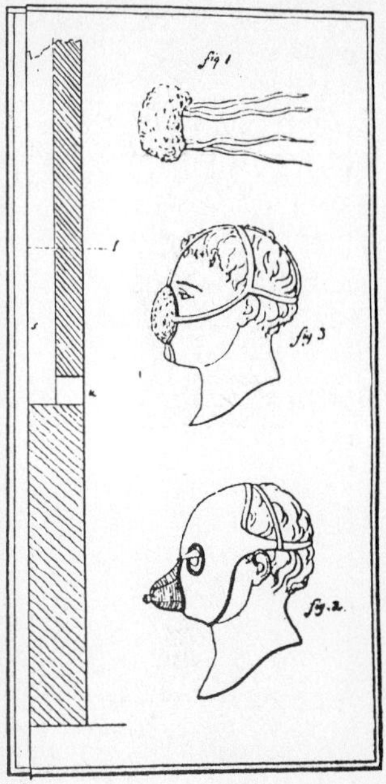

b)

37a, b: Schon 1839 wurden Atemschutzmasken als passive Schutzmaßnahmen für die Arbeit mit bleihaltigen Substanzen vorgeschlagen (b) – verboten wurde die Verwendung von bleihaltigen Farben hundert Jahre später. Erst die moderne Partikelmaske (a) ist wegen ihrer günstigen Eigenschaften, geringes Gewicht, geringer Atemwiderstand, einmaliger Gebrauch, weitgehend akzeptiert worden.

Braunkohlenarbeiter 1852 durch Rudolph Schirmer und die Quecksilbervergiftungen beim Spiegelbelegen erneut 1861 durch Adolf Kußmaul untersucht. Krankheiten der Friseure und Bäcker, der Gerber, Zucker- und Tabakarbeiter erläuterten weitere Veröffentlichungen. Noch eindrucksvoller waren dann Studien über die Staublunge von Ludwig Hirt im Jahr 1865 und schließlich sein umfassendes Werk über die Krankheiten der Arbeiter, das von 1871 an erschien. Schon der Berliner Arzt Salomon Neumann hatte Mitte der sechziger Jahre die signifikante Sterblichkeitserhöhung bei bestimmten Berufsgruppen nachgewiesen.

In der zweiten Hälfte des 19. Jahrhunderts waren die mit am besten und häufigsten erforschten Berufskrankheiten der Merkurialismus (Quecksilberdämpfe bei Spiegelbelegen), die Phosphornekrose, die Schleiferkrankheit und chronische Intoxikationen durch Blei, Arsen, Anilin und andere sehr giftige Stoffe (Abb. 37a, b). Obwohl von wissenschaftlichen

38: Je aufwendiger der Arbeitsvorgang wurde, um so wichtiger wurde die persönliche Befindlichkeit des Arbeitenden. Wie zuvor im Maschinenbau, hatten auch die Unternehmer in den «neuen» Industrien ein Interesse an aufmerksamen und ausgeruhten Arbeitern. Gleichzeitig ließen schlechte Arbeits- und Wohnbedingungen viele Arbeiter Zuflucht Zum Alkohol suchen. Es entstand eine breite Front im Kampf gegen den Alkoholismus zu Beginn des 20. Jh. Dieses Beispiel aus Belgien zeigt, wie Frauenverbände, aber auch die Arbeitsgemeinschaft für Unfallschutz im Deutschen Reich oder die amerikanische Safety-first-Bewegung das Medium Plakat für ihren Kampf gegen diese Krankheit einsetzten.

Fragestellungen ausgehend, blieb die Art der Behandlung von Berufskrankheiten ein Spiegel gesellschaftlicher Verdächtigungen. So wurde die Kieferzersetzung der an Phosphornekrose Erkrankten 1846 auch als Syphiliserkrankung und Folge ausschweifenden Lebenswandels interpretiert (Müller/Milles 1984, S. 256)!

Schleifer waren durch den eingeatmeten Staub besonders gefährdet. Eine Umfrage im Regierungsbezirk Arnsberg 1853 bestätigte diese bekannte Tatsache. Die regelmäßig tödlich verlaufende Lungenschwindsucht befiel die Arbeiter trotz relativ günstiger sozialer Verhältnisse.

Mit der großbetrieblichen Produktion der sechziger Jahre schwoll auch die Zahl der Erkrankungen an. Vor allem für chemische Einwirkungen aus der Arbeit mit Erdöl, Leuchtgas, Schwefelkohlenstoff, Kohlendioxyd usw. konnte die gesundheitsgefährdende Wirkung eindeutig nachgewiesen werden (vgl. Koelsch 1963).

Doch es wäre einseitig, die Fortschritte ärztlicher Erkenntnis allein im Bereich arbeitsbedingter Krankheiten zu sehen. Obwohl die Zusammen-

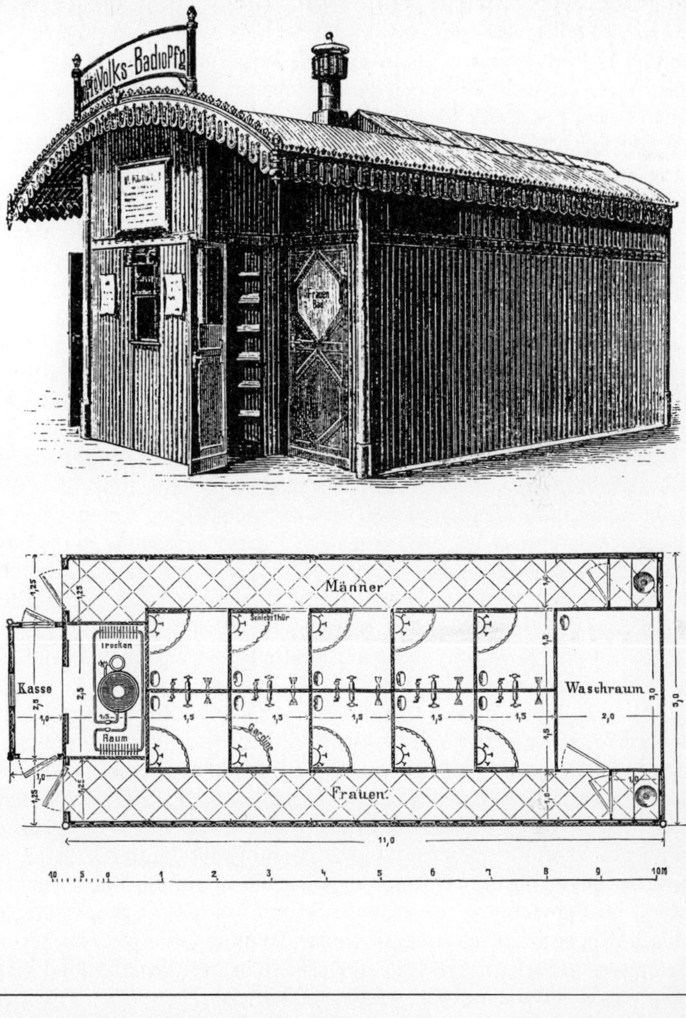

39: Entwurf für ein Volksbad mit zehn Duschzellen, zwei Wasserklosetts, Vorraum, Korridor, Waschküche, Trocken- und Heizraum für die Hygieneausstellung in Berlin, 1883. Immer neue Erkenntnisse über Krankheitserreger veranlaßten Mediziner und Politiker, auf mehr Hygiene im Alltag zu drängen. Die große Mehrheit der Bevölkerung mußte zunächst Volksbäder benutzen, die die fehlenden Sanitäreinrichtungen im Wohnungsbau ausgleichen sollten. Nach 1890 wurden Hygieneeinrichtungen auch für die Betriebe gefordert.

hänge zwischen sozialer Lage, endemischer und epidemischer Krankheit noch unter verschiedenen Theoriebildungen untersucht wurden, wuchs nun Gesundheit unter dem Aspekt der Vorsorge zu einem eigenen Feld öffentlicher Politik heran (Abb. 38). Die Gründung des Reichsgesundheitsamtes in Berlin 1874 ging in diese Richtung, auch wenn dessen Wirksamkeit in der Frage der Berufskrankheiten recht begrenzt blieb. Vorangegangen war 1867 die Gründung der Sektion Hygiene auf der Jahrestagung der Gesellschaft Deutscher Naturforscher und Ärzte, aus der dann 1873 der Deutsche Verein für öffentliche Gesundheitspflege entstand (Abb. 39). Als Robert Koch (1843–1910) den Tuberkelbazillus 1882 entdeckte und damit den Verursacher der bei weitem wichtigsten Todesursache von Kindern und Erwachsenen in bedürftigen Verhältnissen, war für die Städteplaner eine weitere Motivation gegeben, in den schnell wachsenden Städten endlich die alten staubhaltigen und damit Tuberkulose fördernden Holzbauten durch Steinbauten zu ersetzen.

Gegen die Lehrsätze der Umwelthygieniker traten nun die Bakteriologen an: So «verriß» der Bakteriologe Bering den Bericht Virchows über die Typhusepidemie in Oberschlesien, in der dieser sehr stark die sozialen und sozialpolitischen Bedingungen herausgestellt hatte, und hielt diese Begründungszusammenhänge für vorwissenschaftlich. Einen erneuten Wandel in der Auffassung brachte erst die Choleraepidemie in Hamburg 1892: Der Erreger war seit 1882 bekannt, und dennoch starben unzählige Bewohner in den Armenvierteln. In den folgenden Jahren entwickelte sich die Sozialhygiene erheblich weiter und gab nunmehr noch einmal Architekten und Kommunalbeamten breite Rechtfertigung für die Entfaltung von Sanierungsmaßnahmen.

Die Vielzahl der Untersuchungen führte zu einer öffentlichen Diskussion der Frage, wer die Folgen von arbeitsbedingten Gesundheitslasten zu tragen hatte. Auch manche Ingenieure standen der gesundheitsbedrohenden Wirklichkeit der täglichen betrieblichen Praxis sehr sensibel gegenüber, so z. B. in Hannover Albrecht Pütsch, der sich anläßlich der Beratung des Unfallversicherungsgesetzes im Reichstag 1883 ausführlich über «Die Sicherung der Arbeiter gegen die Gefahren für Leben und Gesundheit im Fabrikbetriebe» ausließ. Doch noch hielten die wichtigsten gesellschaftlichen Gruppierungen an der Trennung von öffentlicher und privater Gesundheitspflege fest, obwohl sie in der Armenpflege dieses Prinzip von Beginn an beiseite geschoben hatten.

Doch der theoretische Anspruch, daß sich dieses auch ändern könnte, wurde schon 1869 in der Gewerbeordnung des Norddeutschen Bundes festgelegt: Eine solche Regelung wurde in der Nähe der Bestimmungen über Lehrlinge untergebracht, und wir müssen sie daher in der Nähe traditioneller Schutzbestimmungen für Kinder und Lehrlinge sehen. Ihre eindeutige Bestimmung, daß Leben und Gesundheit schützenswerte

§. 107. Jeder Gewerbe-Unternehmer ist verbunden, auf seine Kosten alle diejenigen Einrichtungen herzustellen und zu unterhalten, welche mit Rücksicht auf die besondere Beschaffenheit des Gewerbe-Betriebes und der Betriebsstätte zu thunlichster Sicherung der Arbeiter gegen Gefahr für Leben und Gesundheit nothwendig sind.

40: Der § 107 aus der Gewerbeordnung von 1869 hat seit der Novelle 1878 bis heute die Bezeichnung § 120.

Güter seien, war eine mutige Formulierung, auch wenn kein Liberaler daran dachte, sie voll inhaltlich mit positivem Recht zu füllen (Abb. 40).

Hinsichtlich der schnell steigenden Unfallzahlen im Zusammenhang mit den ebenfalls wachsenden Fabriken enthielt die Formulierung eine erhebliche Dynamik. Dieser Umstand wurde bereits zwei Jahre später bei der Regelung der Haftpflichtfrage offensichtlich, denn nun galt es zu entscheiden, wie weit die Gefährdung reichte, die durch die Installation von Technik einerseits die Öffentlichkeit und andererseits die Beschäftigten in den Betrieben traf. Als Handlungsansatz besaß man zwar ein Instrumentarium, aber die Vollzugsorgane Feuerpolizei und Sanitätspolizei waren mit der Einführung der Gewerbefreiheit nicht mehr systemkonform.

In der Auseinandersetzung um die Haftpflichtfrage ging man von beiden Prinzipien der Verschuldungs- und Gefährdungshaftung aus, wobei man eine Haftbarmachung der Betriebseigentümer für Schäden an öffentlichem Eigentum und an der Natur unterließ (Abb. 41).

Mit dem Begehren nach Sondergesetzen zum Bau von Eisenbahnen, etwa zur Finanzierung oder für projektierte Grundstücksenteignungen, änderte sich die Haftung. Handels- und Justizministerium mußten eine allgemein verbindliche Regelung auch zum Schutz der Öffentlichkeit vor den Risiken des Eisenbahnbetriebes finden. Da die Risiken nicht abschätzbar schienen und die preußischen tonangebenden Kreise, auch die Militärs, der Eisenbahn zunächst nicht wohlwollend gegenüberstanden, wurde für sie das Prinzip der Gefährdungshaftung geltend gemacht (Preußisches Eisenbahngesetz von 1838, § 25) und in das Haftpflichtgesetz von 1871 übernommen: Demnach ist der Betrieb an sich risikobehaftet und folgerichtig besteht Haftpflicht, unabhängig von der Schuldfrage. Sollte jemand aus der reisenden oder nachbarschaftlichen Öffentlichkeit durch Unfälle o. ä. betroffen sein, so hatte die Eisenbahn den Nachweis des

41: Explosion eines Dampfkessels aus dem Walzwerk Eschweiler Pumpe am 4. November 1881.

42: Unfall in einer Maschinenfabrik. Gemälde von Johann Bahr, 1889. Dieser Werkstatt fehlen fast alle Schutz- und Arbeitsvorrichtungen. Das offene Getriebe widerspricht ebenso wie die Flasche Bier unseren Vorstellungen von Arbeitsschutz. Tod oder Invalidität des Ernährers bedeuteten für nahezu jede Arbeiterfamilie ein Absinken in die Armut, auch wenn 1889 die staatliche Invaliden- und Rentenversicherung ihren Anfang nahm.

schuldhaften Verhaltens des anderen zu erbringen. Gegen diese Auflage haben sich die Eisenbahnen zwar gewehrt und versucht, durch Transportverträge mit den Reisenden diese Haftung auszuschließen, doch selbst das liberale Parlament des Norddeutschen Bundes hat 1869 solche trickreichen Finessen gesetzlich unterbunden.

Ganz anders reagierte das Parlament, als es um die Risikoeinschätzung von Technik für die Arbeitskräfte innerhalb eines Betriebes ging. Dieser wurde als privater Verfügungsbereich nun streng gegen Einflüsse von außen abgeschirmt (Abb. 42). Für den Fall eines Unglücks hatte der Betroffene nun die Pflicht bzw. die Möglichkeit, dem für den Unfall Verantwortlichen schuldhaftes Verhalten nachzuweisen und eine Entschädigung zu verlangen; hier galt also das Prinzip der Verschuldungshaftung. Beide Prinzipien wurden in dem Haftpflichtgesetz vom 7. Juni 1871 zusammengefaßt.

Die Liberalen beschworen hierin die Fiktion des mündigen Bürgers, die in keiner Weise mehr für die in den vergangenen zwanzig Jahren entstandenen Riesenbetriebe (Krupp beschäftigte 1874 etwa 12000 Menschen) zutraf. Spätere Versuche, die Beweislast umzukehren, also den Unternehmer zu verpflichten, ein schuldhaftes Verhalten des Arbeiters nachzuweisen, scheiterten 1878 im Parlament. Im selben Jahr unternahm das Parlament freilich einen anderen Versuch, mit der Einführung der obligatorischen Fabrikinspektion innerbetriebliche Gefahren aufzudekken.

Die einseitige Entscheidung in der Haftpflichtfrage zu ungunsten der Arbeitnehmer wurde allerdings nicht von allen politischen und gesellschaftlichen Kräften geteilt. Daß die Sozialdemokraten damit nicht einverstanden waren, versteht sich von selbst. Aber auch große Teile des reformerischen liberalen Bürgertums, etwa im Verein für Socialpolitik, hielten unter dem Gesichtspunkt der inneren Geschlossenheit des neuen Reiches nähere Untersuchungen über die Lebens- und Arbeitsbedingungen der Arbeiterschaft, unter Berücksichtigung der Frauen und Kinder, für unerläßlich (Reulecke 1983). So setzte der neue Reichstag seine begrenzten Möglichkeiten ein, das Reichsamt des Innern wenigstens zu einer Enquete zu zwingen, die in den Jahren 1874/75 auch erhoben und 1876/77 veröffentlicht wurde. Aufgeschreckt entwarfen die Beamten des Handelsministeriums einen Gesetzentwurf mit weitreichenden Eingriffsmöglichkeiten und stellten ihn noch 1876 fertig.

Doch die liberalen Beamten hatten nicht mit den Interessen der Industrie gerechnet, die sich eben in Verbänden zu organisieren begann; angefangen von den elsässischen Textilindustriellen bis hin zur Schwerindustrie machten sie in der Wirtschaftskrise Bedenken geltend (Machtan, in: Weindling 1986). Daraufhin wurde der Entwurf weitgehend entschärft. Dennoch konnte der Reichstag an den Enqueten nicht vorbeisehen und machte noch 1878 in der Novelle zur Gewerbeordnung aus der fakultativen Fabrikaufsicht eine obligatorische (§ 139 b) und verbot die Sonntagsarbeit.

Der Bundesrat erhielt nunmehr die Kompetenz, Regelungen für die Kontrolle der Gewerbebetriebe zu erlassen. Die in den folgenden Jahren in allen deutschen Staaten durch die Fabrikinspektoren angefertigten und in Buchform erschienenen Berichte haben auf Dauer zu einem erheblichen Bewußtseinswandel in der breiten Öffentlichkeit beigetragen und schließlich 1891 zu einer umfassenden Intensivierung der staatlichen Aufsicht über die Gewerbe geführt. Doch Bismarck verhinderte, daß die Fabrikinspektoren überhaupt effektiv arbeiten konnten, ja, daß überhaupt solche Richtlinien zur einheitlichen Revision der Betriebe aufgestellt wurden. Als preußischer Handelsminister, zu dem er sich wegen dieser Frage 1879 machte, setzte er durch, daß die Inspektoren beratende und vermittelnde, nicht etwa kontrollierende Aufgaben hatten, und verzögerte auf diese Weise eine wirksame Umsetzung der gesetzlichen Vorschriften noch über 1891 hinaus.

Für die Verbreitung gewerbehygienischer Kenntnisse bei Ingenieuren setzte sich unter dem Einfluß der Veröffentlichungen Ludwig Hirts vor allem der Gewerbeaufsichtsbeamte und spätere Regierungsrat beim Reichsversicherungsamt F. Reichel ein, der seit 1879 an der jungen Technischen Hochschule Aachen über gewerbliche Gesundheitslehre (Gewerbehygiene) Vorlesungen hielt. In einer «Denkschrift betreffend den Unterricht in der Praktischen Gewerbe-Hygiene» von 1884 begründete er seine Überzeugung, daß dieses Fach an den Technischen Hochschulen obligatorisch werden sollte. Doch dazu kam es nicht. Erst bei den Reformen der technischen Mittelschule zu Beginn des 20. Jahrhunderts wurde dieses Fach dort verbindlicher Bestandteil des Unterrichts.

Insgesamt fällt die Antwort auf die eingangs gestellte Frage nach dem Erfolg aller Bemühungen zur Eindämmung von Risiken durch technisch bestimmte Arbeit bis 1878 äußerst negativ aus. Lediglich die Kinderarbeitszeit in Fabriken war eingeschränkt worden, und das war sicherlich der kleinere Anteil von Kinderarbeit, die geleistet wurde.

Drei Ebenen der Kontrolle: Technische Überwachung, Berufsgenossenschaften und Gewerbeaufsicht

Bismarcks Vorstellung von der inneren Neuordnung der deutschen Gesellschaft bestimmte ganz wesentlich die Richtung, in die sich Sicherheitsüberwachung bzw. Unfallkontrolle in der gewerblichen Wirtschaft entwickeln sollte.

Die Vermeidung von Unglücksfällen, vor allem an großtechnischem Gerät, war für die Eigentümer immer auch eine wichtige finanzielle Frage (Abb. 43). Der Ausfall einer Dampfmaschine verursachte nicht nur

Wiederherstellungskosten, sondern ließ das in einem immer größeren Maschinenpark steckende Kapital auch ruhen, selbst wenn die Arbeiter vorübergehend entlassen wurden. Zudem drohte, wie bei den Eisenbahnen, der Gesetzgeber bei Gefahren für die Öffentlichkeit mit verschärfter staatlicher Aufsicht. Zu dieser Frage der konstruktiven Sicherheit haben sich sehr bald nach der Konstituierung des Vereins Deutscher Ingenieure (1856) die Fachleute gemeldet und zusammen mit den Unternehmern auf eine Regelung gedrungen, die das überforderte staatliche Personal, überwiegend Baubeamte, denen die neue Welt der Maschinen fremd war, teilweise beiseite drängte (Lundgreen 1981). Die liberalen Ministerialbeamten ließen die Konkurrenz der «Freien» in Form freier Überwachungsvereine zwar nicht für die Abnahme, wohl aber für die regelmäßigen Inspektionen zu (Abb. 44). Der erste Verein war im liberalen

43: Explodierte Dampfkessel in Marienberg, 1907. Die Eigentümer solcher Anlagen schützten ihre Interessen seit 1866 durch die Einrichtung regionaler Vereine, seit 1884 im Zentralverband der preußischen Dampfkessel-Überwachungsvereine. Ihre Nachfolgeorganisationen sind seit 1900 auch im öffentlichen Auftrag tätig, u. a. bei der sicherheitstechnischen Überprüfung von Kraftfahrzeugen, von Atomkraftwerken u. a. m.

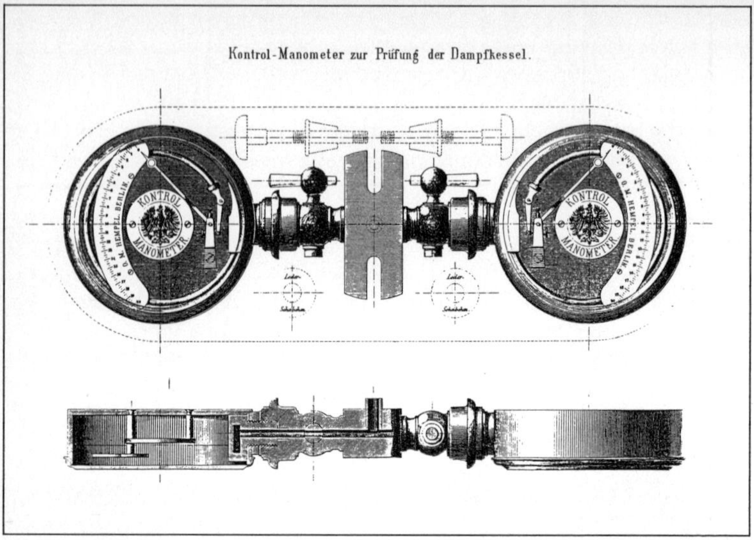

44: Immer weniger waren menschliche Sinnesorgane geeignet, technische Prozesse zu überwachen. Daher wurden Instrumente, wie dieses 1875 abgebildete Manometer, unerläßlich.

Baden 1866 gegründet worden. Diese Vereine symbolisierten in ihren teilweise internationalen Verbänden den universellen Anspruch der Maschinenbauingenieure, die entscheidenden Fachleute für technische Sicherheitsfragen zu sein (Wiesenack 1971; Weber 1986).

Die freien Dampfkesselüberwachungsvereine der Dampfkesselbesitzer gerieten in Existenznot, als der Reichstag unter dem Eindruck der Enquete und nach dem Gesetz über die obligatorische Fabrikinspektion 1878 die Stellen für staatliche Dampfkesselinspektoren vermehren wollte. Sie wandten sich daraufhin hilfesuchend an Bismarck, den sie als ganz entschiedenen Gegner der obligatorischen Fabrikinspektion kannten.

In der Frage der technischen Sicherheit der Dampfkessel wartete Bismarck die Diskussion um die Unfallschutzgesetzgebung ab, die seiner Direktion im Reichstag weitgehend entglitten war, und übertrug dem Zentralverband der Preußischen Dampfkesselüberwachungsvereine ab 1884, vor allem nach 1891, immer mehr Aufgaben, im Auftrag des Staates Kontrolluntersuchungen durchzuführen. Unternehmer und Ingenieure hatten und haben damit bis heute einen eigenständigen Aufgabenbereich, der seit 1910 auch die Kraftfahrzeugüberwachung einschließt und inzwischen auch für die Atom- und Kohlekraftwerke zuständig ist (Wiesenack 1971; Hoffmann 1986).

Bismarck hatte sich die innere Organisation des Reiches seit Mitte der siebziger Jahre anders vorgestellt. Mit der Zollreform 1879 gewann er die wirtschaftlichen Spitzen des Reiches, vor allem die Schwerindustrie, für seine Vorstellungen von gesellschaftlicher Ordnung, deren Gestaltung ohne die Führer der Arbeiterbewegung, deren Ausschluß ihm mit den sog. Sozialistengesetzen 1878 gelang, in Angriff genommen werden sollte. Zugleich sah er seine große Chance, die von allen angestrebte Lösung der sozialen Frage zu der entscheidenden innenpolitischen Aufgabe des neuorganisierten Staates zu machen, indem er das Reich sowohl an der Unfall- wie an der Krankenversicherung stark beteiligte.

Lorenz von Stein (1815–1890), dessen Gedanken auf den Arbeiten Hegels gründeten, war der erste, der die Prinzipien eines Sozialstaates formuliert hatte. Er sprach nicht ausdrücklich von einem Sozialstaat; seine Ordnung basierte auf der Idee der Korporationen. Sein Weg, um Arbeiter zu Bildung und Besitz zu führen, hieß bürgerliche Reformbewegung. Für ihn konnte die Lösung der sozialen Frage nicht durch eine Revolution von unten, sondern nur durch einen staatlichen Eingriff von oben gefunden werden. Diese Vorstellung teilte Bismarck, der daran dachte, die offen zutage liegenden großen Fragen der sozialen Sicherung der Arbeiterschaft durch eben obrigkeitliche Eingriffe zu lösen. Bereits 1872 schrieb Johann Karl Rodbertus (1805–1875), daß der Kaiser ein entscheidendes Wort zur Lösung der sozialen Frage sprechen müsse. Diese Auffassung lag auch der ersten Kaiserlichen Botschaft zur sozialen Frage vom 17. November 1881 zugrunde, deren gesetzlicher Ausgestaltung Bismarck in den parlamentarischen Debatten sehr bald den Begriff des «Staatssozialismus» gab. Als Reichstag und Bundesrat sich der finanziellen Stärkung des Reiches freilich widersetzten, griff er auf die Vorstellungen korporativer gesellschaftlicher Organisationen aus der Zeit vor 1848/54 zurück, also auf genossenschaftliche Einrichtungen mit Selbstverwaltungscharakter, die vom Reichstag und seinen Ausschüssen nicht erreicht bzw. belangt werden konnten.

Einem aufmerksamen Beobachter muß auffallen, wie die Organisation der heranwachsenden modernen Industriegesellschaft mit sog. Stellvertreter-Begriffen beschrieben wird. Es ist nicht nur die Vorstellung der Korporation als einer «zweiten» Familie, die hier eine wichtige Rolle spielt, es ist ebenso der Betrieb, mit der ihn konstituierenden Technik in ihrer weitgefaßten Form, also einschließlich aller organisatorischen Komponenten, dem eine charakteristische «Natur», also eine «zweite» Natur zugewiesen wird, um so seine Gefährlichkeit assoziativ zu verharmlosen (Gewerbeordnung 1891, § 120a). Diese Begrifflichkeit verniedlicht sowohl den obrigkeitlichen Charakter des Bismarckschen Korporationsbegriffes, wie sie auch den bewußt konstruierten Charakter eines Großbetriebes und seiner vielfältigen Gefahren verschleiert und ihn gegen die emanzipatorischen Ansprüche der Arbeiterschaft verteidigt.

Auf der Ebene des Unfallschutzes für die Arbeiter im Betrieb waren drei verschiedene Gesetzentwürfe erforderlich, bevor darüber 1884 endgültig abgestimmt werden konnte. Ein Grundgedanke Bismarcks, die gesellschaftlichen Strukturen unter Ausschluß der Arbeiter zu formieren, hatte sich dabei bis zum Ende erhalten: Die Beschäftigten selbst sollten nicht am Unfallschutz beteiligt werden, weder durch Zahlungen noch an der Organisation. Die Betriebe sollten nach Gefahrenklassen, die sich aus ihrer «Natur» ergaben, Beiträge an Berufsgenossenschaften zahlen. «Genossen» waren in diesem Zusammenhang also die Unternehmer, deren Organisation sich nach Branchen, gelegentlich nach Regionen richtete. Die Berufsgenossenschaften erhielten auch das Recht, nach 1900 die Pflicht, Unfallverhütung zu betreiben. Von nun an spielte nur noch die Tatsache des Unfalls, nicht aber die Verschuldensfrage eine Rolle für die Entschädigung, die nach Tabellenform gewährt wurde, also nicht dem Geschick des Aushandelns unterlag (Abb. 45). Der Entschädigung war ein langer Verwaltungszug vorgeschaltet und erst in allerletzter Konsequenz ein gerichtliches Überprüfungsverfahren möglich.

Es waren die Arbeitgeber, die einem Genossenschaftszwang unterworfen wurden, und eben diese Genossenschaft, nicht der einzelne Arbeitgeber, war schließlich haftpflichtig. Die Genossenschaften verteilten die anfallenden Kosten nach Umlage auf ihre Mitglieder. Die vorübergehend Erwerbsunfähigen wurden von den Krankenkassen mitversorgt; eine dauernde Erwerbsunfähigkeit wurde durch die Invalidenversicherung (1889) abgedeckt. Die Unfallversicherung bezog sich nur auf Unglücksfälle mit plötzlichem Charakter und sah für die bereits akute Frage der Gewerbekrankheiten mit ihrem langandauernden Charakter keine Entschädigung vor.

Mit der an die Berufsgenossenschaften übertragenen Aufgabe der Unfallverhütung begann allmählich die Einstellung von Fachleuten. Die Unfallverhütung blieb eine ausschließliche Domäne der männlichen Ingenieure, bei der Gewerbeaufsicht konnten Frauen ab 1900 für Frauenfragen eine marginale und Ärzte ab 1908, stärker dann ab 1921, eine zunehmende, von den Technikern stark angefeindete Rolle spielen. Arbeiter wurden nur sehr zögernd, zuerst ab 1911, für diese Aufgaben herangezogen.

Der Staat intervenierte nach dem Abgang Bismarcks (1890) zugunsten des Gefahrenschutzes für Arbeiter. Für begrenzte Arbeitszeit sowie Vertrags- und Lohnschutz hatte er ja bereits seit 1839 bzw. 1845 eingegriffen (Ritzmann 1925). Nach Ablauf des Sozialistengesetzes (1890) wünschte

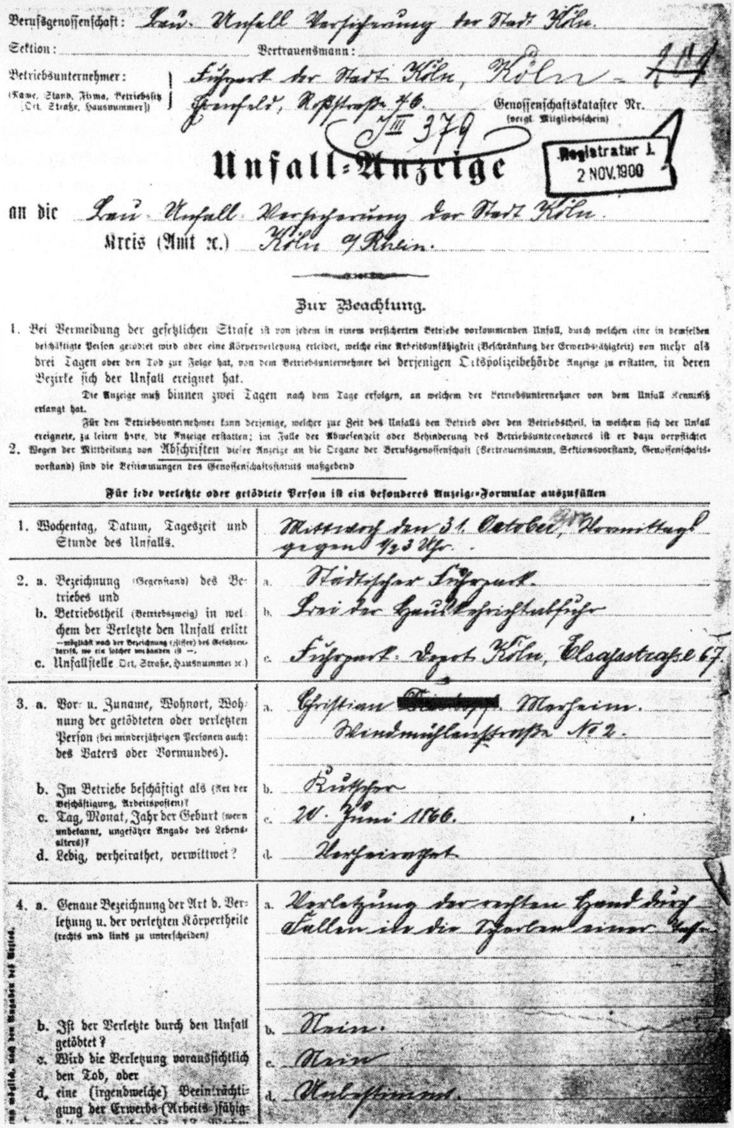

Berufsgenossenschaft: Bau-Unfall-Versicherung der Stadt Köln.

Sektion: Vertrauensmann:

Betriebsunternehmer: (Name, Stand, Firma, Betriebssitz [Ort, Straße, Hausnummer]) Fuhrpark der Stadt Köln, Köln-Ehrenfeld, Roßstraße 46.

Genossenschaftskataster Nr. (vergl. Mitgliedsschein) J III 379

Registratur I. 2 NOV. 1900

Unfall-Anzeige

an die Bau-Unfall-Versicherung der Stadt Köln.
Kreis (Amt rc.) Köln a/Rhein.

Zur Beachtung.

1. Bei Vermeidung der gesetzlichen Strafe ist von jedem in einem versicherten Betriebe vorkommenden Unfall, durch welchen eine in demselben beschäftigte Person getödtet wird oder eine Körperverletzung erleidet, welche eine Arbeitsunfähigkeit (Beschränkung der Erwerbsfähigkeit) von mehr als drei Tagen oder den Tod zur Folge hat, von dem Betriebsunternehmer bei derjenigen Ortspolizeibehörde Anzeige zu erstatten, in deren Bezirke sich der Unfall ereignet hat.

Die Anzeige muß binnen zwei Tagen nach dem Tage erfolgen, an welchem der Betriebsunternehmer von dem Unfall Kenntniß erlangt hat.

Für den Betriebsunternehmer kann derjenige, welcher zur Zeit des Unfalls den Betrieb oder den Betriebstheil, in welchem sich der Unfall ereignete, zu leiten hatte, die Anzeige erstatten; im Falle der Abwesenheit oder Behinderung des Betriebsunternehmers ist er dazu verpflichtet.

2. Wegen der Mittheilung von Abschriften dieser Anzeige an die Organe der Berufsgenossenschaft (Vertrauensmann, Sektionsvorstand, Genossenschaftsvorstand) sind die Bestimmungen des Genossenschaftsstatuts maßgebend.

Für jede verletzte oder getödtete Person ist ein besonderes Anzeige-Formular auszufüllen.

1. Wochentag, Datum, Tageszeit und Stunde des Unfalls.	Mittwoch den 31. October, Nachmittags gegen 1/2 3 Uhr.
2. a. Bezeichnung (Gegenstand) des Betriebes und	a. Städtischer Fuhrpark.
b. Betriebstheil (Betriebszweig) in welchem der Verletzte den Unfall erlitt — möglichst nach der Bezeichnung (Ziffer) des Gefahrentarifs, wo ein solcher vorhanden ist —.	b. bei der [illegible]
c. Unfallstelle (Ort, Straße, Hausnummer rc.)	c. Fuhrpark-Depot Köln, Elsaßstraße 67.
3. a. Vor- u. Zuname, Wohnort, Wohnung der getödteten oder verletzten Person (bei minderjährigen Personen auch: des Vaters oder Vormundes).	a. Christian [redacted] Marheim. Windmühlenstraße No 2.
b. Im Betriebe beschäftigt als (Art der Beschäftigung, Arbeitsposten)?	b. Kutscher
c. Tag, Monat, Jahr der Geburt (wenn unbekannt, ungefähre Angabe des Lebensalters)	c. 20. Juni 1866.
d. Ledig, verheirathet, verwittwet?	d. Verheirathet
4. a. Genaue Bezeichnung der Art d. Verletzung u. der verletzten Körpertheile (rechts und links zu unterscheiden)	a. Verletzung der rechten Hand durch Fallen über die [illegible] einer [illegible]
b. Ist der Verletzte durch den Unfall getödtet?	b. Nein.
c. Wird die Verletzung voraussichtlich den Tod, oder	c. Nein
d. eine (irgendwelche) Beeinträchtigung der Erwerbs-(Arbeits-)fähig-	d. Unbestimmt.

45: Unfallanzeige der Bauberufsgenossenschaft in Köln, 1900.

der junge Kaiser Wilhelm II., die Sozialdemokraten von den Arbeitern durch eine sozialgesetzgeberische Initiative zu entfremden. Zur Umsetzung dieses Zieles lud er zu einer länger geplanten Arbeiterschutzkonferenz 1890 nach Berlin ein und ermutigte seinen Handelsminister Hans Hermann von Berlepsch (1843–1926), wichtige Defizite der staatlichen Arbeitsaufsicht gesetzlich zu regeln. Dieser fand die Unterstützung des Reichstages, der schon verschiedentlich Eingaben zu den überlangen Frauenarbeitszeiten, der Kinder- und Sonntagsarbeit verfaßt hatte und eine Regelung forderte, wie lang denn nun ein Normalarbeitstag sein sollte.

Nunmehr wurden der Arbeitsschutzparagraph 120 der Gewerbeordnung erheblich ausgebaut und viele der 1878 in den Reichstagsberatungen herausgestrichenen Elemente wieder eingefügt: Nach Hinweisen von internationaler Seite und unter dem Druck von Streiks (Bergarbeiterstreik 1889) orientierte man sich nun an einem insgesamt gefahrlosen Betrieb, um das Leben und die Gesundheit der Beschäftigten zu schützen. Man

46: Die «Ständige Ausstellung der Arbeiterwohlfahrt» in Berlin, 1903. Aus dieser Initiative entwickelte sich das spätere Deutsche Arbeitsschutzmuseum.

erklärte auch Licht, Luft, Staub, Dünste, Gase und Abfälle, die Aufstellung von Maschinen und die Brandgefahr, nicht allerdings Lärm, zum Gegenstand seiner Kontrolle. Für diese umfassende Gewerbeaufsicht statt der bislang praktizierten Fabrikaufsicht benötigte man Personal, das wie bisher in der Form von Landesbediensteten eingestellt wurde.

Zugleich war damit aber auf dem Gebiet der Arbeitssicherheit ein bis heute weiterwirkender Dualismus in der Zuständigkeit installiert. Denn die Beamten der Gewerbeaufsicht, die mit dem umfassenden Schutz des Arbeiters beauftragt waren, sollten sich nun zusätzlich zu den noch wenigen Inspektoren der Berufsgenossenschaften um die Arbeitssicherheit kümmern.

Wilhelm II. betrieb seine Arbeiterschutzpolitik nur kurzfristig. Die Arbeiter trennten sich weder von der Sozialdemokratie noch von den christlich-sozialen Verbänden, und kaiserliche Berater aus den Spitzenverbänden der Schwerindustrie nutzten jede Möglichkeit, den Kaiser von diesem «jugendlichen Irrtum» wieder abzubringen. 1896 mußte Berlepsch bereits seinen Hut nehmen. Doch die Reichsbehörden versäumten seitdem keine Möglichkeit, auf die sozialstaatlichen Errungenschaften des Kaiserreichs hinzuweisen. Dazu bedienten sie sich der Weltausstellungen und auch des Arbeiterschutzmuseums, das 1903 in Berlin eröffnet wurde und der Vorläufer der heutigen Bundesanstalt für Arbeitsschutz in Dortmund ist (Abb. 46). Sie setzten immerhin nationale Einschränkungen bei der Verwendung von Blei, Phosphor und Quecksilber im ersten Jahrzehnt des 20. Jahrhunderts durch, deren Gefährlichkeit schon seit zwei Generationen bekannt war (Weber 1986).

Nachdem der politische Anstoß gegeben war, wagten sich auch die Gewerbehygieniker mit einer Vielzahl von Untersuchungen an die Öffentlichkeit (vgl. Milles, in: Weindling 1986). Die Gewerbeaufsicht war seit 1891 für eine Reihe zentraler Fragen zuständig. Außer für die Gefahr für Leib und Leben auch für die Sonntags-, Frauen- und Kinderarbeit, für Arbeitsordnungen, bald auch für die Einhaltung des 1903 erlassenen Kinderschutzgesetzes und für die Heimarbeit (1911). Die neuen Inhalte der Gewerbeordnung machten jedoch immer wieder auf Lücken aufmerksam, die sich einer umfassenden Kontrolle noch entzogen.

Eine Analyse von Inhalt und Umfang aller Stichwörter zum Thema Arbeitsschutz, Unfallsicherheit und technische Überwachung in den Enzyklopädien seit Mitte des 19. Jahrhunderts weist auf einen klar erkennbaren Höhepunkt des öffentlichen Interesses an diesen Fragen für die Zeit um 1890 hin (Tab. 4).

Als Versuch, den erforderlichen Umerziehungsprozeß zur Wachsamkeit gegenüber technischen Risiken auch beim Nutzer in die Wege zu leiten, müssen die vielen Museen verstanden werden, die anfangs hygienische, sozialpolitische und technische Bedingungen der industriellen Le-

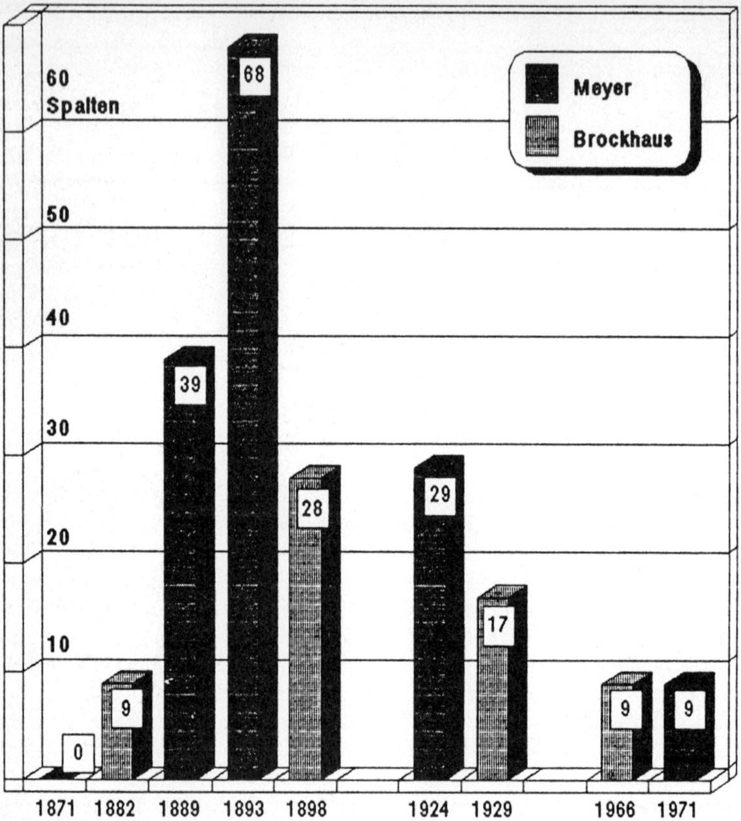

Tab. 4: Für den Vergleich, welchen Umfang die Enzyklopädien von Brockhaus und Meyer dem Themenkomplex Arbeitssicherheit einräumen, wurden folgende Stichworte ausgezählt:
Arbeiter-frage, -gesetzgebung, -konferenz, -schutz, -versicherung, -wohnungen;
Arbeitnehmerschutz;
Arbeits-gesetzgebung, -hygiene, -inspektoren, -schutz, -schutzmuseum, -unfall;
Berufs-genossenschaften, -krankheit;
Fabrik-gesetzgebung, -inspektoren, -krankheit;
Gewerbe-aufsicht, -aufsichtsbeamter, -hygiene, -krankheit;
Sicherheitsvorrichtungen;
Überwachung (technische);
Unfall-forschung, -verhütung, -verhütungsvorschriften, -versicherungen.

bensweise eng miteinander verknüpft haben (vgl. Weber 1986). Die Form der Vermittlung blieb jedoch, da von den Kunstmuseen übernommen, zwangsläufig auf passive Rezeption durch die Besucher beschränkt, so daß den Museen nach der Pionierphase der Neuheit nur noch wenig Interesse, auch politisches, entgegengebracht wurde, zumal zu Beginn des Jahrhunderts attraktive Industriemuseen Aufmerksamkeit erregten. Dabei ist in den frühen «Sozial»-Museen zunächst ein starker Impetus der Anreger deutlich, den gesamten Komplex der industriellen Lebensverhältnisse nachzuzeichnen (Abb. 47a, b, c). Seit Beginn des 20. Jahrhunderts werden dann jedoch die gesamtgesellschaftlichen Kosten von Arbeitsunfällen und Arbeitshygiene beachtet und diese Felder in den Vordergrund gerückt.

Insgesamt bearbeiteten die Gewerbeaufsichtsbeamten nach 1891 drei Tätigkeitsfelder: den gesamten Arbeitsschutz (Abb. 48), den steigenden Anteil des «Umweltschutzes» – für den sie seit 1878 zuständig waren, als die belästigenden Einwirkungen auf die Nachbarschaft aufsichtspflichtig wurden – und schließlich die Übereinstimmung der inneren Betriebsverhältnisse mit den gesetzlichen Anforderungen, wie sie in den Arbeitsordnungen ausgedrückt waren (vgl. Simons 1984). Mit diesen Aufgaben verkörperten die Gewerbeaufsichtsbeamten den öffentlich-rechtlichen Schutz, das dritte Rechtsprinzip der Sozialversicherungen nach Für- und Vorsorgecharakter und Versicherungspflicht (Umlauf 1980, S. 70).

Gesetzgebung mit Lücken

Doch ohne «Schönheitsfehler» waren auch diese Gesetze nicht. Die Interessenverbände, vor allem jene der Schwerindustrie, ließen das Unfallversicherungsgesetz 1884 erst passieren, nachdem im Krankenversicherungsgesetz 1883 Zugeständnisse gemacht worden waren. Unfallgeschädigte wurden zunächst 13 Wochen von der Krankenversicherung versorgt, zu deren Finanzierung die Arbeitnehmer ein Drittel beitrugen; erst dann setzte die Finanzierung durch die Unfallversicherung der Arbeitgeber ein. Zur Vorsorge gegen berufsbedingte Erkrankungen war ursprünglich die Einbeziehung der Berufsgenossenschaften in die Invaliden- und Rentenversicherung vorgesehen. Als der Reichstag diese Anbindung nicht wünschte, war die Verfolgung berufsbedingter Krankheiten ohne feste organisatorische Verankerung geblieben. Da die Berufsgenossenschaften in erster Linie auf Schadensminderung in entschädigungspflichtigen Bereichen zielten, sollte sich dieses Versäumnis nachteilig auf die politische Auseinandersetzung auswirken, vom Erkrankten selbst ganz zu schweigen.

Die größten Schwierigkeiten der Unfallversicherung ergaben sich aus den Entschädigungssätzen. Sie waren in der Unfallversicherung höher als in der Invaliden- und Rentenversicherung, die mit dem 70. Lebensjahr

a)

b)

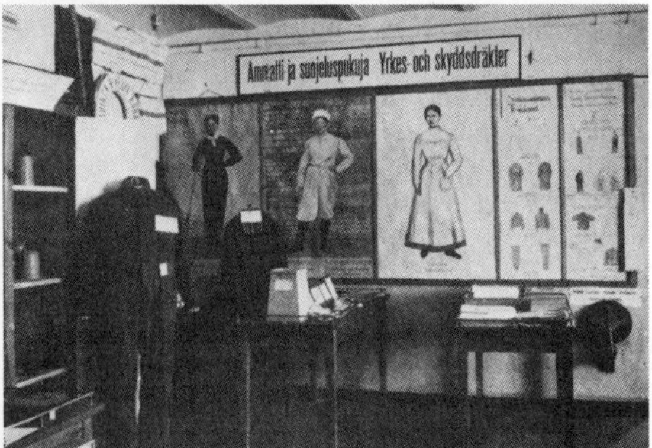

c)

48: Atemschutzgeräte in der Abteilung Gewerbehygiene im Deutschen Arbeitsschutzmuseum in Berlin, um 1929. Atemschutzgeräte sollten gegen die vielen neu aufgekommenen preßluftgetriebenen Werkzeuge schützen, die Lacke und Sande in die Luft bliesen. Die Gefahr von Staub- und Steinlungen stieg rapide, Krankheiten, die 1929 durch die Zweite Berufskrankheitenverordnung auch als solche anerkannt worden waren.

einsetzte und an den Armensätzen orientiert war. Für Unfallgeschädigte kam es also darauf an, ihren Unfall «anerkannt» zu bekommen. In der Folgezeit ging es nun um härteste Abgrenzungsdiskussionen zwischen den Begriffen Unfall und Berufskrankheit. Die Auseinandersetzungen, wie die Entschädigung von Berufskrankheiten von der Unfallversicherung auszuschließen sei, dauerten bis in die Weimarer Republik und spiegeln einen neuen umfassenden Gesundheitsanspruch. So berichtete die Gewerbeaufsicht 1909:

«In einer Mühle hat sich vor etwa zwei Jahren ein Arbeiter, der schon über 20 Jahre daselbst beschäftigt wird, beim Säckeabtragen einen Leistenbruch zugezogen. Der

◀ 47a, b, c: Maschinensaal im Veiligheitsmuseum, Amsterdam (a), Maschinensaal im Staatlichen Sozialmuseum, Helsingfors (b), Gewerbe- und Schutzkleider sowie dampfbeheizter Speiseschrank im Staatlichen Sozialmuseum, Helsingfors (c). Die Errichtung von Arbeiterschutz-Sozialmuseen war zu Beginn dieses Jahrhunderts eine internationale Bewegung. Ihren Anspruch, die Belange des Arbeiterschutzes und der Gewerbehygiene möglichst umfassend darzustellen, spiegeln die unterschiedlichen Themen wider: Gewerbe- und Schutzkleider, Speiseschränke, künstliche Körperglieder, Verbandzimmer für Betriebe gehörten ebenso dazu wie technische Sicherheitsvorkehrungen.

Sack mit Getreide drohte dem Arbeiter vom Rücken herabzugleiten. Um dieses zu verhindern, hielt er den rutschenden Sack mit aller Kraft fest und zog sich durch diese Überanstrengung den Bruchschaden zu. Der Arbeiter, der seit dieser Zeit schwere Arbeiten nicht mehr verrichten kann, wird in dem Betrieb aus Barmherzigkeit weiterbeschäftigt. Er suchte bei der Müllereiberufsgenossenschaft um eine Rente nach, um wenigstens im Alter eine kleine Unterstützung zu haben, wurde aber abgewiesen. Die Gründe der Abweisung konnten von dem Arbeiter nicht näher angegeben werden. Vermutlich sind sie jener Praxis entnommen, daß Arbeiter, die sich bei der Arbeit einen Bruchschaden zuziehen, nicht zu entschädigen sind, da solche Leute angeblich nach wissenschaftlichen Gutachten zu solchen Brüchen neigen» (Jahresberichte 1908, 3, 1909, S. 6.57).

Die Berichte der Gewerbeaufsichtsbeamten belegen die unterschiedlichsten Beobachtungen; so heißt es im gleichen Jahr:

«Die Revision von Krankenbüchern von zwei Abteilungen eines Hüttenwerks, in denen 80 Arbeiter mit Anstreicherarbeiten unter Verwendung bleihaltiger Farbe beschäftigt werden, ergab, daß schwere Bleierkrankungen überhaupt nicht vorgekommen sind. Nur in 7 Fällen wurde ein leichter Bleisaum am Zahnfleisch festgestellt; jedoch war das Allgemeinbefinden der Leute zufriedenstellend» (Jahresberichte 1908, 2, 1909, S. 1.352).

Das plötzliche Eintreten als Ursache eines Unfalls und die Ansicht, daß der Unfall auch die ausschließliche und alleinige Ursache sein müsse, machten Ansprüche aus berufsbedingten Krankheiten meist zunichte. Es fällt auf, welch primitive Vorstellung von Technik als reiner Mechanik hier bei Ärzten und Politikern in einer Zeit noch weitergetragen wurde, als Großchemie und Elektrizität längst vertrauter technischer Umgang waren.

Hatte schon die Gewerbeaufsicht Schwierigkeiten, den Gesundheitsanspruch der Beschäftigten zu schützen, wie eng mußte erst der Wirkungskreis der Beauftragten der Berufsgenossenschaften sein! Sie sollten ebenfalls nur beratend auf die Unternehmen wirken, was bei der Unfallverhütung kurzfristig keine Erfolge bringen konnte. Entsprechend weniger wirksam war auch die Durchsetzung von Forderungen in der Unfallverhütung organisiert. In letzter Konsequenz war der Beauftragte Angestellter der Unternehmer, die er kontrollieren sollte. Daß Berufsgenossenschaften ohne öffentlichen Widerspruch Mitglieder im Centralverband Deutscher Industrieller werden konnten, unterstreicht ihren Charakter als Unternehmereinrichtung (Simons 1984).

Außerordentlich nachteilig für die praktische Arbeit mit der novellierten Gewerbeordnung wirkte sich aus, daß die Arbeiter als Betroffene wohl Anspruch auf gesetzliche Erfüllung hatten, daß sie andererseits aber auch in einem Privatvertrag mit ihrem Unternehmen standen. Meldeten sie gesetzeswidriges Verhalten an die Gewerbebehörden, so war dies für den Arbeitgeber ein Entlassungsgrund. Hierauf wiesen die Gewerbebeamten in ihren Berichten immer wieder hin (Jahresberichte 1909, 1, S. 1.372). In solchen Fällen haben dann oft die Gewerkschaftssekretäre

Sprüche vom Geld

«Hast du Geld . . .

. . . so setz dich nieder,
hast du keins, so scher dich wieder» –

diese Inschrift an einem alten westfälischen Wirtshaus sagt kurz und trokken einiges darüber aus, wie jemand angesehen wird, wenn er knapp bei Kasse ist.

Da ist es sicherlich weitaus angenehmer, im Gasthaus und natürlich auch anderswo mit dem beruhigenden Gefühl auftreten zu können, keine finanziellen Probleme zu haben. Dann werden einen die Leute vielleicht mit einem alten, ebenfalls aus Westfalen stammenden Sprichwort konfrontieren: «Geld im Säckel duzet den Wirth!»

beratende Funktionen übernommen. Die Gewerbeaufsichtsbeamten wünschten daher schon zu Beginn des 20. Jahrhunderts eine neutrale Stelle im Betrieb, an die sich Beschäftigte mit ihren Beschwerden wenden sollten. Während ein «Sicherheitsmann» für den Bergbau 1909 auch geschaffen wurde, blieb eine solche Stelle für das Gewerbe bis zum Betriebsverfassungsgesetz von 1922 offen. Doch auch damit war schließlich nur eine Anlaufstelle in der Belegschaft geschaffen. Was fehlte, war eine Verankerung der Arbeitssicherheit in der Unternehmensleitung, eine Forderung, die erst 1973 im Arbeitssicherheitsgesetz erfüllt werden sollte.

Interessenkonflikt: Unternehmer und Arbeiter

Unternehmerinteressen waren für das Vorantreiben der sozialen Gesetzgebung, vor allem der Unfallgesetzgebung, von großer Bedeutung. In den siebziger Jahren waren entscheidende Anregungen von der Schwerindustrie ausgegangen, die seit ihrer Entstehung bestimmte Formen der sozialen Betreuung ihrer Beschäftigten kannte (zum folgenden s. Weber 1986). Ihr Hauptinteresse war später darauf gerichtet, den Betroffenen keine Mitverwaltung an diesen Einrichtungen einzuräumen. Sie wollte damit ebenso wie nach 1905 mit der Gründung unternehmensabhängiger «gelber» Gewerkschaften zugleich auch eine Spaltung der «staatsgefährdenden» sozialdemokratischen Arbeiterbewegung erreichen. Da sich die Ausgestaltung der Unfallversicherungsgesetzgebung, der Krankenkassen und der Invalidenversicherung nicht ganz nach den Wünschen des Centralverbandes Deutscher Industrieller (CVDI) richtete, in dem die Schwerindustrie die entscheidende Rolle spielte, ging der Verband bald ganz auf Distanz. Es war nicht nur der unerquickliche Streit mit den Berufsgenossenschaften darüber, wer denn nun die Industrie im Deutschen Reich am besten repräsentieren würde, es war auch die Abwehr aller Ansprüche, Gewerbekrankheiten mit unter die Unfallversicherung einzureihen. Mit dem Sieg des CVDI über die Berufsgenossenschaften und seiner härteren Gangart in Sachen Gewerbekrankheiten war das Schicksal der Anerkennung der Gewerbekrankheiten als Unfälle bis zur Ersten Verordnung über Berufskrankheiten, 1925, negativ entschieden.

Bei der Berufsgenossenschaft der Chemie hatte sich eine andere Tendenz zumindest angedeutet. Sie wollte mit Hilfe der Krankenkasse eine Ursachenstatistik über die Krankheiten ihrer Beschäftigten aufstellen, zugleich auch prüfen, wie hoch die Mehrbelastung bei der Übernahme der chemischen Gewerbekrankheiten durch die Berufsgenossenschaft wohl werden würde. Sie wollte damit auch den Angriffen von seiten des Reichstags und z. T. der Ministerialbürokratie gegen die chemische Industrie entgegenwirken. Obwohl die 1911 vorgelegten Ergebnisse angeblich keine Belastungen der Gesundheit feststellten, war die chemische Berufsgenossenschaft bereit, gewerbliche Vergiftungen in die Unfallversicherung einzubeziehen und zu entschädigen (Ungewitter 1927).

Die chemische Industrie hatte 1908 in Frankfurt ein Institut für Gewerbehygiene gegründet, das Experimente und physiologische Untersuchungen durchführen sollte. Sie folgte damit einem Rat von Bernhard Lepsius, der 1905 ein solches Institut auf einer Veranstaltung der Zentralstelle für Arbeiterwohlfahrt angeregt hatte.

Mit dieser Bereitschaft stand die Chemie im Gegensatz zu sämtlichen anderen Industriezweigen, wie sich auch auf dem 28. Berufsgenossenschaftstag im Mai 1914 zeigte. Ähnlich wie in der Schwerindustrie der siebziger Jahre des 19. Jahrhunderts war man nun auch hier auf einen Arbeiterstamm angewiesen, den man nur halten konnte, wenn man für die zu erwartenden Krankheiten auch eine entsprechende «Belohnung» bereithalten konnte. Carl Duisberg (1861–1935) als Vertreter der chemischen Großindustrie warnte allerdings in traditioneller Manier:

«Sie werden [mit einer extensiv betriebenen Aufklärung über die Risiken am Arbeitsplatz] eine Flucht der Arbeiter aus der chemischen Industrie in andere Industriezweige hervorrufen, und die große und für Deutschland bedeutungsvolle Industrie, auf die wir alle stolz sind, wird gezwungen sein, ins Ausland zu wandern» (Schneider 1911, S. 69).

Obwohl es die Chemie wegen der vielen akademischen Chemiker in ihren Reihen doch besser wissen mußte, schätzte auch sie eine Aufklärung über die tatsächlichen Risiken am Arbeitsplatz als verhängnisvoll ein (Abb. 49). Konsequenterweise sah sie gerade in der Presse eine «viel größere Giftgefahr» als in den Risiken durch unvollkommene Technik.

Anders als bei der Unfallversicherung, wo die Selbstkontrolle der Mitglieder über die technischen Aufsichtsbeamten für eine Reduktion der Unfallgefahren sorgte, kam es im Bereich der Berufskrankheiten nicht zu einer solchen durch das Interesse der Verursacher bewirkten Reduktion der Schadensfälle.

Trotz zahlreicher Bemühungen von Sozialdemokratie, Zentrum und Gewerkschaften ist es im Kaiserreich nicht mehr zu einer breiten Anerkennung der Gewerbehygiene als einer notwendigen Ergänzung zum Einsatz unvollkommener Technik gekommen. Die Gewerkschaften wurden auf den mühsamen Weg der Aufklärung ihrer Mitglieder verwiesen, weil die Berufsgenossenschaften sich mit Hilfe der Unternehmensverbände erfolgreich verweigerten, andererseits eine starke politische Kraft nach der Entlassung Berlepschs 1896 nicht mehr vorhanden war.

Die Novellierung der Gewerbeordnung 1891 entsprach zwar insofern den Arbeitnehmerinteressen, als es nun zwar einen Rahmen gab, der von den Betrieben auszufüllen war, doch ließ die Wiederherstellung der Gesundheit oder die Entschädigung für erfahrenen Gesundheitsverlust noch

49: Eine sorglose Einstellung vermittelt sich in dem 1938 veröffentlichten Foto, das die Unterschrift trägt: «Bakterienbrutschränke! Eine sorgsam unter Glas verschlossene Probe gefährlicher Bakterien wird dem Schrank entnommen.» Der Beschäftigte hält es mit seinen bloßen Händen!

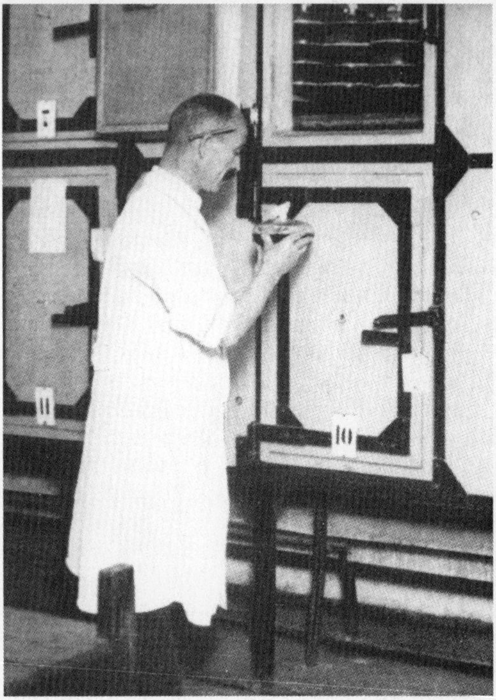

viele Bereiche offen. Auf die bedenklichen Entwicklungen, die sich aus der Nichtanerkennung der Gewerbekrankheiten als Betriebsunfall ergaben, hatten die Vertreter der Arbeiterschaft früh hingewiesen. Dagegen hat das Bürgertum, das in den Jahren 1890–1910 mit einer hohen Arbeitslosen- bzw. Unterbeschäftigungsquote unter den Akademikern leben mußte, einen intensiven Widerstand gegen das «Rentendenken» der Arbeiterschaft mobilisiert.

Aus heutiger Sicht läßt sich nur staunen über die Verzögerung, mit der gewerbliche Krankheitsrisiken als vermeidbar anerkannt worden sind. Da die Gefährdung längst bekannt war, ging es in Politik und Gesellschaft des Kaiserreiches schließlich darum, wer die Kosten dafür aufbringen sollte. Hier hatte sich die politische Grundkonstellation seit den sechziger Jahren immer noch nicht verändert. Der eigentlich naheliegende Gedanke, die Gewerbekrankheiten ähnlich den Unfällen zu einem Kostenfaktor für den Betrieb zu machen und damit ein starkes Interesse der Arbeitgeber zu wecken, diese Belastung so gering wie möglich zu halten, hat sich in der Zeit bis zum Ersten Weltkrieg jedoch nicht durchsetzen können und ist erst 1925 mit der Ersten Verordnung über Berufskrankheiten in praktische Politik umgesetzt worden.

Die Sozialdemokraten hatten bereits 1869 bei der Beratung der Gewerbeordnung Maßnahmen gegen unhygienische Arbeitsbedingungen verlangt. Ihre zahlreichen Forderungen während der siebziger Jahre zur Regelung zumindest der Unfallfrage führte August Bebel (1840–1913) in der Diskussion des Unfallgesetzes von 1884 auch zu der lakonischen Feststellung, daß dieses Gesetz nur wegen der Initiativen der Sozialdemokraten zustande gekommen sei. Dem «Neuen Kurs» der Reichsregierung 1890 schob die Sozialdemokratie in ihrem Erfurter Programm von 1891 die Forderung nach einer durchgreifenden gewerblichen Hygiene und der Überwachung aller gewerblichen Betriebe durch ein Reichsarbeitsamt nach. Wegen der notorischen Untätigkeit der Reichsregierung auf diesem Gebiet in den Jahren, die auf die Ablösung von Berlepschs in der Ära Stumm folgten, mußte sie diese Forderungen ständig wiederholen, so auf ihrem Leipziger Parteitag 1909. Auch in der Zusammenfassung der verschiedenen Gesetze und Novellen der Reichsversicherungsordnung (RVO) von 1911 konnte die SPD nicht die Aufnahme von Berufskrankheiten unter die Kategorie der Betriebsunfälle erreichen. Die Regierungsvertreter schoben wie die Unternehmer in dieser Frage Abgrenzungsprobleme vor, da der Unfall als ein plötzliches Ereignis definiert war, die Ursachen der Krankheit aber nicht mit Sicherheit ausschließlich auf die Tätigkeit am Arbeitsplatz zurückgeführt werden könnten. Schließlich mußte sich die organisierte Arbeiterschaft mit dem Kompromiß des § 547 der 1911 verabschiedeten Reichsversicherungsordnung (RVO) zufriedengeben:

> «Durch Beschluß des Bundesrates kann die Unfallversicherung auf bestimmte gewerbliche Berufskrankheiten ausgedehnt werden. Der Bundesrat ist ermächtigt, für die Ausführung besondere Vorschriften zu erlassen.»

Unter dem starken Druck von seiten der Arbeitgeber dachte die Regierung nicht einmal während des Krieges daran, für ganz eindeutige Gewerbekrankheiten von dieser Ermächtigung Gebrauch zu machen. Die Verdrängung dieser von allen Zeitgenossen wahrgenommenen Risiken ging sogar so weit, daß sich auch der Reichstag einem Antrag der SPD versagte, über die Gefahren in der chemischen Industrie eine Statistik aufstellen zu lassen, die vor allem die gefährlichen Verfahren und die Länge der Arbeitszeit registrieren sollte. Bereits 1911 waren die Bemühungen gescheitert, das Reichsgesundheitsamt eine solche Statistik erstellen zu lassen (Müller 1984, S. 50ff).

Im Mai 1908 war es zu einer ersten Konferenz der in der chemischen Industrie beschäftigten Arbeiter in Frankfurt gekommen, wo Fragen der Gewerbehygiene verhandelt wurden. Neben einer strengen Einhaltung aller einschlägigen Bestimmungen verlangte der Fabrikarbeiterverband eine Erweiterung der Befugnisse der Gewerbeinspektoren, aber auch zusätzliche Aufsichtsbeamte, etwa Ärzte, die durch Hilfsaufsichtsbeamte, an deren Bestellung der Fabrikarbeiterverband beteiligt sein wollte, unterstützt werden sollten. Eine wesentliche Verbesserung des Gesundheitsschutzes bestand nach Ansicht des Verbandes darin, die Dauer der Einwirkung auf den Arbeiter zu verkürzen, d. h. einen Arbeitstag von maximal acht Stunden einzuführen, weil nur so die Aufmerksamkeit der Arbeiter konzentriert und die Einwirkungsintensität der giftigen Stoffe hätte in Grenzen gehalten werden können (Schneider 1911). Eine von Theodor Sommerfeld und Richard Fischer 1913 vorgelegte Liste zum Verwendungsverbot bestimmter Gifte lehnte der Verband 1913 ebenso ab wie einen internationalen Vorschlag im Jahr 1924 mit ähnlichem Inhalt (Weber 1986, S. 148).

Die Verhältnisse verschlechterten sich noch, als während des Ersten Weltkrieges die Arbeiterschutzvorschriften zum größten Teil außer Kraft gesetzt wurden. Arbeitszeitschutz und Arbeitsschutz für Frauen fielen weitgehend fort. 1917 arbeiteten allein über 40000 Frauen im Bergbau unter Tage. Als viele Vergiftungsfälle in der Kriegsproduktion bekannt wurden, drängte die Generalkommission der Gewerkschaften die Reichsregierung zu einem Erlaß vom 12. 10. 1917, für Beschäftigte in diesem speziellen Zweig Sterbegeld und Hinterbliebenenrente bei Todesfällen, nicht aber bei Invalidität zu gewähren. Dieser Erlaß gründete nicht auf dem § 547 der RVO, wie es das Zentrum verlangte, sondern auf dem Ermächtigungsgesetz vom 4. 8. 1914. Dieses taktische Vorgehen sollte einen Präzedenzfall für zukünftige Entwicklungen verhindern.

III. Arbeitssicherheit in der Weimarer Republik: Arbeit zwischen Gesundheits- und Maschinenschutz

Arbeitsschutz als Verfassungsgebot und industrielle Entwicklung

Der Erste Weltkrieg hob die Wünsche der verschiedenen Interessengruppen in doppeltem Sinne «auf»: Einmal konnten sich die mit der Kriegsführung betrauten Dienststellen und Ämter ausschließlich auf diejenigen Interessen konzentrieren, die sie für richtig hielten, ohne dabei öffentliche Kritik befürchten zu müssen; ganz unmittelbare Kriegsnotwendigkeiten wie Rohstoffbezüge, Finanzierungsprobleme usw. hatten nun eindeutig Vorrang. Der Gedanke an Unfallsicherheit und technische Sicherheit hatte sich bisher nicht fest etabliert, noch konnte er angesichts der Opfer im Krieg Geltung beanspruchen. Zum anderen konnten Wunschvorstellungen bis zum Ende des Krieges warten, um erst dann aufgegriffen zu werden (zum Folgenden s. Weber 1986, S. 120ff).

Als im November 1918 die Monarchie zusammenbrach, begannen für die Arbeitswelt nicht sämtliche administrativen und legislativen Vorgänge bei Null, denn die Verhandlungspartner konnten an Entwicklungen der Vor- und der Kriegszeit, hier z. B. das Hilfsdienstgesetz von 1916, anknüpfen (Tab. 5). Diese Kontinuität war in den dramatischen Wochen bei Kriegsende noch nicht gesichert; zu sehr hatten sich die etablierten Kräfte der Monarchie mit aller Gewalt gegen die politische Emanzipation der Arbeiterschaft gestemmt, um nun noch als vertrauenswürdige Gesprächspartner bei den Arbeiter- und Soldatenräten akzeptiert zu werden.

Erst die veränderte Haltung führender Repräsentanten einflußreicher wirtschaftlicher Interessenverbände ermöglichte die Anerkennung der Gewerkschaften als Gesprächspartner – im Stinnes-Legien-Abkommen vom 15. November 1918 – und erlaubte es der Reichsregierung, die aus dem Krieg zurückkehrenden Soldaten wieder in geordnete Arbeitsverhältnisse einzugliedern (Feldman 1985). Auf seiten der Industrieverbände verhandelten der Centralverband Deutscher Industrieller (CVDI), die Nordwestliche Gruppe der Eisen- und Stahlindustriellen unter maßgeblicher Leitung von Hugo Stinnes (1870–1924), aber auch Vertreter der Elektroindustrie und der chemischen Industrie. Ihre Ver-

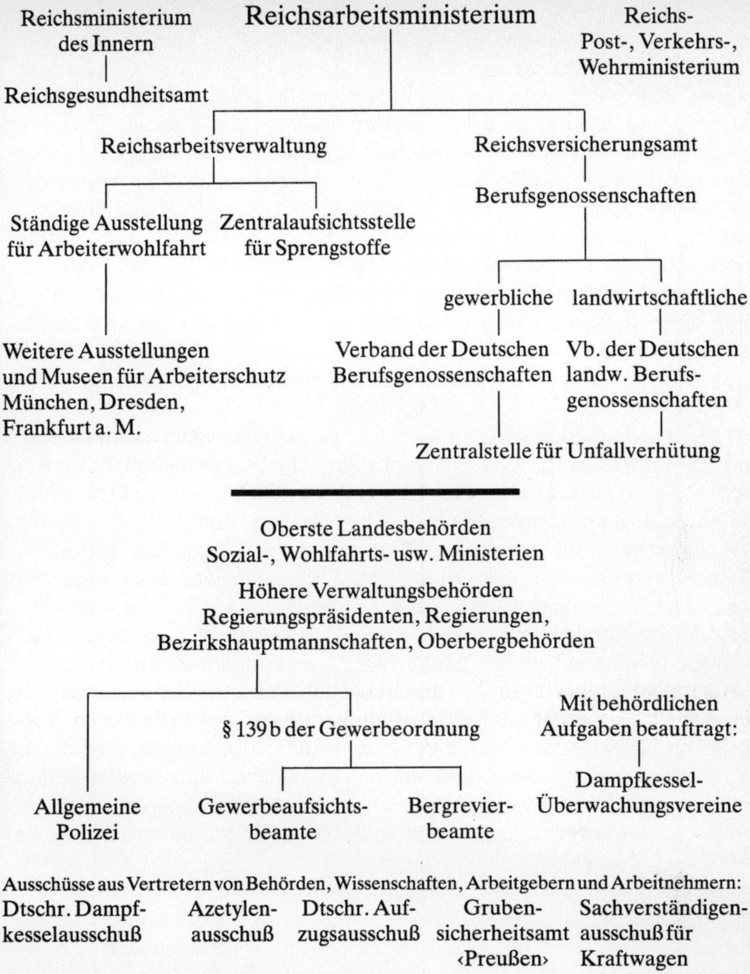

Tab 5: Übersicht über die mit Unfallverhütung und Gewerbehygiene befaßten Stellen von 1926.

Außer den dargestellten Behörden und Institutionen waren folgende wissenschaftliche, berufliche und industrielle Vereinigungen an der Ausgestaltung des Arbeiterschutzes beteiligt: Bund sozialtechnischer Vereine (Gewerbebeaufsichtsbeamte, Revisionsingenieure, Dampfkesselingenieure), verschiedene Ausschüsse des Vereins Deutscher Ingenieure, Arbeitsgemeinschaft für Unfallverhütung (aus Vorgenannten unter Beteiligung der Spitzengewerkschaften und des Vereins Deutscher Maschinenbauanstalten bestehend), Verein Deutscher Elektrotechniker, Deutsche Gesellschaft für Gewerbehygiene, Deutsche Beleuchtungstechnische Gesellschaft usw.

handlungsbereitschaft wurde wesentlich durch die drohende Sozialisierung beeinflußt.

Im Oktober 1917 war die Sozialpolitik aus dem Reichsamt des Inneren ausgegliedert und dem neugebildeten Reichswirtschaftsamt überstellt worden, womit kriegswirtschaftliche Maßnahmen erheblich freier gefördert werden konnten. Die Regierung des Reichskanzlers Max von Baden ab 3.10.1918 gab dem Drängen der SPD und der Gewerkschaften endlich nach und gründete noch im Oktober das Reichsarbeitsamt unter Leitung eines führenden Gewerkschaftlers, Gustav Bauer (1870–1944). Auf dieses neue Reichsamt richteten sich bei Kriegsende alle Hoffnungen auf eine schnelle Beruhigung der Arbeiterschaft. Doch das neue Reichsamt war mit den Aufgaben der Einrichtung, der Behebung dringendster Alltagsprobleme und zusätzlich einer langfristigen Entwicklungsplanung überfordert.

Da sich Sozialdemokraten und Gewerkschaften dem Aufbau eines neuen Staates auf der Grundlage bestehender Ordnungen nicht verweigern wollten, griffen sie nicht auf der Seite der Revolutionäre in die politischen Auseinandersetzungen ein. Sie verbanden damit die Erwartung, von ihren sozialreformerischen Programmen einen großen Teil in der neuen Republik realisieren zu können. Die ersten Vereinbarungen zwischen der Unternehmerseite und der Arbeitnehmerseite, die unter Vermittlung des Demobilmachungsamtes zustande kamen, ließen auch Hoffnungen auf einen erfolgreichen Verlauf dieser Politik aufkommen: Die im Stinnes-Legien-Abkommen beschlossene Zentralarbeitsgemeinschaft (ZAG) führte im November 1918 Unternehmer und Arbeiter in ihren Spitzenverbänden zusammen (Feldman 1985). Sie dokumentierte die Anerkennung der Arbeitervertreter als gleichberechtigte Verhandlungspartner, legte den 8-Stunden-Tag fest, verbot die «gelben» unternehmerabhängigen Gewerkschaften und sollte längerfristig als entscheidungsbefugtes Gremium auch bei Streitigkeiten über Lohn- und Arbeitsbedingungen eingreifen können. Diese kooperative Form der Gestaltung der innenpolitischen, vor allem der Arbeits- und Wirtschaftsverhältnisse sollte dem Rat der Volksbeauftragten und ihren sozialistischen Enteignungsplänen entgegenwirken – und tat es auch.

Die Verfassung der Weimarer Republik hatte in Artikel 157 die Arbeitskraft unter den besonderen Schutz des Reiches gestellt; Artikel 161 schützte Gesundheit und Arbeitsfähigkeit mit dem ausdrücklichen Zusatz, daß ein Versicherungswesen entstehen sollte, welches den Versicherten maßgebende Mitwirkungsrechte bot. Vorübergehend diskutierte Vorstellungen einer Einheitsversicherung bedrohten die Existenz der Berufsgenossenschaften. Mitwirken sollten die von der Arbeitswelt Betroffenen aber nicht nur bei der Beseitigung oder Milderung der Schäden. Sie sollten endlich auch Einfluß auf die Gestaltung der Lohn- und

Arbeitsbedingungen haben. Zu diesem Ziel sollte sich nach Artikel 165 der Reichsarbeiterrat mit anderen Interessengruppen zu einem Reichs-(Volks-)wirtschaftsrat zusammenfinden, dessen nachgeordnete Ebene in Bezirkswirtschaftsräten organisiert war. Wirtschaftlich und sozial wichtige Gesetzesentwürfe sollten hier vor der parlamentarischen Behandlung geklärt und entschärft werden. Außerdem erhielt der Reichswirtschaftsrat auch eine Antragskompetenz.

Um diese schwierigen Gesetzgebungsprozesse in Gang setzen zu können, wurde am 19.4.1920 ein Vorläufiger Reichswirtschaftsrat eingerichtet, der aus Vertretern der Land- und Forstwirtschaft, der Industrie, des Handels, der Banken und Versicherungsgesellschaften jeweils paritätisch aus Arbeitgebern und Arbeitnehmern gebildet wurde. Der Reichsrat ernannte zwölf weitere Persönlichkeiten des regionalen Wirtschaftslebens und die Reichsregierung weitere aus der Wissenschaft. Praktisch führte der Reichswirtschaftsrat viele Aufgaben weiter, die sich eigentlich die Zentralarbeitsgemeinschaft vorgenommen hatte.

Doch nicht nur auf der Ebene der Gesetzgebung sollten die Interessen der Arbeiter stärker zur Geltung gebracht werden können. Unmittelbar vor Ort, in den Betrieben, erhielten sie durch das Betriebsrätegesetz vom 4. Februar 1920 die Aufgabe übertragen,

> «... auf die Bekämpfung der Unfall- und Gesundheitsgefahren im Betriebe zu achten, die Gewerbeaufsichtsbeamten und die sonstigen in Betracht kommenden Stellen bei dieser Bekämpfung durch Anregungen, Beratung und Auskunft zu unterstützen, sowie auf die Durchführung der gewerbepolizeilichen Bestimmungen und der Unfallverhütungsvorschriften hinzuwirken» (§ 66 Abs. 8).

Damit waren die neuen Orientierungs- und Rahmendaten gesetzt, an denen sich Wirtschaft und Gesellschaft bei der Gestaltung des Arbeitslebens orientieren sollten. Doch wurde eine fruchtbare Ausgestaltung letztlich verhindert. Ursache waren die aktuellen politischen Auseinandersetzungen um territoriale und ökonomische Integrität und Selbstbestimmung, der wirtschaftliche Zusammenbruch in der Inflation und die wieder stärker in den Vordergrund geschobenen Herr-im-Haus-Gesichtspunkte der Industriellen. Nicht zuletzt war es der Gewerkschaft kaum möglich, den großen personellen Bedarf, der sich aus dem Betriebsrätegesetz ergab, mit qualifizierten gewerkschaftlichen Mitarbeitern zu dekken.

Erst als sich die wirtschaftlichen Verhältnisse konsolidiert hatten und sich auch in dem Ergebnis der Reichstagswahl im Herbst 1924 niederschlugen, ergaben sich Anhaltspunkte für weitere gesetzliche Verbesserungen im Bereich der technischen und der Arbeitssicherheit (Tab. 6). Diese wurden auch notwendig, weil mit der Stabilisierung im Produktionsbereich erhebliche Investitionen für Rationalisierungsmaßnahmen einhergingen, die von den Beschäftigten neue Qualifikationen und An-

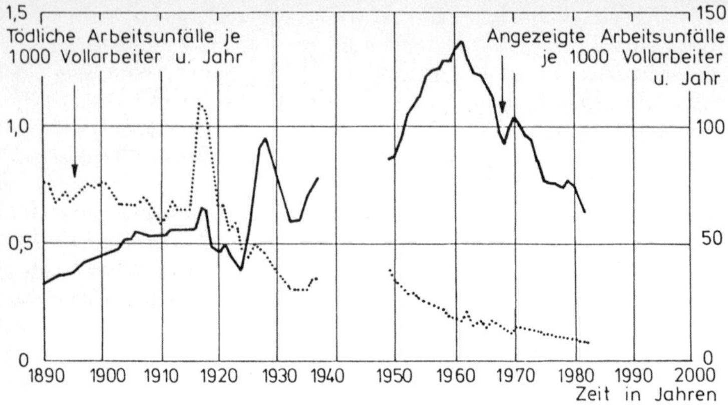

Tab. 6: Wie berechtigt die Forderungen der Arbeitnehmer nach stärkerer Beachtung von Arbeitsschutzvorrichtungen nach dem Ersten Weltkrieg waren, zeigt diese Langzeitübersicht über die Entwicklung der Unfallhäufigkeit in der gewerblichen deutschen Industrie. Die Jahre für den Zweiten Weltkrieg würden ähnlich hohe Zahlen aufweisen, wenn man sie noch ermitteln könnte.

passungen verlangten und die gleichzeitig auch neuartige Auswirkungen auf die Gesundheit am Arbeitsplatz mit sich brachten. Je stärker die einzelnen Fertigungsschienen, die mechanische, die chemische, die handwerkliche etc. ineinandergriffen, um so schwieriger mußte es werden, gesundheitlichen Folgen ganz konkret bestimmte Verursachungen zuzuweisen.

Deutschland hat nach 1924 seine bereits vor dem Ersten Weltkrieg begonnenen Bemühungen zur Rationalisierung stark am amerikanischen Vorbild orientiert und mit amerikanischem Kapital durchgeführt. Hinter dem Schlagwort Rationalisierung verbargen sich eine Reihe von Bemühungen, die Produktionskosten zu senken und die Tätigkeiten der Arbeiter/innen enger an das maschinelle System der Fabrik zu binden. Ermüdungsforschung und Bewegungsstudien unter Zuhilfenahme der Fotografie (Frederick Winslow Taylor, Frank B. Gilbreth), Lohnanreize (Frank Bunker, G. Ford) und Arbeitszeitverkürzung bei gleichzeitiger Arbeitsintensivierung sowie Psychotechnik (Henry Friedrich Münzinger, Georg Schlesinger) führten auch zu dem günstigen Nebeneffekt nachlassender schwerer körperlicher Arbeit. Diese war angesichts der neuartigen Transportmöglichkeiten mittels elektrischen Antriebs auch denkbar unproduktiv geworden (Abb. 50). Den erfreulichen Konsequenzen der Rationalisierungsbewegung bei den traditionellen Unfällen folgten freilich neue Belastungen auf psychischem und arbeitszeitrhythmischem Gebiet. Diese Entwicklung hält, mit weitaus verfeinerten Steuerungsmethoden, bis heute an.

Die Intensität der Produktion wurde dabei von der Weiterentwicklung neuer Arbeitsstoffe und Herstellungsverfahren unterstützt: Neue chemische Werkstoffe für die Metall-, Holz- und Lederindustrie wurden in Verbindung mit neuen Techniken, etwa dem Lackspritzverfahren (Abb. 51), eingesetzt, und Preßluftwerkzeuge und Sandstrahlgebläse wurden eingeführt. Preßluft als Antriebsmittel für Maschinen oder Handwerkszeuge oder zum Zerstäuben von Farben hatte sich bei der Bearbeitung von härteren Stählen im Bergbau seit Beginn des Jahrhunderts, aber auch bei Straßen- oder Steinbrucharbeiten, schnell durchgesetzt. Die Geräte waren auf ihre Verträglichkeit mit dem menschlichen Organismus hin nicht überprüft worden, so daß die verheerenden Folgen für Knochen, Gelenke, Muskeln, Nerven- und Blutgefäße vorerst unberücksichtigt blieben. Die zahlreichen gesundheitlichen Auswirkungen dieser neuen Methoden sind – ebenso wie die Auswirkungen der Elektrizität auf den menschlichen Körper – von der Ärzteschaft nur zögernd zur Kenntnis genommen worden.

Die Rationalisierungseffekte im Bereich der Verwaltung konnten vor allem durch Mechanisierung der Büroarbeit und durch Umstellung von teurer männlicher auf billigere weibliche Arbeitskraft bewirkt werden. Für das Studium gesundheitlicher Risiken am Büroarbeitsplatz waren die Frauen wegen ihrer gesellschaftlich definierten Aufgabe der Kindererziehung und der damit verbundenen hohen Fluktuation allerdings ein ungeeignetes «Objekt».

50: Stapeln von Autorahmen mit Hilfe eines Krans in Milwaukee/USA, um 1930. Wo weniger Arbeiter/innen beschäftigt sind, muß die Zahl der Unfälle sinken.

51: Die neuen Technologien verlangten gleichzeitig nach neuen passiven Schutzmaßnahmen. Bei dem hier demonstrierten Einsatz einer Gasmaske zum Schutz gegen die Lösungsmitteldämpfe bleibt die Haut aber gleichzeitig ungeschützt.

52: Montage von Stromzählern in der Fließfertigung, um 1925. Die Arbeiterinnen erhalten den Nachschub von Einzelteilen auf beweglichen Wagen.

53: Tafel aus dem Deutschen Hygienemuseum Dresden, 1937. Die vorherrschende Praxis, Frauen als Konjunkturpuffer am Arbeitsplatz einzusetzen und sie konsequenterweise in der Weltwirtschaftskrise nach 1929 wieder herauszunehmen, wurde mit dem nationalsozialistischen Schlagwort des erbgesunden Nachwuchses fortgesetzt. Noch 1937 konnte sich die NS-Wirtschaft einen Demotivationsappell gegen Frauen im Beruf leisten.

Mit der zunehmenden Technisierung innerbetrieblicher Produktionsabläufe konnte ein großer Anteil von Frauen an Montagebändern Arbeit finden (Abb. 52). Neue Arbeitsplätze entstanden für sie mit der wachsenden Arbeitsteilung und den damit verbundenen Planungs- und Schreibarbeiten in den Büros. Etwa ⅓ aller Erwerbspersonen waren Mitte der zwanziger Jahre Frauen, deren Löhne im statistischen Durchschnitt bei 45–55% der Männerlöhne lagen (Bajohr 1979, S. 34). Frauen erwiesen sich als besonders geeignet, disziplinierte Bewegungsabläufe durchzuführen und Streßmomente zu überstehen – besser als

Männer. Dieses hatte die Psychotechnik bald herausgefunden, die in ihrer Konzentration auf das Neue die traditionellen Gefährdungen nur begrenzt bemerkte.

Frauen wurden eher als Männer von dem neuen Arbeitsrisiko betroffen, das heute die bei weitem größte Belastung für die Beschäftigten darstellt – dem Streß (Bajohr 1979; Strasser 1927). Die Unwägbarkeiten psychischer Störungen liegen auf der Hand, und auch die naheliegende Schlußfolgerung, daß durch Rückgang der statistisch erfaßten Krankheiten oder Unfälle die Belastungen durch Arbeit rückläufig seien, muß angesichts der völlig neuartigen Belastung mit Vorsicht bewertet werden (Abb. 53). Das Internationale Arbeitsamt in Genf berichtete schon 1927:

«Die ganze Unfallursachenstatistik steckt noch in den Anfängen. Bei ihrer Entwicklung wird man vor allem danach streben müssen, die technischen und psychischen Unfallursachen in gleicher Vollständigkeit zu erfassen und man wird schon aus diesem Grunde von dem Bemühen, jedem Unfall nur eine Ursache zuzuweisen, abkommen und Mittel und Wege suchen, um die an dem Zustandekommen der meisten Unfälle beteiligten verschiedenen Ursachen zu registrieren.»

Der gleiche Bericht erwähnt auch die Nähe von Rationalisierung und Arbeitsschutz:

«Wenn die Unfallverhütung dabei formal meist einen besonderen Platz neben der Rationalisierung behauptet, so liegt das in erster Linie daran, daß sie nicht nur eine betriebswirtschaftliche, sondern vor allem eine sozialethische Aufgabe ist, zu deren Lösung die Arbeitgeber gesetzlich verpflichtet sind. Zeitlich betrachtet stellt sich das psychologische Unfallverhütungswerk mitunter auch als Vorläufer der Rationalisierungsarbeit dar, so insbesondere durch die Ausbildung der Methoden, mit denen um die aktive Mitwirkung der Arbeiter bei dem Streben nach einem möglichst hohen Stand der Betriebssicherheit geworben wird» (Bach 1928).

Trotz der zunehmenden Wahrnehmung dieser Gefahrenmomente kann der Historiker dennoch für die Jahre der Weimarer Republik keine Anzeichen einer Technikskepsis feststellen, die über den Kreis konservativer Kulturkritiker hinausgegangen wäre (Sieferle 1984; Hoffacker 1987). Zu sehr fanden die Eroberungen der Straße durch das Auto und der Luft durch das Flugzeug, bei gleichzeitiger Öffnung des Marktes für langfristige Gebrauchsgüter (Fahrräder, Möbel, Radio, Kühlschrank, Auto), die ungeteilte Anerkennung von Arbeiterschaft und Bürgertum.

Zwei Aufgaben: Arbeiterschutz und Maschinenschutz

Mit der Anerkennung der Arbeit als einem Grundrecht in der Weimarer Verfassung erhielten alle rechtlichen Bestimmungen im Bereich der Arbeitssicherheit eine völlig neue Grundlage. Da Handel und Gewerbe aber schon über ein breites Instrumentarium rechtlichen Selbstverständnisses verfügten (Handelsgesetzbuch, Gewerbeordnung), mußte eine systematische Verankerung von Arbeitsfragen in einem Arbeitsgesetzbuch auf großen Widerstand stoßen.

Als im Oktober 1918 das Reichsarbeitsamt, Vorläufer des späteren Reichsarbeitsministeriums, geschaffen wurde, war der erste Schritt zur Vereinheitlichung getan. Der Reichsjustizminister Otto Landsberg kündigte dann im März 1919 dem Reichstag die Schaffung eines einheitlichen Arbeitsrechts an.

Bereits am 2. Mai 1919 fand im Reichsarbeitsministerium die erste Sitzung des zuständigen Ausschusses statt, auf der Reichsarbeitsminister Gustav Bauer Ausführungen über die grundsätzliche Richtung dieser Gesetzessammlung machte: Sie sollte arbeitsrechtliche Bestimmungen enthalten, auch Regelungen des Tarifrechts, des Koalitionsrechts und der Berufsvereine. Das Reich hatte in der Weimarer Verfassung die Kompetenz über das Arbeitsrecht und die Pflicht zu seiner Vereinheitlichung erhalten. War schon der Versuch, die Kodifikation des Arbeitsrechts mit den neu zu schaffenden Rechten der Arbeitnehmer zu verbinden, angesichts der schwankenden Mehrheitsverhältnisse im Reichstag sehr mutig, so scheiterte er doch endgültig mit dem Ausscheiden der Sozialdemokraten aus der Regierungsverantwortung im November 1923.

Das Betriebsrätegesetz (1920), die Schlichtungsverordnung (1923), das Arbeitsgerichtsgesetz (1926), der Mutterschutz (1927), das Arbeitsnachweisgesetz sowie die Arbeitslosenversicherung als Körperschaft des Öffentlichen Rechts (1927) sind aus diesem Gesetzbuch der Arbeit immerhin parlamentarisch verabschiedet worden. Die anderen Teilgesetze wie das Arbeitsvertrags-, das Bergarbeits-, das Berufsausbildungs-, das Tarifvertrags- und das Arbeitsschutzgesetz blieben im parlamentarischen und außerparlamentarischen Kampf auf der Strecke.

Der Unterausschuß Arbeitsschutz im Reichsarbeitsministerium war in der schwierigen Lage, die international verbindlichen Verpflichtungen der deutschen Regierung und die Verordnungen des Demobilmachungsamtes vom 23.11.1918 und vom 18.3.1919 über die Arbeitszeit von Arbeitern und Angestellten in seine Überlegungen einbeziehen zu müssen. Die Inflation und die damit verbundene wirtschaftliche und gesellschaftliche Destabilisierung veränderten die Einstellung zum Achtstundentag. Die Ansätze des Arbeitsministeriums wurden schnell von der Wirklichkeit eingeholt, als den Bedürfnissen der Wirtschaft erneut die Vorrangstellung zuerkannt wurde: Die Arbeitszeitverordnung vom 21. Dezember 1923 hob ein Kernstück des Arbeitsschutzes, die achtstündige tägliche Arbeitszeit, auf, und das Interesse sowohl von Arbeitnehmer- wie von Arbeitgeberseite an einer weiterführenden Ausformulierung der Schutzbestimmungen flaute erheblich ab. Zugleich zerbrach die Zentrale Arbeitsgemeinschaft der Arbeitgeber und Arbeitnehmer, in der seit November 1918 Gespräche über viele sozialpolitische Gesetzesvorlagen vorab stattgefunden hatten. Diese beratenden Aufgaben fielen nun an den Vorläufigen Reichswirtschaftsrat. In ihm saßen sich drei «Stände» gegenüber: Arbeitgeber, Arbeitnehmer und die unabhängigen Sachverständigen. Diese Lösung mußte vor allem den Ingenieurverbänden sehr gefallen, weil sie damit nicht nur anerkannt, sondern auch in die Rolle des vermeintlich neutralen Sachverständigen gerückt waren.

Im Januar 1924, nur wenige Wochen nach dem Ausscheiden der SPD aus der Regierung und nach Beendigung der Inflation, einige Tage nach dem Erlaß der Arbeitszeitverordnung, teilte denn auch der Reichsfinanzminister dem Arbeitsrechtsausschuß mit, daß er für die weitere Arbeit keine Mittel mehr zur Verfügung stellen könne.

Ein effektiver Maschinenschutz war seit Beginn des Fabrikwesens eine entscheidende Forderung der Interessenvertreter der Arbeiter gewesen. Der Verwirklichung dieser Forderung stand eine Reihe von Tendenzen entgegen: die gesellschaftliche Überlegenheit der Unternehmer; die rasant steigende Vielfältigkeit der Maschinen; das Desinteresse der Konstrukteure, deren traditionelles, vom Handwerk geprägtes Selbstverständnis sie davon ausgehen ließ, daß ein Arbeiter (Handwerker) seine Maschine eben zu kennen habe; die Ohnmacht der Gewerkschaften.

Da während des Ersten Weltkrieges die Arbeiterschutzbestimmungen aufgehoben waren, viele Arbeiter auf ihren Arbeitsplätzen durch Frauen, Gefangene und Ausländer ersetzt worden waren und zudem Arbeitshetze in der Heimat angesichts der Soldaten im Feld «vertretbar» wurde, hatte sich die Zahl der Unfälle erheblich erhöht. Selbst nach Wiedereinsetzung der Schutzbestimmungen am 12. November 1918 mußten für das Jahr 1919 noch über 10000 tödliche Unfälle und 35000 mit zeitweiliger oder dauernder Erwerbsunfähigkeit entschädigt werden (Abb. 54). Insgesamt wurden 575000 Unfälle im Jahr 1919 gemeldet. Diese hohen Unfallzahlen mußten eine Regierung, die unter dem neuen Grundrecht des Schutzes der Arbeitskraft angetreten war, zum Handeln zwingen, und selbst die Wirtschaft erkannte durch die Entschädigungssummen die Notwendigkeit zur Abhilfe an.

Als mit dem Ende des Krieges deutlich wurde, daß sich die Republik um diese Aspekte des Arbeitsschutzes stärker kümmern würde, schlossen sich die Gewerbebeamten 1919 zum Verein Deutscher Gewerbeaufsichtsbeamter zusammen, der am 6. Februar 1919 mit einer Denkschrift an die Öffentlichkeit trat, in der er die Ausweitung und Zuweisung von Aufgaben aus dem Bereich des Maschinenschutzes an die staatliche Gewerbeaufsicht forderte. Damit entfernte er sich schlagartig vom Verein Deutscher Revisionsingenieure, der den Berufsgenossenschaften nahestand. Zugleich wehrte der Verband den Anspruch auf Beteiligung der Ärzte an der Gewerbeaufsicht ab.

54: Die gesetzliche Verankerung konstruktiver Schutzvorrichtungen blieb ein Dauerthema in der politischen Diskussion um den Arbeitsschutz während der gesamten Zeit der Weimarer Republik. Das Maschinenschutzgesetz von 1928 sollte endlich die Aufstellung solcher gefährlichen Maschinen verhindern.

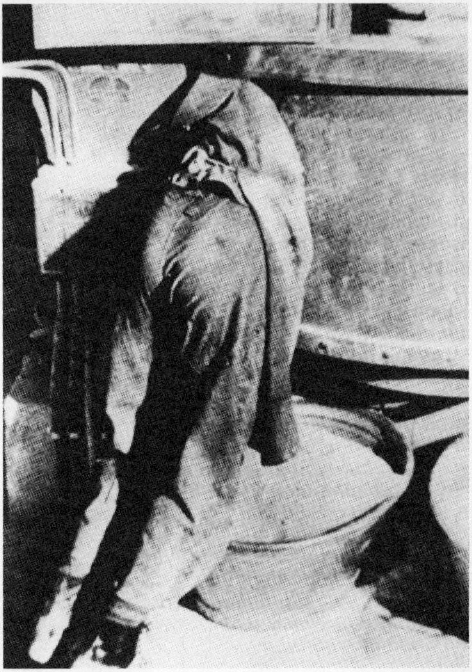

Die Gewerkschaften hatten schon 1899 die Verreichlichung der Gewerbeaufsicht und eine Abstellung der Ländereifersüchteleien verlangt, weil diese auf Kosten der Gesundheit der Arbeiter gingen. Diese Forderung wiederholten sie in ihrem sozialpolitischen Programm 1918 noch einmal. Als die Regierung im Herbst 1920 anläßlich eines Gesetzesentwurfs für Betriebe und Anlagen von Holzbearbeitungsmaschinen der Öffentlichkeit mitteilte, daß sie eine Verreichlichung der Gewerbeaufsicht plane, hatte sie für ihr Vorhaben gute Gründe.

Die Berufsgenossenschaften hatten sich relativ spät und unkoordiniert um Fragen der aktiven Unfallsicherheit gekümmert. Anders als bei den Kraftmaschinen war der gesamte technische Sicherheitsschutz bei den Arbeitsmaschinen, nicht ingenieurwissenschaftlich-technisch – also von der Konstruktion und der Ergonomie ausgehend –, sondern branchentechnisch – also den betrieblichen Zielen beim Einsatz der Maschinen entsprechend – aufgebaut. Da eher auf die Organisation des technischen Apparates als auf die Durchkonstruktion der Maschine Wert gelegt wurde, kam es auch erst relativ spät, 1912, zu Normal-Unfallverhütungsvorschriften, deren Überarbeitung erst am 1. April 1934 (!) in Kraft trat (Abb. 55a, b). Diese wurden jedoch wiederum von den Berufsgenossenschaften unterschiedlich ausgelegt, so daß sie nicht als Vorschriften für die Maschinenbaubetriebe zu benutzen waren. Die Einbeziehung schutztechnischer Einrichtungen ließ auch nach 1918 auf sich warten.

Das politisch wichtigste Argument blieb jedoch, daß die Berufsgenossenschaften sich als Selbstverwaltungskörperschaften der Industrie verstanden und jegliche Mitbestimmung oder -beteiligung der Arbeiterschaft, auch in Maschinenschutzfragen, ablehnten, während die Weimarer Verfassung in Artikel 161 die maßgebende Beteiligung der Versicherten vorsah. Wie stark dieses Autonomiebedürfnis war, zeigte sich auch in der entschlossenen Reaktion der Berufsgenossenschaften bei Bekanntwerden der Regierungspläne 1920.

Schon im Herbst 1919 hatten die Revisionsingenieure gegen die umfassende staatliche Gewerbeinspektion Stellung bezogen, und nun gründeten sie auf ihrem Berufsgenossenschaftstag, 17./18. September 1920, die Zentralstelle für Unfallverhütung mit der ausdrücklichen Aufgabe, die verstreuten Unfallverhütungsvorschriften einheitlich zu regeln und den Maschinenbauern bekannt zu machen. Auf diese Weise stellten sich die

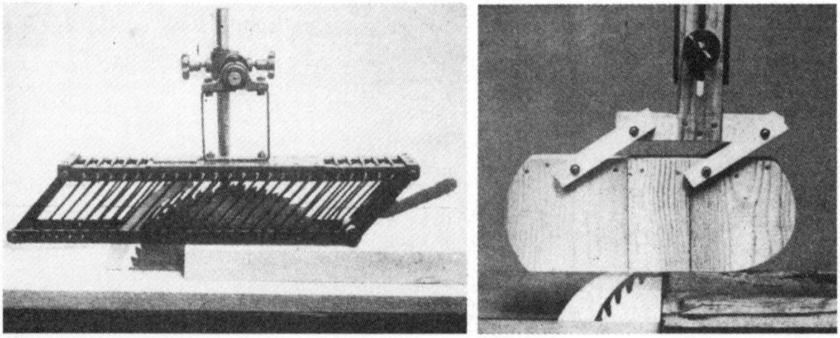

a) b)

55a, b: Selbsttätige Kreissägenschutzhauben, (a) ein gewerblich angebotenes Modell, (b) Modellvorschlag zum Selbstbau, um 1910. Die Sozial- und Arbeitermuseen der Kaiserzeit zählten die Informationsvermittlung und Weiterbildung zu ihren Aufgaben: «Mit der gegenwärtigen 14. Ausgabe der ‹Laufenden Mitteilungen› des Arbeiter-Museums erscheint die erste der schon seit längerer Zeit geplanten Ausgaben von Beschreibungen und Abbildungen bewährter Schutzvorrichtungen. Diese Beschreibungen sollen in zwangloser Folge verschiedene besonders wichtige Gebiete der Unfallverhütung behandeln und so gehalten sein, daß sie, einem Wunsche der bayerischen Gewerbeaufsichtsbeamten entsprechend, in abgekürzter Form denjenigen Betriebsinhabern als Behelfe in die Hand gegeben werden können, welche ihrer etwa zur richtigen Ausführung notwendig gewordener Betriebsauflagen bedürfen» (Karsch 1913).

Berufsgenossenschaften schützend vor die Maschinenbaubetriebe, die als Folge der staatlichen Auflagen Wettbewerbsnachteile befürchteten. Gleichzeitig schlugen sie aber vor, im Rahmen der Selbstverwaltung Unfallverhütungsvorschriften auszuhandeln und für deren Einhaltung zu sorgen, wenn nur der Staat seine gesetzlichen Absichten aufgäbe. Das Argument der Maschinenbauer, daß Sicherheitsmaßnahmen Wettbewerbsnachteile mit sich brächten, konnte gegen diese Initiative genausogut vorgebracht werden.

Gemeinschaftsarbeit: Arbeitssicherheit im Spannungsfeld von Verbandsinteressen

Doch die Berufsgenossenschaften wollten mehr als nur Abwehr. Sie schlugen vor, über die Zentralstelle hinaus eine Arbeitsgemeinschaft für Unfallverhütung (AFU) zu gründen, in der verschiedene Interessengruppen mitarbeiten sollten, die am Unfallgeschehen beteiligt waren: zunächst einmal die gewerblichen und die landwirtschaftlichen Berufsgenossenschaften, der Allgemeine Deutsche Gewerkschaftsbund, der Gewerkschaftsring Deutscher Arbeiter- und Angestelltenverbände und der Verein Deutscher Maschinenbauanstalten. Schon auf dem folgenden Berufsgenossenschaftstag am 24. September 1921 wurde die Arbeitsgemeinschaft ins Leben gerufen, doch blieb ihre Wirksamkeit letztlich begrenzt, weil die Geschäftsführung an die Zentralstelle für Unfallverhütung abgegeben wurde, womit eine effektive Einbindung anderer als unternehmerischer Interessen bereits ausgeschlossen war. Die Bereitschaft zum schnellen Handeln muß auch vor dem Hintergrund zweier Großunglücke gesehen werden. Am 9. März 1920 verunglückten 27 Menschen tödlich, als in Reisholz ein Steilrohr(groß)kessel explodierte. Am 21. September 1921, nur drei Tage vor der Gründung der Arbeitsgemeinschaft für Unfallverhütung, waren in Oppau bei einer Explosion von Ammoniaksalpeter fast 500 Menschen getötet worden. Die Reaktionen auf diese Großunglücksfälle führten mit der Gründung bzw. Reorganisation des Dampfkesselausschusses zu einer Veränderung der technischen Überwachung. Außerdem beeinflußten sie den Unfallschutz auch atmosphärisch, wie die schnell folgende Gründung der Arbeitsgemeinschaft zeigt. Für die durchgeführten Plakataktionen wirkten vor allem amerikanische Versuche anregend, mit visuellen Medien, etwa eindringlichen Plakaten (Abb. 56a, b), auf die Gefahren hinzuweisen: «Safety first» oder wie die Deutschen sagten: «Hab acht», war das Signalwort (Schlossmann 2, 1927).

Um dem Erwartungsdruck der Regierung auszuweichen und gleichzeitig eine kooperative Haltung auszudrücken, schlugen die Revisionsingenieure vor, einen Bund sozialtechnischer Vereine zu gründen und darin auch die Gewerbeaufsichtsbeamten und die Dampfkesselüberwachungsvereine in einen losen Gesprächskreis einzubinden, die bei entspre-

a)

b)

56 a, b: Der Tenor der Plakataktionen, an denen so namhafte Künstler wie Käthe Kollwitz teilnahmen, variierte von bedrohlich bis schmunzelnd. (a) Ein deutsches Plakat aus dem Jahre 1925 fordert den modernen Industriearbeiter auf, enganliegende Kleidung zu tragen und die weiten Jacken und Hosen, die eher an landwirtschaftliche Tätigkeit erinnern, abzulegen. (b) Das amerikanische Plakat aus dem Jahre 1958 warnt vor dem sorglosen Umgang mit brennbaren Flüssigkeiten.

chenden Regierungsvorlagen auch gehört werden konnte. Unter «Sozialtechnik» verstand man seit Ende des letzten Jahrhunderts den Einsatz bestimmter Techniken zur Lösung gesellschaftlicher, oft medizinischer und gewerbehygienischer Probleme.

Aber nicht nur Begriffe wie Sozialtechnik oder Sozialingenieure (Geck 1930; Geck 1931), auch «Gemeinschaftsarbeit» (Michel 1932; Zunkel 1979) sollten als eine wichtige begriffliche Klammer zur Einbindung unterschiedlicher Interessen dienen. Die französischen Ingenieure und Reformer Le Play und sein Schüler Emile Cheysson hielten den Berufsstand der Ingenieure für besonders geeignet, die durch die Industrie hervorgerufenen sozialen Probleme zu lösen:

«Es ist deshalb für den Ingenieur ein unumgängliches Erfordernis, seine Arbeiter zu kennen – den Arbeiter und den Menschen im Arbeiter – wie er seine Maschinen kennt, sich gleicherweise mit einer sozialen Ausrüstung zu versehen, wie er sich durch die Wissenschaft eine technische Ausstattung erringt. Ein Ingenieur, dem die sozialwissenschaftliche Schulung abgeht, und der sich auf die Augenblicks-Intuition verläßt, stellt in seinen personalen Betriebsmaßnahmen geradezu eine Gefahr für den Frieden des Betriebes dar, den er doch sichern soll. Denn die sozialen Maßnahmen, das Verhalten und der Verkehr von Mensch zu Mensch sind in dem Maße viel schwieriger zu handhaben, weil sie den aus stofflichen Dingen zusammengebauten Maschinen in der Komplexität überlegen sind. Der Ingenieur bedarf aus diesem Grunde einer neuartigen Ausbildung» (zit. nach Geck 1930, S. 193).

Aufgabenstellung und Rollenverständnis des Sozialingenieurs blieben in den entwickelteren wirtschaftlichen Ländern nicht ohne Veränderung: In den achtziger Jahren war die Idee entstanden, parallel zum Arbeitersekretär der Gewerkschaften einen Sekretär für die sozialen Interessen des Personals einzusetzen. Diesen bezeichnete beispielsweise der Holländer J. C. van Marten gelegentlich als Sozialingenieur. Aus den amerikanischen Vorstellungen entwickelte sich der Sozialsekretär oder Sozialdirektor, der im Unternehmen Aufgaben übernehmen sollte, wie sie heute in «montanmitbestimmten» Betrieben die Arbeitsdirektoren innehaben: Personalverwaltung, Einstellung, Entlassung, Entlohnung, sozialpolitische Aufgaben, Wohlfahrtseinrichtungen, Einzelberatung. Auch die französische Literatur der Zwischenkriegszeit (Gleize 1924) beschrieb auf den Gebieten der Sozialversicherung und des Arbeiterwohnungsbaus für die Sozialtechniker eine besondere Rolle; doch ist hier nicht mehr deutlich, warum ein solches Mitglied der Direktion notwendigerweise Ingenieur sein muß.

Auf der Pariser Weltausstellung 1900 lernte der Amerikaner W. H. Tolman, der als Leiter der «League for Social Service» um die Befriedung des Betriebes bemüht war, die französischen Vorstellungen kennen, die er dann in ein Konzept des «social engineering» umformte, das Hygiene und Sicherheit im Betrieb, Versicherungsangelegenheiten, Sparsachen und Gewinnbeteiligung sowie Erziehung und Erholung umfaßte. Drei

Jahre später war «social» durch «human» ersetzt: Unter dem Druck der Kriegserfordernisse und der notwendigen Reorganisationsbestrebungen der Großindustrie erleichterte es die Individualisierung der Sozialmaßnahmen, die Ansätze des «social engineering» nun als «labour management» in die Rubrik «industrial relations» einzubauen. Die sozialen Strömungen, deren Konsequenz die Abkopplung der Ingenieure von der Unternehmerschaft hätte bedeuten können, wurden in Deutschland sehr bald durch mehrere Entwicklungen abgefangen, so durch Kartellierung und damit Minderung des Wettbewerbs und durch den Aufbau einer mittleren technischen Ausbildung, die der akademischen technischen Ausbildung Konkurrenz machte.

In Deutschland hat Carl von Bach, ein bekannter Maschinenbaulehrer in Karlsruhe, in seinem Buch «Die Maschinenelemente» auf die fehlende Ausbildung der Ingenieure in sozialen Fragen hingewiesen. Doch erst nach dem Ersten Weltkrieg ist in Düsseldorf im Deutschen Institut für technische Arbeitsschulung (DINTA) 1925 ein Versuch zur Ausbildung von Ingenieuren im Sinne von Cheysson gemacht worden (Tab. 7). Aber selbst bei diesen sozialorientierten Bestrebungen wurde Arbeitsschutz oder Arbeitssicherheit nicht angesprochen; in der sozialpolitischen Diskussion um Mitbestimmung hatte Sicherheit am Arbeitsplatz keinen hohen Stellenwert.

Eine Lösung der widersprüchlichen Anforderungen – effektiver Maschinenbau und störungsfreie Produktionsprozesse für die Ingenieure, Gesundheitsschutz für die Arbeiter – war historisch und politisch über die Anstellung von Sozialingenieuren nicht zu erreichen. Daher sollte Gemeinschaftsarbeit der verschiedenen Interessengruppen als kooperative Form der Problemlösung diesen Fragenkreis näher angehen.

Bei der Zielsetzung für die Arbeitsgemeinschaft für Unfallverhütung (AfU) bediente man sich eines ingenieurwissenschaftlichen Vokabulars, das nun in einen neuen Zusammenhang gebracht wurde. Bereits im Kaiserreich hieß die Wunschvorstellung der Ingenieure zur Bekämpfung des technischen Risikos «Gemeinschaftsarbeit». Dieses Konzept war allerdings im Bereich der technischen Sicherheit nicht erfolgreich gewesen. Nun verstand man unter «Gemeinwirtschaft» ein Zusammenwirken von Industrie und Staat/Kommunen beispielsweise bei der Lösung übergreifender infrastruktureller Aufgaben, um die scharfe Gegnerschaft zwischen Großindustrie auf der einen und staatlicher Verwaltung auf der anderen Seite, deutlich etwa bei Genehmigungsverfahren, zu überwinden. Die Arbeitsgemeinschaft für Unfallverhütung sollte diesen Gedanken beim Maschinenschutz fördern.

Die Berufsgenossenschaften leiteten eine große Werbekampagne ein, um Erfahrungen aus den Betrieben über Unfälle zu erhalten, die dann über die Arbeitsgemeinschaft an zwei Adressaten weitergeleitet wurden:

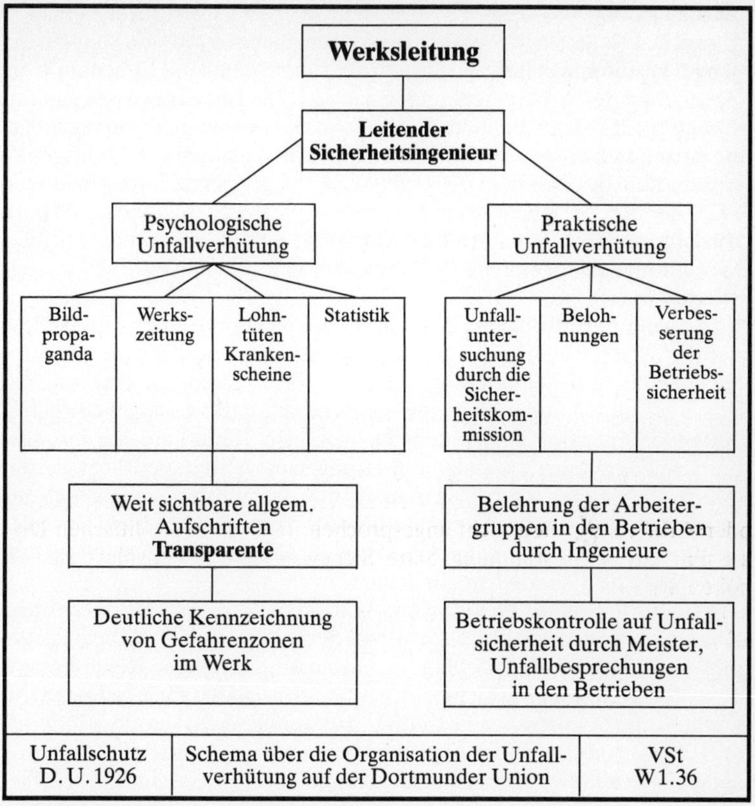

Tab 7: Das Organisationsschema von 1926 zeigt deutlich, in welch enger Bindung der Sicherheitsingenieur zur Werksleitung gesehen wurde.

zum einen an die Maschinenbauanstalten und zum anderen über die Gewerkschaftsvertreter in der AfU an die Betriebsräte, die ja für Unfallverhütung zuständig waren. In den einzelnen Fachausschüssen der Arbeitsgemeinschaft sollten Leitsätze entwickelt werden, die die Erfahrungen aus den Unfallverhütungsvorschriften zusammenfaßten. Ziel war es, hieraus eines Tages ein einheitliches Werk mit Leitvorstellungen zu Unfallschutzvorrichtungen zusammenzustellen.

Trotz der umfangreichen und breit entfalteten Tätigkeit ließen die Berufsgenossenschaften keinen Zweifel daran, daß in ihren Gremien auch in der Republik die Mitbestimmung der Arbeiter verhindert werden sollte.

Um dieser Verweigerung zu begegnen, legte das Reichsarbeitsministerium einen Referentenentwurf vor, mit dem die Produzenten von Maschinen an bestimmte staatliche Vorschriften zum Schutz des Lebens und der Gesundheit der Arbeiter gebunden wurden. Die Berufsgenossenschaften drängten auf Rücknahme des Entwurfs und verstärkten ihr Engagement: Sie entsandten einen aus technischen Aufsichtsbeamten der Berufsgenossenschaften bestehenden Ausschuß auf die Leipziger Frühjahrsmesse 1923, der dort bei Recherchen die Ausrüstung der Maschinen mit Schutzvorrichtungen kontrollierte und feststellte, daß immer weniger Schutzvorrichtungen «angeklebt» und immer mehr gleich von vornherein «eingebaut» waren.

Die weitere Entwicklung des Jahres 1923 war durch einen rapiden Einflußverlust der freien Gewerkschaften gekennzeichnet. Die vielen Opfer, die sie Ende 1923 beim Generalstreik im Ruhrkampf für die nationale Frage gebracht hatten, änderten nichts daran, daß sie wegen der galoppierenden Inflation und durch die massiven Reparationsforderungen Frankreichs mit ihren sozialen Forderungen ins Abseits gedrängt wurden (Ruck 1986). Der neue Reichsarbeitsminister Brauns beugte sich angesichts der Inflation den vermeintlichen wirtschaftlichen Notwendigkeiten und verzichtete wie beim Arbeitsschutz auf eine gesetzliche Regelung für technische Sicherheitsmaßnahmen.

Als die drohende Gefahr von Arbeitsrechtsgesetz und Maschinenschutzgesetz fast vom Tisch war, wiederholten die Gewerbeaufsichtsbeamten 1923 ihren Vorschlag, in Verbindung mit einer Reichskompetenz für die Gewerbeaufsicht zu einer Gemeinschaftsarbeit zu finden. Sie konnten davon ausgehen, daß die oft gegenläufigen Unfallverhütungsvorschriften der Berufsgenossenschaften einen ungestörten Produktionsablauf in den Gewerbebetrieben erschwerten. Gemeinschaftsarbeit hieß für die Gewerbebeamten aber auch, daß sich Reich, Länder und Berufsgenossenschaften zusammensetzten, um Doppelbelastungen von Betrieben durch Inspektionen der Genossenschaften und der Gewerbeaufsicht nach Möglichkeit zu unterbinden (Abb. 57). Das Reich sollte mit den Ländern die einzelnen Vorschriften koordinieren und dann mit den Berufsgenossenschaften eine möglichst reibungslose Inspektion der Betriebe gewährleisten. In dieser Frage erklärten sich die Berufsgenossenschaften sofort bereit, kooperativ mit Reich und Ländern zusammenzuarbeiten. Das Reichsversicherungsamt, welches bei der Genehmigung der Unfallverhütungsvorschriften stets die Gesetze des Reiches zu beachten hatte, sollte nun auch über einen Länderausschuß deren Stellungnahmen einholen und auf diesem Weg die Auseinandersetzungen zwischen Ländern, Gewerbeaufsicht und Berufsgenossenschaft verringern. Dieser Länderausschuß für Unfallverhütung wurde am 24. Dezember 1925 ins Leben gerufen, und am 28. Dezember trat der Erlaß über die

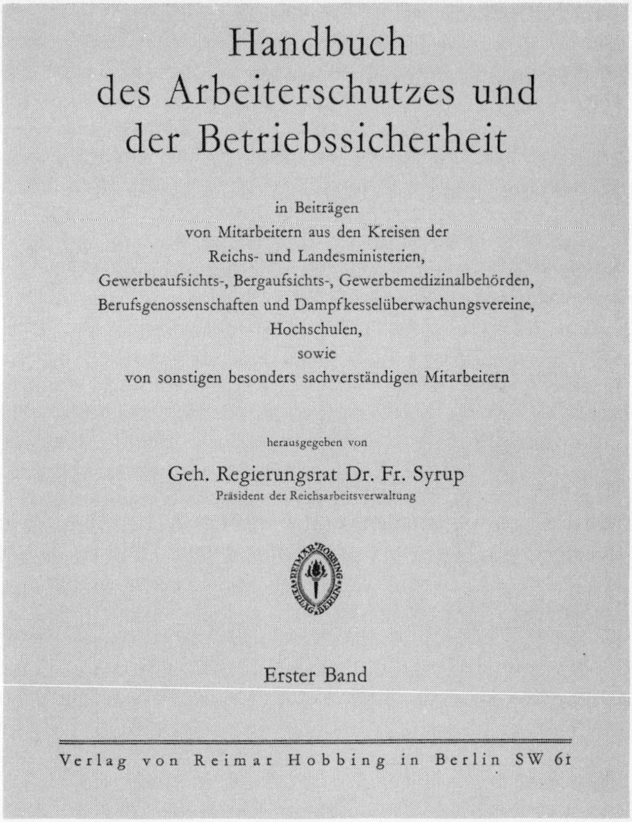

Handbuch
des Arbeiterschutzes und
der Betriebssicherheit

in Beiträgen
von Mitarbeitern aus den Kreisen der
Reichs- und Landesministerien,
Gewerbeaufsichts-, Bergaufsichts-, Gewerbemedizinalbehörden,
Berufsgenossenschaften und Dampfkesselüberwachungsvereine,
Hochschulen,
sowie
von sonstigen besonders sachverständigen Mitarbeitern

herausgegeben von

Geh. Regierungsrat Dr. Fr. Syrup
Präsident der Reichsarbeitsverwaltung

Erster Band

Verlag von Reimar Hobbing in Berlin SW 61

57: Ein Arbeitsergebnis von Gemeinschaftsarbeit waren Publikationen zum Thema Arbeitsschutz (hier 1927); eine führende Rolle nahm in diesem Zusammenhang Friedrich Syrup als Leiter der Reichsarbeitsverwaltung ein.

«Gemeinschaftsarbeit bei der Durchführung der Unfallverhütungsvorschriften» in Kraft.

Es sollte sich aber zeigen, daß mit dem Konjunkturaufschwung auch die Zahl der Unfälle wieder stieg und die bisherigen Maßnahmen der Gemeinschaftsarbeit, wie sie in der Arbeitsgemeinschaft für Unfallverhütung und in dem Länderausschuß für Unfallverhütung verankert waren, eben nicht ausreichten.

Ein Verfassungsgebot bleibt auf der Strecke

Der Reichsarbeitsminister Brauns vom Zentrum hatte mit der Aufhebung der Achtstunden-Arbeitszeitverordnung im Dezember 1923 gezeigt, daß er bereit war, auf eine dirigistische «Bevormundung» der Wirtschaft zu verzichten und an ihre Stelle das Konzept der Gemeinschaftsarbeit zu setzen. Die Erste Verordnung über die Ausdehnung der Unfallversicherung auf die Berufskrankheiten konnte am 1. Juli 1925 in Kraft treten und schien diese Politik zu bestätigen. Gegen etwaige Bestrebungen zur Neubelebung des Arbeitsrechtsgesetzes, auf das die Gewerkschaften nach wie vor drängten, mobilisierten die Arbeitgeberverbände im Sommer 1925 daher ihren Einfluß. Inzwischen war deutlich geworden, daß die Regierung bei der hohen Arbeitslosenzahl doch eine Arbeitszeitverordnung erlassen mußte. Als bekannt wurde, daß diese Verordnung nach der Vorstellung einiger Ministerialbeamter in das geplante umfassende Gesetzbuch der Arbeit eingebracht und mit diesem komplizierten Gesetz auf die lange Bank geschoben werden sollte, protestierten die Gewerkschaften heftig. Die Regierung sandte daraufhin dieses vielbeachtete Arbeitsschutzgesetz, zu dem ein Entwurf im Herbst 1925 vorlag, zur Vorberatung am 16. April 1926 an die Ländervertretungen; das Kabinett billigte den Entwurf am 26. November 1926, und am 2. Dezember 1926 erhielten Reichsrat und Vorläufiger Reichswirtschaftsrat den Entwurf zur Beratung.

Der Entwurf dieses Arbeitsschutzgesetzes, bislang Arbeiterschutzgesetz, enthielt folgende Schwerpunkte: Allgemeine Vorschriften, Betriebsgefahren, Arbeitszeit, Sonntagsruhe, Ladenschluß, Arbeitsaufsicht und Durchführungsbestimmungen. Im Abschnitt über die Betriebsgefahren war der Begriff der Arbeitsstätte erweitert und den Erkenntnissen der Gewerbehygiene angepaßt worden; er umfaßte nun auch die Eß-, Umkleide- und andere Hygieneräume (Abb. 58).

Der Reichsarbeitsminister erhielt in diesem Gesetz nun das Recht, nur solche Maschinen zuzulassen, die den festgesetzten Anforderungen zum Schutz des Lebens und der Gesundheit entsprachen, und er konnte zuwiderlaufende Unfallverhütungsvorschriften der Berufsgenossenschaften für ungültig erklären. Der Reichsrat war bei den Verordnungen des Reichsarbeitsministers zustimmungspflichtig. Damit waren wichtige Bestimmungen des früher geplanten Maschinenschutzgesetzes in das neue Arbeitsschutzgesetz übernommen worden: nicht zuletzt eine Konsequenz der ausbleibenden Erfolge selbstgeregelter Unfallverhütung.

Auf diese Weise sollten den Maschinenbauanstalten endlich konkrete Vorschriften für Schutzvorrichtungen gemacht werden können. Um ihre Wettbewerbsfähigkeit im Ausland aber nicht zu hemmen, konnte der Geltungsbereich auf Deutschland beschränkt werden. Durchführungsorgane sollten Arbeitsschutzämter als Landesbehörden sein – deutlich wird hieran die im Vergleich zur SPD abweichende Einstellung des Zentrums zur zentralen Staatsgewalt, die zugleich auch auf die Erfahrungen mit dem ersten Arbeitsschutzgesetz zurückging. Arbeitgeber oder -nehmer sollten nicht paritätisch mitwirken, da sie auf anderen Ebenen beteiligt waren und der Arbeitsminister sich mit diesem Gesetz nur eine übergeordnete Handlungsmöglichkeit schaffen wollte.

Das politische und öffentlich größte Interesse beanspruchten aber zunächst Bestimmungen über den Achtstundentag und die Mehrarbeitsregelung. Die steigende Zahl der Arbeitslosen zwang die Regierung Marx im Frühjahr 1927 zum Handeln; am 14. April 1927 verabschiedete der Reichstag ein Arbeitszeitnotgesetz, das am 1. Mai 1927 in Kraft trat. Als auch der Mutterschutz durch ein besonderes Gesetz herausgezogen und ab 1. April 1927 geregelt wurde, verlagerte sich das Interesse an diesem Gesetz aber zunehmend auf Fragen der Betriebsgefahren und der Arbeitsaufsicht. Am besten spiegeln sich die unterschiedlichen Auffassungen zum Entwurf in den Auseinandersetzungen wider, die im Vorläufigen Reichswirtschaftsrat, genauer in seinem Sozialpolitischen Ausschuß, stattfanden. Bei den Betriebsgefahren konzentrierte sich das Interesse vor allem auf § 6, in dem der Maschinenschutz niedergelegt war.

58: Speisesaal der Kammgarnspinnerei Augsburg, 1927. Nach der Novelle der Gewerbeordnung (1891) unterlagen auch die Aufenthaltsräume in hygienischer Hinsicht der staatlichen Kontrolle.

Die Stellungnahme des Vereins Deutscher Maschinenbauanstalten (VDMA) malte das Schreckgespenst der Behinderung technischen Fortschritts an die Wand; allgemeine Regeln könnten den unterschiedlichen Einsatzbedingungen der Maschinen nicht gerecht werden. Sie verwies auf die Arbeit der Arbeitsgemeinschaft für Unfallschutz (AfU), in der auf freiwilliger Basis Regelungen gefunden waren. Außerdem befürchtete sie eine Kompetenzminderung der Berufsgenossenschaften, wenn der Arbeitsminister deren Unfallverhütungsvorschriften wieder aufheben konnte. Der Verein schlug gegen Sünder Einzelverfügungen der Arbeitsschutzämter vor, die aber zuvor gutachtlich von der Arbeitsgemeinschaft behandelt werden müßten. Zu diesem Zweck sollten auch Vertreter des Reichsarbeitsministeriums und des Reichsversicherungsamtes Sitz und Stimme in der AfU erhalten. Auch die Berufsgenossenschaften sahen in dieser Minderung des staatlichen und Stärkung des industriellen Einflusses einen erstrebenswerten Weg. Dagegen stellten sich die Arbeitnehmer hinter den Vorschlag der Regierung. Für sie war die AfU mit ihrer drükkenden Überlegenheit der industriellen Interessenvertreter kein paritätisch zusammengesetztes Beratungsgremium, es sei denn, die Berufsgenossenschaften ließen sich entsprechend umgestalten. Die Vertreter der Gewerbeaufsicht lehnten den Vorschlag des Vereins Deutscher Maschinenbauanstalten, die AfU zu einem beratenden Organ zu machen, nicht grundsätzlich ab, sahen aber ebenfalls in der Zusammensetzung der AfU das Haupthindernis.

Das Reichsarbeitsministerium widersprach diesen Einwänden: Erstens seien die allgemeinen Paragraphen keine Neuauflage des Maschinenschutzgesetzes von 1922/23, zweitens dienten sie der Bekämpfung hartnäckiger Übeltäter, und drittens wäre stets die Zustimmung von Reichswirtschaftsministerium und Reichsrat für jede Einzelverfügung erforderlich, so daß vor überzogenen Ansprüchen genügend Schutz gegeben sei.

Als Arbeitnehmer und unabhängige Sachverständige die Mitwirkungspflicht der AfU aus dem Entwurf herausstrichen, verstärkten sie damit den Eindruck einer staatlichen Überlegenheit. Die Arbeitgeber verlangten dagegen den Ausbau der AfU und ihre Anerkennung in der Reichsversicherungsordnung. Der Reichsrat stellte sich grundsätzlich auf den Standpunkt der Reichsregierung; nur in der Frage des Maschinenschutzes, dargelegt in § 6 Abs. 3, folgte er den Vorstellungen der Berufsgenossenschaften und des VDMA.

Um die wirtschaftlichen Belange der Maschinenhersteller sicherzustellen, wurde nach ihrem Vorschlag die Verordnungskompetenz des Reichsarbeitsministers gesplittet: Nach § 8a sollte es sowohl Einzelverfügungen wie auch allgemeine Vorschriften geben können. Erstere sollten sich an den Richtlinien der AfU orientieren und vom Arbeitsaufsichtsamt ausgehen, während letztere, die für einen Lieferantenkreis von allgemeiner

Bedeutung galten, vom Reichsrat und Reichswirtschaftsminister gegengezeichnet werden sollten.

Die Abschnitte Arbeitsaufsicht und Durchführung des Gesetzes wurden ohne gutachtliche Stellungnahme des Vorläufigen Reichswirtschaftsrates behandelt. Die Arbeitsaufsicht blieb – wie bei der Länderkammer nicht anders zu erwarten – auch weiterhin Aufgabe der Länder. Immerhin paßte sich die Kammer insoweit den Entwicklungen an, als nunmehr, 1927, endlich auch die Gewerbehygieniker anerkannt und bei Betriebsbesichtigungen zu beteiligen waren – sofern Bedarf bestand!

Die freien Gewerkschaften, ohne die SPD in der Regierungsverantwortung ohnehin um einen großen Teil ihres Einflusses gebracht, sahen ihre wesentlichen Grundforderungen schwinden. Als sich abzeichnete, daß der Reichsrat den Entwurf auch ohne Stellungnahme des Vorläufigen Reichswirtschaftsrates zu Fragen der Arbeitsaufsicht und des Durchführungsgesetzes behandeln würde, legten sie am 11. Februar 1928 einen Gegenentwurf zu diesem Abschnitt vor: Danach sollten die für die Durchführung des Arbeitsschutzes verantwortlichen Behörden zusammengelegt, die Arbeitsaufsicht vereinheitlicht und eine Selbstverwaltung auch für die Arbeitsaufsicht eingeführt werden.

Dahinter stand nach wie vor die gewerkschaftliche Überzeugung, daß nur ein klarer Instanzenweg in einer Behörde mit Spitze im Reichsarbeitsministerium und mit einheitlichen Richtlinien den Arbeitern genügend Schutz bieten könnte. Die gewerbliche Berufsgenossenschaft sollte erhalten bleiben, die Betriebsumlage jedoch nach amerikanischem Vorbild eine Prämie für hohe Vorsorgeaufwendungen zulassen. Die technische Betriebsaufsicht hingegen sollte den Berufsgenossenschaften abgenommen und, wie die Aufgaben der Dampfkesselüberwachungsvereine, der Arbeitsverwaltung eingegliedert werden. Der Allgemeine Deutsche Gewerkschaftsbund (ADGB) legte seinem Vorschlag die Erfahrung zugrunde, daß die Grenze zwischen technischer Sicherheit an den Maschinen und den Bedingungen, unter denen sie eingesetzt wurden, Raumklima, Luft, Arbeitstempo usw., kaum sauber zu ziehen war und folgerichtig beide Aspekte gemeinsam behandelt werden mußten.

Außerdem forderten die freien Gewerkschaften Beratungsgremien für die Stellungnahme zu Gesetzen und Verordnungen auf Reichsebene und zu Richtlinien auf der obersten Landesebene. Diese Ausschüsse sollten zu ⅔ mit Arbeitnehmern und zu ⅓ mit Arbeitgebern besetzt werden. Das Übergewicht der Arbeitnehmer begründete der ADGB mit der größeren Betroffenheit der Arbeiter bei Unfällen und mit dem verfassungsrechtlich garantierten Schutz ihres Lebens und ihrer Gesundheit. Auch die Betriebe der öffentlichen Hand sollten im Gegensatz zum Regierungsvorschlag den gleichen Bedingungen unterliegen.

Im Sozialpolitischen Ausschuß des Reichswirtschaftsrates stimmten von den geladenen dreizehn Vereinen nur zwei, die Arbeitsgemeinschaft der mittleren Gewerbeaufsichtsbeamten (Köln) und die Arbeitsgemeinschaft der Gewerbeärzte, der Verreichlichung zu; alle anderen lehnten sie ab, vor allem deshalb, weil damit der Kontakt zu den Polizeibehörden der Länder als den Ausführungsorganen unterbrochen würde. Berufsgenossenschaften und Dampfkesselüberwachungsverein beklagten den administrativen Aufwand hinter diesem Gesetz und die Verminderung der Aufsichtsintensität, die damit zwangsläufig verbunden sei. Die unabhängigen Gutachter liebäugelten insgesamt mehr mit dem Vorschlag einer einheitlichen Arbeitsaufsicht des Reiches, wollten aber gleichzeitig den Berufsgenossenschaften die technische Aufsicht erhalten. Als Entgegenkommen schlugen sie daher vor, die Arbeitnehmer an der Verwaltung der Berufsgenossenschaften zu beteiligen. Für den Reichsrat ließen diese Teilstellungnahmen aus dem Sozialpolitischen Ausschuß keine konsensfähige Mehrheit erkennen.

Inzwischen regierte das Kabinett Hermann Müller (28.6. 1926 bis 27.3.1930) mit dem sozialdemokratischen Arbeitsminister Rudolf Wissell. Die Gewerkschaften drängten nun auf eine Berücksichtigung ihres Entwurfes und eine entsprechende Abänderung der Gesetzesvorlage, die ihre Vertreter sonst im Parlament blockieren wollten. Müllers Versuch, eine einheitliche, vom Reich ausgehende Aufsicht über die Arbeitsverwaltung durchzusetzen, scheiterte, weil die Länder ihre Einwilligung verweigerten. Da das Verhältnis von Regierung und Gewerkschaften ohnehin mit den offenen Fragen im Schlichtungswesen und mit den Plänen für das Panzerschiff «A» belastet war und die Regierung angesichts dieses Konfliktpotentials um ihre Handlungsfähigkeit fürchten mußte, bekannte sie sich zunächst nicht öffentlich zu der Verweigerung der Länderkammer, sondern überarbeitete den Entwurf. Dieser ging noch einmal an die Länderkammer, die ihn am 17. Januar 1929 billigte, so daß er am 21. Januar 1929 in den Reichstag kam.

Die Regierung hatte in dem überarbeiteten Entwurf von einem reichseinheitlichen Behördenzug abgesehen und beließ es bei der Zuständigkeit der Länder. Doch hatten diese reichseinheitlich Landesarbeitsschutzämter zu errichten, mit Richtlinienkompetenz des Reichsarbeitsministers für die Ausbildung der an diesen Arbeitsschutzämtern Tätigen. Auch die Betriebe des Reiches, der Länder und Kommunen und der öffentlichen Körperschaften konnten nun der Arbeitsaufsicht unterliegen. In der Frage der Beteiligung der Arbeiter an den Berufsgenossenschaften – immerhin ein Verfassungsgebot nach Artikel 161 – hatte die Regierung nachgegeben: Diese Frage sollte später geregelt werden.

Trotz der grundsätzlichen Beibehaltung der Länderkompetenz hatte sich das Reich eine Reihe von Richtlinien vorbehalten, um eine reichseinheitliche Arbeitsaufsicht zu gewährleisten. Ein beratender Ausschuß für das Ministerium sollte aus Repräsentanten des Reichsrats und Reichswirtschaftsrats gewählt werden. Damit glaubte die Regierung, den gewerkschaftlichen Vorstellungen so weit wie möglich entgegengekommen zu sein. Mehr ließ sich in einer Koalitionsregierung der Weimarer Republik, die ohnehin ständig um ihr Überleben, insbesondere wegen anderer Arbeiterfragen, kämpfen mußten, nicht durchsetzen. Zu Anfang der Lesung am 7. und 8. Februar 1929 gab Arbeitsminister Wissell im Reichstag eine Erklärung über die Grundzüge des Entwurfes ab, in der er darauf hinwies, daß eine Neuregelung der berufsgenossenschaftlichen Unfallverhütung geplant sei und das Arbeitsschutzgesetz auch nur zusammen mit dem im Entwurf vorliegenden Bergarbeitsgesetz in Kraft treten solle. Der Entwurf wurde einstimmig an das zuständige Gremium, den Ausschuß für soziale Angelegenheiten, überwiesen. In diesem Kreis verspürte niemand große Neigung, sich den widersprüchlichen Auffassungen der Parteien zum Arbeitsrechtsgesetz zu stellen. Die Gewerkschaften lehnten den Kompromiß ab und blieben bei der Forderung nach der Reichskompetenz, während den Arbeitgebern die Vollmachten der Regierung zu weit gingen.

Innenpolitisch fehlte eine starke Kraft, sich dieser umstrittenen Gesetze anzunehmen. Mit dem Erstarken der Nationalsozialisten war die Hoffnung auf sachbezogene parlamentarische Arbeit ohnehin utopisch geworden. Heinrich Brüning bekundete in seiner Regierungserklärung am 16. Oktober 1930 noch einmal den Willen zum Arbeitsrechts- und Bergarbeitsgesetz, doch angesichts der schnell wachsenden großen Arbeitslosigkeit wurden alle kostenwirksamen Gesetze hinausgeschoben, und schon in seiner Regierungserklärung vom 13. Oktober 1931 fehlte dann der Hinweis auf dieses Gesetzeswerk.

Konjunkturelle Schwankungen der Wirtschaft, politische Kompromißunfähigkeit und Länderpartikularismus haben eine Lösung verhindert, den 1919 neu in die Verfassung aufgenommenen Artikeln über ein einheitliches Arbeitsrecht und den Schutz von Leben und Gesundheit für den betrieblichen Bereich ein wirksames Instrumentarium folgen zu lassen. Der Wert eines solchen Maßnahmenkataloges für den sozialen Frieden und den Anspruch auf körperliche Unverletzlichkeit wäre allerdings im nationalsozialistischen Deutschland von zweifelhafter Bedeutung gewesen; die steigenden Unfallzahlen belegen dies drastisch (Wisotzky 1983). Andererseits wirkte sich das Scheitern des Arbeitsschutzgesetzes verzögernd auf den Aufbau der sozialen Sicherung in der Bundesrepublik Deutschland aus. Mit mehr Erfolg hat sich die Weimarer Republik für die Beseitigung unmittelbarer, die Gesundheit direkt beeinflussender Gefahrenquellen eingesetzt.

Internationaler Druck und Unternehmerinteresse: Erste Berufskrankheitenverordnung von 1925

Unter den Bedingungen kriegsmäßiger Produktion war die kaiserliche Regierung nicht bereit gewesen, die starken Gesundheitsschädigungen durch die Arbeit mit nitrierten Kohlenwasserstoffen als Berufskrankheiten anzuerkennen. Folgerichtig hatte die letzte Reichsregierung die Anerkennung einer Vergiftung als Unfall auf das Ermächtigungsgesetz von 1914 und nicht auf die Reichsversicherungsordnung § 547 gestützt. Diesem Vorgehen folgte der Rat der Volksbeauftragten nach Ende des Ersten Weltkrieges, als er im Dezember 1918 auch die Vergiftung aus Kampfstoffen dieser Regelung entsprechend behandelte. Wiederholte Anträge an die neue Reichsregierung, doch den Reichsrat zu veranlassen, bestimmte Krankheiten als beruflich bedingt und damit unter die Unfallversicherung fallend zu erklären, fanden kein Gehör. Damit bewegte sich die Sozialpolitik in den gleichen Bahnen wie zur Zeit der Monarchie: keine Erweiterung der unternehmerisch selbstverwalteten Unfallversicherung, sondern staatliche Ausnahmegesetze.

Doch die Berücksichtigung von Rahmenbedingungen ließ auch Fortschritte in der Beachtung der Arbeitssituation erkennen. In der Bleiverordnung von 1920 sollten bauliche Vorschriften ebenso für die Sicherheit der Beschäftigten sorgen wie Absauggeräte und die hygienischen Anweisungen, nach denen Arbeits-, Aufenthalts- und Eßraum voneinander zu trennen waren. Hinzu kam nun die unzweideutige Aufforderung, mechanische Transportsysteme für bleihaltige Stoffe einzusetzen, also auch in diesem Bereich eine Technologie anzuwenden, die etwa im Bereich der Schwerindustrie für die Verlagerungen von Walzen längst selbstverständlich war.

In den ersten Jahren der Republik hatte sich an der Art und Weise der Behandlung von Berufskrankheiten im allgemeinen jedoch wenig geändert. Andere, stärker politische Fragen nach der grundsätzlichen Integration der Arbeiterschaft in den neuen Staat sowie die Etablierung einer umfangreichen Arbeitsverwaltung beherrschten das Feld der Auseinandersetzung und überließen den berufskranken Arbeiter zunächst der Krankenkasse und damit auch den Leistungen aus dem Allgemeinaufkommen. Die Krankenkassen verlangten daher als Minimalprogramm die Meldepflicht für Berufskrankheiten und trafen sich darin mit den Forderungen der Gewerbehygieniker, die auch glaubten, nur über diesen Weg einen Überblick über das Ausmaß dieser Erkrankungen gewinnen zu können. Schließlich war der Weg über die statistischen Erhebungen ein üblicher Einstieg in die wissenschaftliche und politische Behandlung einer umstrittenen Materie (Abb. 59).

Tatsächlich ist im Jahre 1922, um die Handlungsmöglichkeiten der Gewerbeaufsicht zu erweitern, ein Reichsgesetz über die Anzeige von

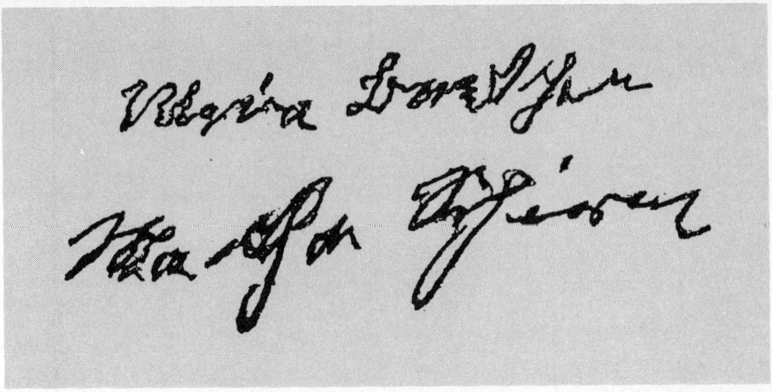

59: Schriftproben von zwei quecksilberkranken Frauen in der Haarhutindustrie. Detailgenau wird die chronische Quecksilbererkrankung im Handbuch des Arbeiterschutzes und der Betriebssicherheit im Kapitel Bekleidungs- und Reinigungsgewerbe beschrieben (s. Abb. 57). Der Text enthält immer wieder Hinweise darauf, daß die Vergiftungserscheinungen von der persönlichen Empfindlichkeit abhängig sind – eine bewährte Praxis, um arbeitsbedingte Erkrankungen nicht als solche anerkennen zu müssen. Es fehlt auch nicht der Hinweis, daß die Symptome der Vergiftungen auch andere Ursachen haben können: «Die ganz chronische Form äußert sich nur am Nervensystem durch ein eigenartiges feinschlägiges Zittern, besonders beim Schreiben, das durch Erregung verstärkt wird, häufig schon durch die Anwesenheit Fremder.»

Todesfällen und Erkrankungen durch gewerbliche Gifte vorgelegt worden. Doch geriet dieses Gesetz in die Beratungen des Reichsgesundheitsamtes, das ein solches Vorhaben bereits vierzig Jahre zuvor zu Fall gebracht hatte. Die Gründe sind kaum nachvollziehbar, doch dürften praktische Überlegungen über eine glaubwürdige Statistik dabei eine Rolle gespielt haben; denn bei der Erkennung beruflicher Krankheiten bestand eine Schwierigkeit darin, daß dem Arzt als Auskunftsquelle lediglich die Aussage des Patienten zur Verfügung stand. Die meisten Ärzte waren überfordert; ihre mangelnde Ausbildung war hierfür sicher ein Grund. Zusätzlich aber wurde die Diagnose durch die häufig um ein oder zwei Wochen verzögerten Arztbesuche erschwert – mittlerweile waren die typischen Symptome schon wieder abgeklungen. Die Gefährdung allein am menschlichen Körper messen zu wollen, mußte angesichts der sehr großen Belastbarkeit des Menschen zu falschen Ergebnissen führen. Ersatzprüfmethoden standen erst unvollkommen zur Verfügung, wie der Hinweis auf der großen Düsseldorfer Ausstellung für Gesundheitspflege, soziale Fürsorge und Leibesübungen (GE-SO-LEI) 1926 deutlich machte (Schlossmann 2, 1927, S. 613ff). Da das Ergebnis einer Meldepflicht für Berufskrankheiten nicht abschätzbar gewesen wäre, wurde sie nicht eingeführt. So scheiterte zunächst einmal der Auftrag in der Weimarer Verfassung, für die Gesundheit ein mitbestimmtes Versicherungswesen zu schaffen, schon allein an der Aufarbeitung des Ist-Zustandes.

Für die Ermittlung der Renten mußten sichere Bemessungsgrundlagen geschaffen werden, da die Sozialversicherung einschließlich der Unfallversicherung den Verwaltungsvorgang vor die gerichtliche Auseinandersetzung gestellt hatte. Hierfür hatte das Reich Unterstützung leisten wollen mit der Gründung eines Reichsinstituts für medizinische Arbeitsforschung. Es sollte auf zentraler Ebene Erfahrungen sammeln, Forschungen in Gang setzen und in drei Abteilungen gegliedert werden: Arbeitsphysiologie, Pathologie der Berufskrankheiten (Abb. 60) sowie Technologie und Hygiene.

Aus finanziellen Gründen mußte das Reichsarbeitsministerium schon vor der Inflationszeit davon Abstand nehmen. Das Scheitern des Reichsinstitutes scheint aber die Gründung einer privaten Gesellschaft zur Förderung der Gewerbehygiene vorangetrieben zu haben. Die heterogenen und länderspezifischen Initiativen fanden in der 1922 gegründeten Deutschen Gesellschaft für Gewerbehygiene einen gewissen Abschluß. An ihr waren nun sowohl Privatpersonen wie auch größere Interessengruppen beteiligt. In dem Arbeitsausschuß, der die Satzung der Gesellschaft ausarbeiten und einen Arbeitsplan erstellen sollte, waren das Reichsarbeitsministerium, das Reichsgesundheitsamt, das Reichsversicherungsamt, je zwei Vertreter des Verbandes der Berufsgenossenschaften und des Vereins Deutscher Gewerbeaufsichtsbeamter, je drei Vertreter der Arbeitgeber- und Arbeitnehmerorganisationen und sechs weitere fachlich kompetente Gewerbehygieniker vertreten. Ihre Absicht war die Förderung wissenschaftlicher Untersuchungen auf dem Gebiet der Gewerbehygiene und der Berufserkrankungen sowie die Unterstützung der gewerbehygienischen Fachpresse.

Die Frage der Anerkennung von Berufskrankheiten stellte sich in der chemischen Industrie zuerst. Hier hatten Unternehmen schon früh, seit 1866 bei der Badischen Anilin und Soda Fabrik, Werksärzte eingestellt, um die Erhaltung der Gesundheit der Beschäftigten nicht zu einem allzu großen Kostenfaktor werden zu lassen (Abb. 61). Die großbetriebliche Form der chemischen Produktion in manchen Werken kam der Anstellung solcher Ärzte zudem entgegen. Schon vor dem Kriege hatte die Berufsgenossenschaft der Chemie versucht, im Dachverband der Berufsgenossenschaften bestimmte Berufskrankheiten als Unfälle anerkannt zu erhalten, doch war sie damit gescheitert.

In den ersten Jahren der Weimarer Republik verlangten Arbeitgeberverbände, Arbeitnehmer, Berufsgenossenschaften und die SPD-Reichstagsfraktion nun erneut die Anerkennung bestimmer Berufskrankheiten

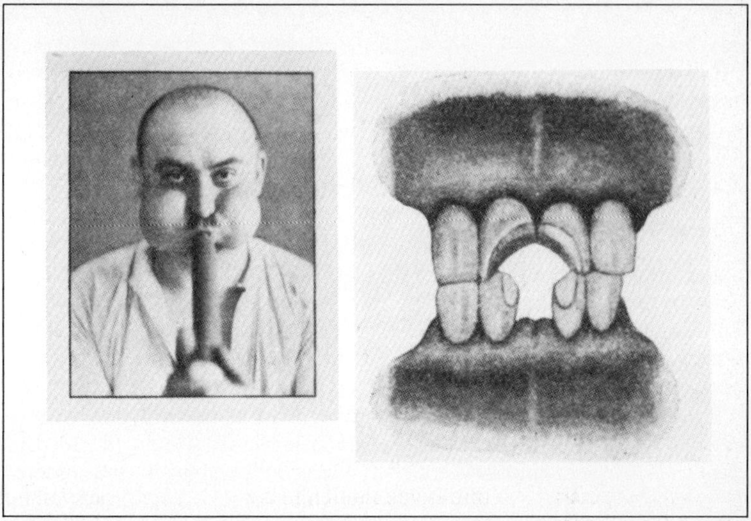

60: Glasbläser und die typische Abnutzung der Schneidezähne. Zu welch absurden Klassifikationen die Erforschung der Berufsschädigungen führen konnte, zeigt sich bei den Glasbläsern, bei denen die Backenbläser noch nach Rechts- oder Linksbläsern unterschieden werden.

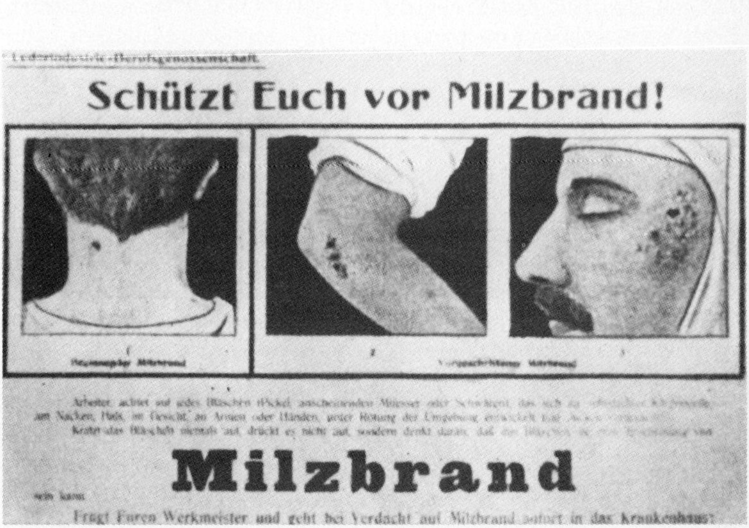

61: Mit diesem Plakat warnte die Berufsgenossenschaft der Lederindustrie 1926 vor Milzbrand, der weder 1925 noch 1929 als Berufskrankheit anerkannt wurde.

in der Unfallversicherung. Die breite Unterstützung verhalf dem eng mit den Berufsgenossenschaften zusammenarbeitenden Reichsarbeitsministerium zu etwas mehr Bewegung.

Im Verlauf des Jahres 1924 geriet die Regierung in dieser Frage außenpolitisch unter Druck, denn sie hatte sich im Friedensvertrag von Versailles verpflichtet, den Schutzvorschriften des Internationalen Arbeitsamtes in Genf auch auf nationaler Ebene Geltung zu verschaffen. Von dort kam eine Verbotsliste bestimmter Chemikalien nach Berlin; das Reichsarbeitsministerium arbeitete nun einen entsprechenden Entwurf für die nationale Gesetzgebung aus. In diesem Verfahren holte es vom Reichsversicherungsamt und dieses von den Berufsgenossenschaften und der Fabrikärztekonferenz der Chemie, Ende 1924 Stellungnahmen ein, die scharf gegen eine international vorgeschriebene Chemikalienverbotsliste opponierten.

Die Ärzte begründeten ihre Ablehnung nicht etwa damit, daß sie manche der erwähnten Stoffe als weniger gefährlich einschätzten, sondern mit dem national sehr unterschiedlichen Versicherungssystem und anderen Kostenbelastungen! An der Gefährlichkeit von Krankheiten wie Phosphornekrose, diese Krankheit war seit Mitte des 19. Jahrhunderts als Berufskrankheit identifiziert, Chromgeschwüren, Blasentumoren, Bleilähmungen, Bleigehirnerkrankungen bestand auch für die Ärzteschaft kein Zweifel, aber ihre wissenschaftliche Orientierung erwies sich als sehr nachgiebig gegenüber nationalistischen und ökonomischen Argumenten. Um letztlich nicht eine internationale Liste akzeptieren zu müssen, beteiligte sich die Berufsgenossenschaft an der Aufstellung einer nationalen Verbotsliste, zusammen mit der Anerkennung der daraus folgenden Schäden als Berufskrankheiten.

Im Januar 1925 hakte die Zentrumsfraktion im Reichstag noch einmal nach, um ihrem Arbeitsminister Heinrich Brauns Mut zu machen, der am 30. Januar 1925 auch den Entwurf einer Verordnung über Ausdehnung der Unfallversicherung auf gewerbliche Berufskrankheiten vorlegte. In ihm wurden schließlich, nach einigen Veränderungen, nur elf Krankheiten aufgezählt. Das Kabinett stimmte am 5. 2. zu, der Arbeitsminister unterzeichnete am 1. 5., und am 1. 7. 1925 trat die Verordnung dann in Kraft.

Neben den Erkrankungen durch chemische Stoffe (Blei, Phosphor, Quecksilber, Arsen, Benzol, Schwefelkohlenstoffe, Paraffin, Teer, Anthrazen und Pech) waren nun die Wurmkrankheiten der Bergleute (zwanzig Jahre nach ihrem Auftreten), Erkrankungen durch Röntgenstrahlen, der graue Star bei Glasmachern und die Schneeberger Lungenkrankheit aufgenommen worden. Wer in Betrieben erkrankte, in denen die aufgelisteten Stoffe nachweislich verarbeitet, bearbeitet oder verwendet wurden, konnte nach den Sätzen der Unfallversicherung entschädigt werden. Wer den Betrieb aber vorsichtshalber, freilich dennoch zu spät, gewechselt hatte und erkrankte, ging leer aus. Die auf Grund dieser Verordnungen ermittelten Berufskrankheiten waren meldepflichtig.

Da so wenige Gewerbekrankheiten anerkannt wurden, gab es auch nur einen geringen finanziellen Schadensverlauf in den ersten Jahren. Doch noch bevor Ergebnisse vorlagen, klagten die Berufsgenossenschaften bereits auf ihrem Jahrestag 1925 laut über eine befürchtete Flut von Anträgen und lehnten ausdrücklich jede Erweiterung der Verordnung ab, obwohl doch gerade der Verlauf der Schadensentwicklung es nahelegte, weitere Gewerbekrankheiten aufzunehmen: Gewerbekrankheiten durch Zink, Nickel, Mangan, Kohlenstoff und Kohlensäure, durch Einwirken verschiedener Säuren, Schwerhörigkeit bei Beschäftigten in Hammer- und Walzwerken, an Schmieden und Preßluftwerkzeugen sowie Staub- und Steinlungen (Abb. 62). Sie alle waren ja in der Verordnung noch nicht aufgeführt (s. S. 216).

Der Schutz durch die Unfallversicherung, der 1925 die elf Gruppen von Berufskrankheiten unterstellt wurden, hinterließ einen willkürlichen Eindruck. Allein der Vergleich mit der Zweiten Berufskrankheitenverordnung vom 11. Februar 1929 zeigt, daß vier Jahre zuvor viele gefährliche, häufig vorkommende Krankheiten zunächst unberücksichtigt geblieben waren.

62: Steinhauerhütte. Mit dieser Abbildung wies man in dem Handbuch des Arbeiterschutzes und der Betriebssicherheit darauf hin, daß für Steinhauerhütten ein fester Abschluß nach nur drei Seiten vorzuziehen sei, um bei Bedarf für eine gute Durchlüftung sorgen zu können.

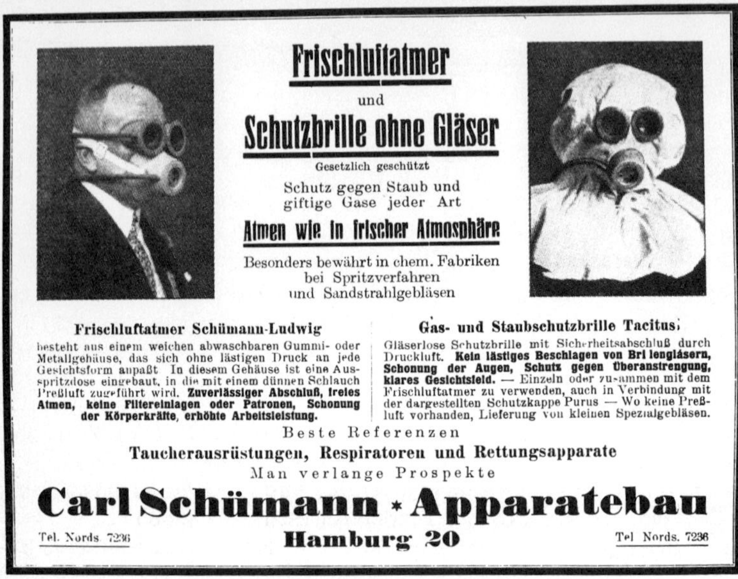

63: Während Ansätze von Firmen zur Herstellung von Sicherheitsgeräten zunächst unter die Räder der Weltwirtschaftskrise von 1929 gerieten und in den wenigen Friedensjahren des Dritten Reiches ebenfalls nur ein kümmerliches Dasein fristen konnten, expandiert dieser Gewerbezweig seit den sechziger Jahren.

Die Aufstellung der ersten Liste war also nicht das Ergebnis einer langwierigen wissenschaftlichen Erhebung über die wichtigsten Berufskrankheiten und ihre Phänomenologie, sondern der Versuch, dem außenpolitischen Druck und einer vierzig Jahre alten Forderung unter Aufwendung geringer Kosten entgegenzukommen. Wichtig wurde die prinzipielle Entscheidung, daß nämlich bestimmte Krankheiten als beruflich bedingt anerkannt wurden.

Ähnlich wie bei den Unfällen erhob sich nun auch für die Gewerbekrankheiten die Frage, ob die Berufsgenossenschaften Vorschriften zur Verhütung von Krankheiten erlassen sollten. Die Fabrikärzte vertraten auf ihrer Konferenz in München am 13. Oktober 1925 die Ansicht, daß die Medizin über ausreichende Kenntnisse zur Vorbeugung von solchen Krankheiten verfüge. Ziel müsse es sein, die gefährlichen Substanzen am Ort ihrer Entstehung abzuleiten. Entlüftung und Entstaubung, mechanische Beschickung und Entleerung sollten dabei vorrangig beachtet werden, während für die passive Sicherheit Brillen, Atmungsgeräte, Handschuhe und andere Schutzkleidung bereitgestellt werden sollten

(Abb. 63). Außerdem forderten sie Einrichtungen für die Körperreinigung.

So wichtig solche grundsätzlichen Äußerungen und Bereitstellungen auch waren, im konkreten Fall kam es darauf an, diese Schutzeinrichtungen auch zu benutzen und ihre Anwendung zur Gewohnheit werden zu lassen. Die Klagen der Arbeitervertreter über zurückgehaltene Schutzmittel ließen nur langsam nach.

Die Gewerkschaften blieben die wichtigste Sammelstelle für sicherheitstechnische und gewerbehygienische Veränderungswünsche, lag bei ihnen doch der größte Erfahrungsschatz durch die gesetzliche Mitverantwortung der Betriebsräte bei Fragen der Betriebssicherheit. Rechtliche Grundlage hierfür war das Betriebsrätegesetz vom 4. Februar 1920 (§ 66 Abs. 8), in dem der verfassungsmäßig garantierte Gesundheitsschutz der Mitwirkung durch die Gewerkschaften unterworfen wurde. Der ADGB empfahl, daß bei größeren Betrieben ein spezielles Mitglied des Betriebsrates die Arbeitsschutzmaßnahmen beobachten sollte. Damit war neben der Gewerbeaufsicht, der Berufsgenossenschaft, der technischen Überwachung und der Ortspolizei eine fünfte Gruppierung in die Beachtung gesundheitlicher Gefahren im Betrieb eingeschaltet worden.

In den fünf folgenden Jahren bis zur Weltwirtschaftskrise sind gewerbehygienische und sicherheitstechnische Maßnahmen von seiten der Gewerkschaften auf vier Wegen verfolgt worden: Aktivitäten bei der Gesetzgebung im Reichstag, Mitarbeit bei Fachgesellschaften wie der Deutschen Gesellschaft für Gewerbehygiene, praktische Arbeit der Betriebsräte bei Berufskrankheitenverhütung in enger Kooperation mit den Gewerbeaufsichtsämtern und Durchführung eigener gewerbehygienischer Untersuchungen.

In der intensiven Auseinandersetzung mit Fragen der betrieblichen Sicherheit mußten die Gewerkschaftsfunktionäre aber auch erkennen, daß selbst beste technische Schutzmaßnahmen und gesetzliche Bestimmungen allein nicht ausreichten, um die Entstehung von Gewerbekrankheiten zu verhüten. Wo ein freier Umgang mit Giftstoffen möglich oder notwendig war, hätten diese besonderen Arbeitsbedingungen ein geschärftes Gefahrenbewußtsein der Beschäftigten vorausgesetzt (Abb. 64). Da die Zusammenhänge aber nicht vermittelt wurden, konnte es kaum entstehen. In der Öffentlichkeit wurde die notwendige Schulung gerne als Privatsache angesehen. Auf diese Aufgabe verwiesen die Betriebe ihre Betriebsräte natürlich gern, und auch die Gewerbeaufsicht bzw. die Gewerbeärzte beklagten oft das fehlende Engagement der Betriebsräte.

Andererseits gingen die Gewerbeaufsichtsbeamten den Beschwerden von Betriebsräten auch nach. Doch beides, das Angebot zur Nutzung von Schutzmöglichkeiten und die Aufklärung darüber, mußte in der Wirkung begrenzt bleiben, solange die Rahmenbedingungen der Arbeit nicht

64: Mineralsäuren werden in passenden, weil nicht-reaktionsfähigen Gefäßen aufbewahrt, um 1935. Die Bedienung der Anlage erfolgt trotz der Demonstration ohne Handschuhe und ohne Kopfschutz.

entscheidend mitverändert wurden, solange also Arbeitsintensität oder -länge nicht auf das Gesundheitsrisiko abgestellt wurde. So wies eine Untersuchung des Christlichen Metallarbeiterverbandes 1929 nach, daß sich die Zahl der Bleierkrankungen in einem Großbetrieb nach Übergang von drei kurzen auf zwei Langzeitschichten verdoppelt bzw. sogar verdreifacht hatte.

Auch von den Gewerkschaften sind die vielen Gesundheitsgefährdungen beobachtet und beklagt worden, die aus dem bereits oben genannten technologischen Wandel, der Zunahme chemischer Verarbeitungsmethoden oder der Durchdringung vieler Prozesse mit neuartigen Arbeitsgeräten (Preßluft) entstanden. Sie selbst standen bei der Forschung nach

Aufklärung ihrer Betriebskollegen allerdings in dem Konflikt zwischen Panikmache und Mitschuld im Krankheitsfall bei Unterlassung der Aufklärung. Gerade um ihren Mitgliedern eine verläßliche Auskunft über die Eigenschaften bestimmter Stoffe geben zu können, errichtete der ADGB 1926 eine gewerbehygienische Abteilung, der seit 1927 Franz-Karl Meyer-Brodnitz vorstand. In ihr konnten allerdings keine eigenständigen Laboruntersuchungen stattfinden.

Wie auch die Gewerbeärzte betonten, wäre freilich eine Kennzeichnungspflicht gefährlicher Stoffe grundlegende Voraussetzung für eine Aufklärung über die tatsächliche Gefährdung gewesen (Tab. 8). Die Deklarationspflicht war aber im § 8 Abs. 4 des gescheiterten Arbeitsschutzgesetzes untergebracht gewesen.

Die preßluftgetriebenen Werkzeuge machten auf eine weitere Gefährdung an vielen Arbeitsplätzen aufmerksam: Lärm, den der Metallarbeiterverband ausführlich untersuchte, der aber dennoch in die 1929 erlassene Zweite Verordnung nicht aufgenommen wurde (Abb. 65). Der Verband forderte Lohnsicherung und Entlassungsschutz für lärmgeschädigte Arbeiter und versuchte auf diese Weise, die Arbeitgeber zu effektiveren Anstrengungen zu zwingen. Außerdem stellte sich bei den nun durchgeführten Kontrollen heraus, daß auch das Aufsichtspersonal nicht gefährdungsbewußt genug ausgebildet war. Die Gewerkschaften hatten daher schon vor dem Krieg für den mittleren Aufsichtsdienst in den Betrieben und auch in der Gewerbeaufsicht die Berücksichtigung von Arbeitnehmern verlangt.

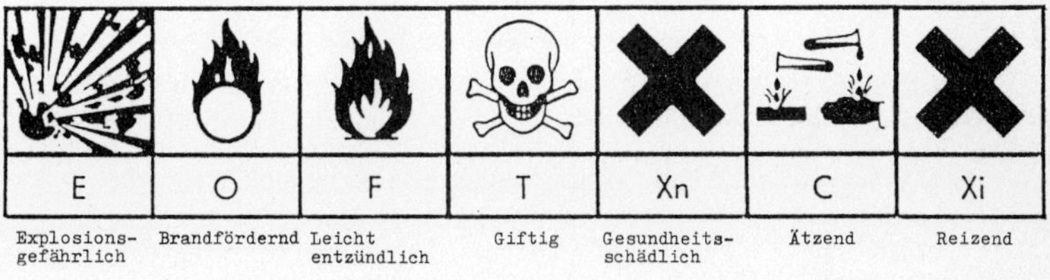

Tab. 8: Piktogramme, nach 1980. Die Auseinandersetzung um die Kennzeichnungspflicht gefährlicher Stoffe führte nach jahrzehntelangen Diskussionen zu verschiedenen Regelungen: Gesetz über gesundheitsschädliche Arbeitsstoffe (1939), Verordnung über gefährliche Arbeitsstoffe (1971), Neufassung der Arbeitsstoffverordnung, das sogenannte Chemikaliengesetz (1980) und schließlich Erweiterung der Gefahrstoffverordnung (1986). Das Chemikaliengesetz verpflichtet unter anderem Hersteller und Importeure, einen neuen Stoff eigenverantwortlich zu prüfen und diesen anzumelden – nicht weniger als 45 Tage bevor der Stoff erstmalig in den Verkehr gebracht wird.

65: Verkehrslärmmessung am Potsdamer Platz in Berlin, 1931. Ein Dauerthema des Arbeitsschutzes – der Lärm. Die technischen Entwicklungen boten zwar die Möglichkeit, den Lärm zu messen, zu erforschen, aber sie beseitigten ihn nicht. Vielmehr führte die wachsende Motorisierung zu einer neuen Lärmquelle.

Zweite Berufskrankheitenverordnung von 1929

Bereits in den siebziger Jahren des vorangegangenen Jahrhunderts war eine medizinische Ausbildung für die Arbeit der Gewerbeaufsicht als unumgänglich anerkannt worden. Doch erst nach dem Ersten Weltkrieg wurden Ärzte – noch immer eine verschwindend geringe Anzahl – als Gutachter eingestellt. Als sie schließlich in den bestehenden Behördenapparat eingegliedert werden sollten und zusätzlich noch als Dienstaufgabe wissenschaftliche Tätigkeit zugewiesen erhielten, war der Konflikt mit den auf Kontrolle der Unternehmer und tendenziell auf Solidarität mit den Technikern ausgerichteten Gewerbeaufsichtsbeamten vorprogrammiert. Zudem entwickelte sich unter den Gewerbemedizinern eine Vielzahl von Auffassungen über die Ursachen der beruflichen Erkrankungen; das reichte von den industriellen, arbeitsteiligen Prozessen als solchen über die mangelhafte Hygiene bei den Arbeitern selbst, der über eine sorgfältige Berufsauslese zu begegnen sei, bis zur Einschätzung des Erfurter Gewerbemediziners Hermann Gerbis, der in der Vervollkommnung der technischen Verfahren eine Lösung der Berufskrankheiten sah. Allgemein glaubte man zumindest, daß die Berufskrankheiten bei fortschrittlicheren Produktionsmethoden zurückgehen würden. Der Düsseldorfer Gewerbemediziner Ludwig Teleky teilte diesen Optimismus nicht. Er sah keine Interessengleichheit zwischen Arbeitgeber und -nehmer, sondern meinte vielmehr, daß Betriebsingenieure immer erst die fortschrittlicheren Anlagen mit ihren Risiken und erst viel später die dazugehörigen Sicherheitsvorrichtungen erbauten. Ihm fehlte die selbstverständliche Einplanung von Sicherheitsanlagen in die Konstruktion der Produktionsanlagen. Die Beteiligung der Techniker in den Unternehmen und in der Gewerbeaufsicht an der Begutachtung des Gesundheitsschutzes sei verderblich, da ihnen jegliche Grundlagen gewerbehygienischer Kenntnisse fehlten. Er nahm ganz eindeutig in Gesundheitsfragen Partei für die Gesundheit des Patienten und nicht die des Unternehmens.

Welchen Weg hat die Anerkennung der Berufskrankheiten in der Weimarer Republik nun genommen, nachdem sie einmal in Ansätzen festgeschrieben worden war? War die erste Verordnung von 1925 sehr wesentlich durch ein Zusammenwirken des Reichsarbeitsministeriums mit der chemischen Industrie zustande gekommen, so spielte bei der Erweiterung der Verordnung der Vorläufige Reichswirtschaftsrat eine wichtige Rolle. Die Folgen rücksichtsloser Anwendung gesundheitsschädlicher Werkzeuge wie gerade der Preßluftgeräte sollten, so der Sozialpolitische Ausschuß des Reichswirtschaftsrates, ebenso in die Verordnung aufgenommen werden wie Schwerhörigkeit, die durch andere industrielle Lärmquellen verursacht wurde; die Staublunge im Bergbau sowie in der Stein- und Metallindustrie wollte er als Berufskrankheit anerkennen, während das Einatmen von gefährlichem Staub aus Thomasschlacke nicht dazugehören sollte.

Als der Reichsarbeitsminister Ende 1928 den Entwurf für eine zweite Verordnung vorlegte, erleichterte die günstige wirtschaftliche Entwicklung der Arbeitgeberseite die Zustimmung. Die nun in den Ausschüssen des Reichswirtschaftsrates aufkommenden Erweiterungswünsche der Arbeitnehmerseite wurden aber sämtlich abgelehnt, ja, der Reichswirtschaftsrat änderte auf Drängen der Berufsgenossenschaften den Entwurf in zwei Punkten sogar ab: Die Staublungenerkrankungen wurden auf «schwere» Fälle begrenzt, die Hautkrankheiten auf chronische und auf wiederkehrende Formen. Die Verordnung vom 11. Februar 1929 – am 7./8. Februar hatte Reichsarbeitsminister Wissell (SPD) im Reichstag das Arbeitsschutzgesetz eingebracht – umfaßte statt der elf nunmehr 22 Krankheiten (vgl. S. 216f). Diese waren nicht mehr nur auf gewerbliche Betriebe, vorwiegend der Chemie, begrenzt, sondern auch auf Landwirtschaft und die Seeschiffahrt ausgedehnt, und für bestimmte Krankheiten fiel die Bindung an den Betrieb fort.

Auch bei dieser Verordnung war das Grundprinzip der Unfallversicherung angewandt worden: Die Betriebe sollten durch fühlbare Zahlungen angehalten werden, die technischen und organisatorischen Sicherheitsvorkehrungen so auszugestalten, ja in die Konstruktion bzw. Aufstellungspläne so einzubeziehen, daß die Ausgaben für die Berufskrankheitenversicherung möglichst niedrig blieben.

Noch bevor die Ende 1929 einsetzende Weltwirtschaftskrise die ökonomische Situation erneut verschärfte, stimmten die Berufsgenossenschaften der neuen Regelung zu. Die zweite Verordnung, anders als die erste, wurde in größerem Maße in Anspruch genommen: Im Jahr 1928 waren 4000 Berufskrankheiten angezeigt worden, und ein Jahr später, 1929, waren es bereits 22000. Die Entwicklung sank dann bis 1933 wieder auf 8000 Anzeigen. Zu einer so hohen Meldung konnte es nur kommen, weil auch das in Frage kommende Krankheitsspektrum viel breiter angelegt war. Schwere Silikose und Bleierkrankungen deuteten an, in welchen Bereichen technisches Gerät wenig rücksichtsvoll für die Gesundheit der Beschäftigten eingesetzt worden war: Bergbau, keramische Industrie, Maschinenbau und Schleiferei bei der Silikose, Druckindustrie, Metallindustrie und Chemie bei Bleierkrankungen.

Die Zweite Verordnung muß als Maximum der Kompromißfähigkeit in der späten Weimarer Republik angesehen werden, wobei der Verordnungscharakter den Kompromiß erleichterte, während ein Gesetz bereits jenseits der politischen Möglichkeiten lag. Die Versicherung von Berufskrankheiten wurde schnell zu einem ungeliebten Kind der betrieblichen Kostenkalkulation. Als wenige Monate nach Inkrafttreten der Verordnung die Weltwirtschaftskrise Deutschland besonders hart traf, versandeten nicht nur weitere sozialpolitische Aktivitäten in den parlamentarischen Gremien, auch bereits festgeschriebene Leistungen wurden analog zu den deflationistischen Maßnahmen in anderen Bereichen zurückgenommen: Für die Krankenversicherung wurden 1930 drei Karenztage eingeführt, wonach Krankengeld also erst nach drei Krankheitstagen gezahlt wurde. Auf diese Weise schlug der Kompromiß der Jahre 1883/84, Betriebsunfälle zunächst dreizehn Wochen in der Krankenversicherung zu behandeln, nunmehr voll zuungunsten der unfallgeschädigten Arbeiter zu Buche. Diese Regel wurde erst durch die Nationalsozialisten im

5. Gesetz zur Änderung der Unfallversicherung am 17. 2. 1939 rückgängig gemacht.

Wegen der Weltwirtschaftskrise unterschritten die Einnahmen der Unfallversicherung 1930 die Ausgaben, so daß – in Anlehnung an die Entwicklung in der gewerblichen Wirtschaft – das Schlagwort von der «Rationalisierung der Sozialversicherung» die Runde machte. Damit ist die erfolgreiche Politik zum Schutz der Arbeitnehmergesundheit, die von Zentrum und SPD betrieben worden war, bald nach der Zweiten Verordnung einer Ernüchterung gewichen, die den Auswirkungen der Weltwirtschaft auf Deutschland folgte. Nicht nur geriet das Arbeitsschutzgesetz auf die lange Bank, schlimmer für die allgemeine politische Entwicklung war noch, daß sich SPD und Gewerkschaften, die die Regierung maßgeblich stützten, in einer anderen für essentiell gehaltenen Frage, der Erhöhung der Arbeitslosenversicherungsbeiträge, nicht einigen konnten: Hierin lag der – freilich vordergründige – Anlaß zur parlamentarischen Zerstörung der Weimarer Republik.

IV. Arbeitssicherheit im Nationalsozialismus

Die Entwicklung der Arbeitssicherheit unter nationalsozialistischer Herrschaft ist ebensowenig wie die sonstigen Maßnahmen zur Einbindung der Arbeiter in den NS-Staat mit wenigen Worten und eindeutig zu fixieren.

Direkte Arbeitsschutzmaßnahmen und Aufwendungen für aktive Arbeitssicherheitsmaßnahmen sind während der großen Weltwirtschaftskrise von allen gesellschaftlichen Gruppen als untergeordnete Gesichtspunkte behandelt worden. Das vorliegende statistische Material, das bis 1932 sinkende Unfallzahlen angibt, ermöglicht keine genaueren Aussagen über den tatsächlichen Verlauf (Sozialgeschichtliches Arbeitsbuch 3, 1978, S. 158f). Wo durch sinkende Arbeitszeit die Arbeitsintensität nachließ, konnten auch keine zusätzlichen Unfälle durch Überlastung entstehen: Die Zahl der Arbeitsunfälle mußte sinken und sank auch. Dort, wo sich Entwicklungsmöglichkeiten auftaten, mit Hilfe der Elektroindustrie zu rationalisieren, sank die Zahl der Unfälle ebenfalls, jedenfalls solange nicht durch übermäßige Eintönigkeit und Übermüdung die Aufmerksamkeit der Beschäftigten nachließ.

Doch die zunächst beachtlich sinkenden Unfallziffern stiegen 1933 schon wieder, als sich die Wirtschaft erholte. Wir haben es aber nach 1933 zusätzlich zu den vielen ökonomischen Faktoren möglicherweise mit einem weiteren Aspekt zu tun, mit einem Stimmungswandel in der Arbeitswelt: Die Leiter großer und vieler kleiner Industriebetriebe sahen mit dem Sieg des Nationalsozialismus auch ein Ende gewerkschaftlicher Schutzforderungen gekommen. Hatten sie die Erste Berufskrankheitenverordnung von 1925 noch als unvermeidlich akzeptiert, so betrachteten sie die Zweite Berufskrankheitenverordnung von 1929 offen als Ärgernis.

Angesichts der Weltwirtschaftskrise schimmerte in ihren Beurteilungen oft die Auffassung durch, daß die Arbeiter sich einfach nicht so anstellen, sich eher freuen sollten, daß sie überhaupt Arbeit erhielten. Die alte Mentalität, Arbeitern Rentendenken und Faulheit vorzuwerfen und die tatsächlichen Gesundheitsgefahren am Arbeitsplatz herabzusetzen, wurde allerdings in dieser Deutlichkeit öffentlich nicht ausgesprochen, sondern wurde von dem neuen nationalen Aufbaupathos mitgetragen. Schon eher war, wenn auch an versteckter Stelle, die ärztliche Auffassung über ein verbreitetes Simulantentum zu finden.

66: Die neue Ästhetik des Reichsarbeitsdienstes. Bildunterschrift von 1938: «Auch das ist im Geiste von ‹Schönheit der Arbeit› geschaffen! Der Betrieb besitzt das Leistungsabzeichen für vorbildliche Förderung von Kraft durch Freude.»

Die veröffentlichte Unfallkurve stieg von 1933 bis 1936 allein um 55 % an, um dann mit Beginn der intensiven Rüstungsarbeit, aufgrund der neu eingestellten Arbeitskräfte und der überlangen Arbeitszeiten noch schneller zu wachsen. Eine Beurteilung dieser Kurve muß zusätzlich berücksichtigen, daß der Anteil der gemeldeten Unfälle an der Gesamtzahl der tatsächlich vorgekommenen sank (Hagenkötter 1974). Die auf Volksertüchtigung (Abb. 66) und Wiedergeburt der germanischen Rasse ausgerichtete NS-Propaganda kam der gewerblichen Wirtschaft gelegen, um die Arbeitsbedingungen wieder stärker nach eigenen Vorstellungen bestimmen und gegen die antikapitalistischen Vorstellungen in der Deutschen Arbeitsfront (DAF) und bei den Nationalsozialistischen Betriebszellenorganisationen (NSBO) verteidigen zu können. Den Industriebetrieben und ihren, im Gesetz zur Ordnung der Nationalen Arbeit 1934 eingeführten, sogenannten Betriebsführern war nicht von Anfang an klargewesen, daß es im nationalsozialistischen deutschen Staat möglich wurde, die Mitbestimmungsansprüche der nationalsozialistischen Arbeiterschaft beiseite zu rücken.

Interessenkonflikt:
Reichsarbeitsministerium kontra Deutsche Arbeitsfront

Im Parteiprogramm der NSDAP von 1920 war noch ausdrücklich von der Abschaffung des arbeits- und mühelosen Einkommens, von der «Brechung der Zinsknechtschaft» und der Gewinnbeteiligung an Großbetrieben die Rede; es hatte sich also einer ganzen Anzahl antikapitalistischer Ziele und Formulierungen bedient. Vor allem auf dem Gebiet der einheitlichen Arbeitsgesetzgebung, die von der Weimarer Koalition seit 1919 durch Verfassungsgebot angestrebt worden war, aber scheiterte, wollten die Organisationen DAF und NSBO einen Erfolg vorzeigen. Die Deutsche Arbeitsfront unter Robert Ley (1890–1945) hatte mit Nachdruck Mitspracherechte verlangt, von deren Verweigerung andererseits die Industrie ihre Einstellung zum neuen Staat weitgehend abhängig machte. Die Industrie und das Reichsarbeitsministerium wehrten diese Forderungen mit dem Gesetz zur Ordnung der nationalen Arbeit vom Januar 1934 weitgehend ab. Dabei wirkten Arbeitgebervertreter vor allem zusammen mit den an wirtschaftlichen Erfolgsdaten orientierten Institutionen wie auch dem Wirtschaftsministerium unter der Leitung von Hjalmar Schacht, so daß sich die DAF nach 1935 immer mehr aus der tatsächlichen Wirtschafts- und Sozialpolitik heraushalten mußte: Das Reichsarbeitsministerium (RAM) blieb die führende staatliche Organisation auf dem Gebiet der Sozialpolitik (Recker 1985, S. 82ff.). Der DAF mußten Propaganda-Aktionen auf dem Gebiet der Arbeitssicherheit, die später während der Kriegswirtschaft allerdings kaum von Bedeutung waren, genügen (Beier 1977).

Vor der Machtübernahme forderten die Nationalsozialisten und in den ersten Jahren danach die DAF einen besseren Gefahrenschutz für Arbeitnehmer, und populistische und antikapitalistische Kräfte in der DAF wie in der NSBO hatten den Unmut über die unzulänglichen Erfolge des Arbeitsschutzes in der Weimarer Republik propagandistisch für sich genutzt. Die Vielfalt der für die Arbeitssicherheit verantwortlichen Instanzen war dabei der DAF ein Dorn im Auge. Wie die Sozialdemokraten schon 1877, die Gewerkschaften schon 1899 (Weber 1986, S. 123), die Gewerbeaufsichtsbeamten 1919 (Simons 1984) oder die SPD nochmals 1928, so stellte sie jetzt die populäre Forderung auf, die Aktivitäten zum Arbeitsschutz zu konzentrieren – nun unter Anwendung des Führerprinzips.

Die Industrie wehrte sich gegen die drohenden Eingriffe auf den ihr zur Verfügung stehenden Gebieten der Selbstverwaltung; dennoch veränderte sich die Organisation für die Überwachung technisch komplizierter Einrichtungen durch besondere Ingenieure, also durch die Mitarbeiter der Dampfkesselüberwachungsvereine, indem sich 1933/34 der Zentralverband der Preußischen Dampfkesselüberwachungsvereine auflöste und in der außerpreußischen Vereinigung, dem Allgemeinen Verband der Dampfkesselüberwachungsvereine, aufging. Dieser wurde schließlich 1936 zum Reichsverband der technischen Überwachungsvereine (vgl. Hoffmann 1986). Dagegen vermochten die Berufsgenossenschaften bzw. der 1933 geschaffene Reichsstand der Industrie in enger Zusammenarbeit mit dem Reichsarbeitsministerium die Ansprüche der Partei und insbesondere der DAF zu unterlaufen. Die enge Zusammenarbeit des Syndikus der gewerblichen Berufsgenossenschaften, Gustav Roewer, mit dem späteren Staatssekretär im RAM, Johannes Krohn, scheint für diese Entwicklung von Bedeutung (Wickenhagen 1981, S. 23ff).

Im Gesetz zur Ordnung der nationalen Arbeit war geregelt, daß Arbeitsschutzwalter bzw. Unfallvertrauensmänner der DAF in Betrieben mit über 20 Beschäftigten vom Betriebsführer und Betriebsobmann in die Meldung von Unfällen einbezogen wurden. Sie waren wie die Betriebsräte der Weimarer Zeit aber nur zur Beratung der Beschäftigten ermächtigt; ein Eingriffsrecht in die Produktion bei drohenden Gefahren hatten sie nicht. Diese Ergebnisse mußten die DAF enttäuschen. Nach dem frühen Tod Roewers im Jahr 1934 wurde das Drängen der DAF dadurch aufgefangen, daß seine Stelle nicht wieder besetzt wurde und somit der Hauptverband der gewerblichen Berufsgenossenschaften ohne Geschäftsführer blieb. Dafür setzte das RAM 1934 zunächst die längst ausgearbeiteten Normalunfallverhütungsvorschriften, Rahmenvorschriften darüber, wie Unfallverhütungsvorschriften auszusehen hatten, in Kraft. Schließlich kam es 1935 zu einer «Vereinbarung zwischen der DAF und dem Verband der Deutschen Gewerblichen Berufsgenossenschaften über Gemeinschaftsarbeit auf dem Gebiete des Arbeitsschutzes und der Unfallverhütung». Wie mit den meisten Vereinbarungen über Gemeinschaftsarbeit in der Weimarer Republik sollten auch diesmal etwaige Ansprüche an die gewerbliche Wirtschaft durch den kooperativ klingenden Begriff abgeblockt werden.

Eine neue Sicht?

Der ständige, eher psychologische Druck der DAF führte zu einer veränderten Auffassung über die Rolle des Arbeitsschutzes im Betrieb. Nach 1935 sollten Betriebsführer, also die Werksleiter, und die Vertreter von NSBO, DAF und Berufsgenossenschaften in der Unfallbekämpfung zusammenwirken; doch der von der DAF geschulte und bestellte Arbeitsschutzwalter im Vertrauensrat sollte die Aufgabe der Arbeits- und Betriebssicherheit direkt vom Betriebsführer erhalten. Auch der Sicherheitsingenieur, wenn es einen solchen gab, sollte direkt abhängig vom Betriebsführer sein. Wichtig war die veränderte Grundeinstellung, die von der DAF formuliert wurde:

«Die Vernachlässigung von Sicherheitsvorschriften durch Arbeiter muß in erster Linie als eine Folge mangelhafter Betriebsführung angesehen werden» (Deutsche Arbeitsfront 1941, S. 172).

Diese Auffassung war von den freien gewerkschaftlichen Organisationen schon zu Beginn des 20. Jahrhunderts und von amerikanischen Unternehmensberatern seit den zwanziger Jahren vertreten worden. Und dennoch stellte sie eine revolutionäre Formulierung dar, welche die bislang vorherrschende Einstellung zum Unfallgeschehen, die Selbstverschuldungsthese der Arbeiter, auf den Kopf stellte. Es ist verständlich, daß die Berufsgenossenschaften, die für die Entschädigung von Unfällen einzustehen hatten, sich damit gar nicht anfreunden konnten und in der selbstverwalteten Entschädigungspraxis darauf auch nicht eingingen. Es blieb also im wesentlichen bei einem uneingelösten Anspruch, der durch die Kriegswirtschaft ohnehin bald gegenstandslos wurde.

Es ist schwierig zu erkennen, wo in Deutschland der Anspruch der DAF überhaupt wahrgenommen wurde. Am ehesten noch im Bereich ganz moderner Produktionstechniken, welche von Schlesingers Institut in Berlin beobachtet wurden, bei dessen Arbeiten zur Rationalisierung Arbeitssicherheit «so nebenbei» mit abfiel, weil die Arbeiter immer seltener mit unterschiedlichen Materialien und Maschinen in Berührung kamen (Abb. 67). Doch Schlesinger war 1933 eingesperrt und vertrieben worden (Spur 1979).

Robert Pilz (1890–1945), der nach dem Ersten Weltkrieg in Freiberg/Sachsen Eisenhüttenkunde studiert und später die Hochofenbetriebe der Österreichischen Alpinen Montangesellschaft geleitet hatte, vertrat bei der DAF diese neuen Ansichten nachhaltig. Betriebssicherheit sei eine Leistung des Betriebes, erklärte er noch 1941 im Sprachduktus der NS-Wirtschaftsführer. Seine aufrüttelnden Worte bewogen die Berufsgenossenschaften, ihn in ihre Dienste zu nehmen. Sicherheit war für ihn kein Zufall. Daß sie organisiert werden muß, stellte den Kern seiner Philosophie dar, und ein hauptamtlicher Sicherheitsingenieur für 2000 bis 3000 Beschäftigte bildete seinen Maßstab. Er sah die Tätigkeitsfelder für Sicherheitsingenieure und Arbeitsschutzwalter vor allem in der Erfahrungsverwertung und Vorbeugung, und ihre beratende Funktion galt ihm keinesfalls als Hemmnis. In amerikanischer Manier sollten die Beschäftigten durch Zustimmung und Vorbildhaftigkeit für mehr Sicherheitsbewußtsein gewonnen werden. Vor allem sollte sich der Betrieb durch Unterschrift des Arbeitsschutzwalters, also durch Delegation, nicht von dieser Verantwortung befreien dürfen (Pilz 1941) – ein bis in die siebziger Jahre in Deutschland geübter Mißstand.

Um zu praktikablen arbeitswissenschaftlichen Ergebnissen für den neuen Staat zu kommen, hatte die DAF früh ein Arbeitswissenschaftliches Institut gegründet, das besonders hartnäckig gegen das immer wieder von Arbeitgeberseite vorgetragene Argument ankämpfte, die Arbeiter verschuldeten durch Unachtsamkeit usw. zu 80% selbst die Unfälle (Deutsche Arbeitsfront 1941, S. 172). Je weiter sich die kriegswirtschaftlichen Erfordernisse später in den Vordergrund schoben, um so weniger mußte die Wirtschaft von der DAF befürchten, um so schwieriger wurde andererseits auch die Lage und Glaubwürdigkeit der DAF. Immer stärker wurden ihre Institute und Untersuchungen herangezogen, um die Leistung der Arbeiter zu steigern: Untersuchungen über den Lärm und seinen Einfluß auf die Leistungsfähigkeit standen bereits unter dieser Zielsetzung (Deutsche Arbeitsfront, 1941, S. 123ff). 1940 forschte die DAF nach eigenem Bekunden auf folgenden Gebieten, ohne allerdings die Zahl der Mitarbeiter zu nennen: Arbeitswissenschaften (Volkswirtschaft, Sozialpolitik, Sozialrecht, psychologische Fragen), Arbeitsrecht (Akkord, Urlaub, Frauenlohn, Sozialversicherung), Arbeitsgestaltung (Arbeitserleichterungen, Arbeitserziehung) und Leistungssteigerung.

Die DAF hatte zunächst auf weniger praxisrelevanten Gebieten ihr Recht zur Mitwirkung angemeldet und durchgesetzt. So mißtraute sie der Statistik der Berufsgenossenschaften und versuchte, eine eigene aufzubauen, um der Arbeiterschaft die betrieblichen Gefahren deutlicher zu

67: Chemiewerker am Bedienungsstand einer Essigsäurefabrik, 1937. Die bewegten Teile sind durch Gitter abgedeckt; die Kontrolleure können die Funktion der Absperrschrauben nur nach Lektüre der Flußpläne übersehen.

Bewußtsein zu bringen. In den Berufsgenossenschaften wollte die DAF ausschließlich eine Versicherung sehen, während sie für sich die Organisation des Arbeitsschutzes, die vorbeugende Bekämpfung der Unfälle und damit dann auch die Erfolge sinkender Unfallziffern in Anspruch nehmen wollte. So mußten nach 1934 alle Unfälle gemeldet werden, nicht nur die über drei Tage hinauswirkenden und von der Krankenkasse erfaßten (Yano 1986, S. 89f; Arbeitswissenschaftliches Institut 1939, 2, S. 23). Diese Ziffern stiegen aber seit 1936/37 deutlich an, weil ungelernte und weniger gesunde Arbeiter eingestellt werden mußten. Besonders im Bergbau wuchsen die Krankenziffern bei Tuberkulose, Magen- und Atembeschwerden.

Zwischen dem Bergbau und der DAF gab es so etwas wie eine Dauerfehde (Wisotzky 1983, S. 182). Der Bergbau hatte in der zweiten Hälfte der dreißiger Jahre mit erheblichen Nachwuchsproblemen zu kämpfen und bemühte sich, von den Unfällen im Bergbau abzulenken. Auf Drängen der Oberbergämter wurden Unfallbeauftragte eingestellt und der Unfallschutz als eine betriebsinterne Angelegenheit gegen DAF und NSBO verteidigt. Als der Bergbau aber 1938 dazu überging, krankgeschriebene Bergleute nachzuuntersuchen und Wehrmachts-, vor allem aber die neugeschaffenen Betriebsärzte dafür einsetzte, wandte sich die DAF unter Hinweis auf die Erschöpfung der Bergarbeiter in einer Denkschrift gegen die Summierung von Arbeitsbelastungen.

Göring, der für die Reichswerke in Salzgitter eine ungestörte Kohlenversorgung sicherstellen wollte, setzte im Februar 1939 eine Erhöhung der Bergarbeiterlöhne gegen den Willen des Bergbaus durch, verlängerte freilich auch die Arbeitszeit der Bergleute (Wisotzky 1983, S. 243ff). Eine durchgreifende Verbesserung der Arbeitssituation im Bergbau hätte nur in der technischen Weiterentwicklung liegen können, die weg von der Handarbeit im Streb und hin zu einer durch Maschinen betriebenen Arbeit führen mußte. Dazu gab es ab 1935 und vor allem nach Kriegsbeginn massive Versuche und Aufforderungen: So wurde in einem großen Wettbewerb der Bergbauforschung 1940/42 nach geeigneten Abbaumaschinen gesucht und mit dem deutschen Kohlenhobel (Abb. 68) und der englischen Walzenschrämmaschine auch gefunden. Noch während des Krieges wurde vor allem der Hobel in einigen wenigen Zechen eingeführt, auch wenn der Haupteinsatz erst seit 1958 als Reaktion auf die sinkenden Ölpreise erfolgte.

Mit dem 6. Gesetz zur Änderung der Unfallversicherung im Jahr 1942 wurden endlich alle Arbeitnehmer unabhängig von der Betriebsgröße in den Schutz der Unfallversicherung einbezogen; aus der betriebsbezogenen Unfallversicherung war nun eine generelle Arbeits-Unfallversicherung für alle gewerblichen Arbeitnehmer geworden. Tatsächlich gab es auch einen Vorstoß in die von Pilz vorgeschlagene Richtung, den Sicher-

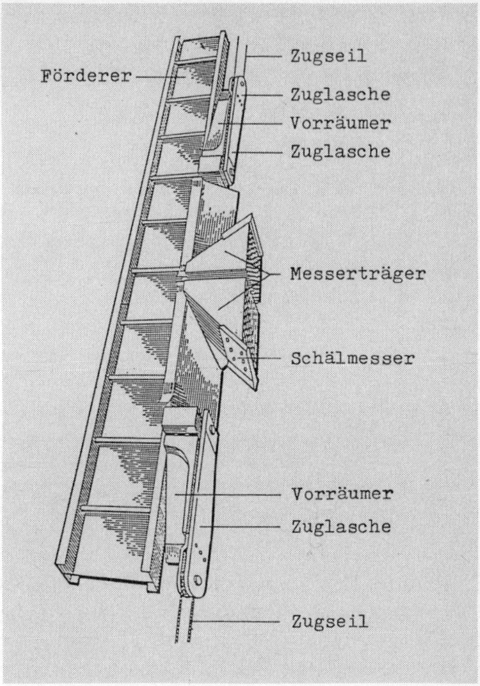

68: Schemazeichnung eines Kohlenhobels.

heitsingenieur gesetzlich zu verankern. Ein Erlaß vom 15. 12. 1943 sah für bestimmte Betriebe haupt- bzw. nebenberufliche Sicherheitsingenieure vor. Über die Umsetzung in die Wirklichkeit ist nichts bekannt.

Ganz aufgegeben hat die DAF ihre Forderungen nach Verbesserung der Arbeitssituation bis in die letzten Tage des Krieges und des NS-Reiches hinein nicht. Noch Ende 1944 versuchte sie, den Frauenlohn dem Männerlohn gleichzustellen: ein hoffnungsloses Unterfangen angesichts der Vorstellungen Hitlers und seiner engsten Berater über die Rolle der Frau in Volk und Familie (Bajohr 1979, S. 273ff).

Propaganda für die Schönheit der Arbeit

Die DAF hatte einen wortstarken Verbündeten in den ersten Jahren ihrer Öffentlichkeitsarbeit für eine Verbesserung der Situation am Arbeitsplatz: das Amt Schönheit der Arbeit (ASdA), bei dessen Gründung Ansätze der technischen Kulturkritik aus den zwanziger Jahren mitaufgenommen worden waren. Es sollte im Propagandafeldzug zur Erhöhung des Ansehens der Arbeiter die Arbeitsstätten in baulicher und hygieni-

69: Werbeschrift und Produktübersicht einer Möbelfirma, 1940. Die neue Ideologie «Schönheit der Arbeit» kannte keine Grenzen – welcher nationalsozialistische Musterbetrieb brauchte nicht die Stuhlmarke «Bombenfest»!?

scher Hinsicht kontrollieren, und es wollte zu diesem Zweck mit Gewerbeaufsicht, Bergaufsicht, Gewerbemedizin, Baupolizei, den Berufsgenossenschaften und Forschungsinstituten (Staubforschungsstelle) in beratender Funktion zusammenarbeiten. Die Propagandameldungen der frühen Jahre berichteten von Tausenden von Betriebsbesichtigungen und ebenso von Tausenden sofort vollzogenen Verbesserungen – immerhin konnten die Betriebe diese Investitionen als Betriebsausgaben geltend machen (Abb. 69).

Eine 1935 durchgeführte Kampagne hieß «Sonne und Grün allen Schaffenden», und im gleichen Jahr wurde nochmals der Lärmbekämpfung eine besondere Woche gewidmet. 1938 gründete das Amt zusammen mit dem Reichsarbeitsminister, der Deutschen Gesellschaft für Arbeitsschutz und dem Verein Deutscher Ingenieure einen Ausschuß für Lärmbekämpfung in gewerblichen Betrieben und startete einen entsprechenden Aufklärungslehrgang. Recht erfolgreich war die Kampagne zur Verbesserung der Beleuchtungsverhältnisse am Arbeitsplatz, an der auch die Elektrizitätswirtschaft entsprechendes Interesse hatte und deren Ergebnis erwartungsgemäß sehr positiv ausfiel (Abb. 70; Friemert 1980, S. 155). Im Jahre 1937 wandte sich das Amt mit der Kampagne «Saubere Menschen im sauberen Betrieb» und «Gesunde Luft im Arbeitsraum» vor allem dem Thema der Staubbekämpfung zu. Die hieraus erwachsene Empfehlung des Preußischen Arbeitsministers zur besseren Lüftung der Arbeitsräume war jedoch lange nicht so erfolgreich wie die Beleuchtungskampagne, weil sie einmal nur Empfehlungscharakter hatte und zum anderen ihre Ergebnisse, bessere Atmung, weniger Tuberkulosegefahr und Staublungenerkrankungen, nicht so schnell sichtbar werden konnten. Die Aktion fand nicht ohne aktuellen Hintergrund statt; denn nach 1938/39 stiegen vor allem die Tuberkuloseerkrankungen deutlich an: Zeichen der Beschäftigung bereits TB-erkrankter Arbeiter wie zugleich auch ein

70: Nachdem man in den dreißiger Jahren bemüht gewesen war, Frauen aus dem Arbeitsprozeß auszuschließen, mußten sie mit der einsetzenden Kriegsproduktion wieder in die Arbeitswelt integriert werden. Angenehme Arbeitsbedingungen, etwa gute Beleuchtung, wurde dabei als Werbung eingesetzt.

71: Weibliche Häftlinge aus dem Konzentrationslager Ravensbrück. Mit den Arbeitsbedingungen dieser Frauen konnte die DAF nicht werben.

Zeichen für die absinkende Versorgungslage. Die Unfälle im Bergbau nahmen außerdem wegen der Verpflichtung von neuen Bergarbeitern und später vor allem wegen der Beschäftigung von Fremdarbeitern zu (Werner 1983, S. 166, 306).

Aus den vielen, schnell errichteten Lagern (Abb. 71) für die Gefangenen und Kasernierten im nationalsozialistischen Deutschland wurde das Amt Schönheit der Arbeit ebenso ausgesperrt wie die Gewerbeaufsicht, nachdem diese die hygienischen Bedingungen nach der Errichtung einmal überprüft hatte.

In wessen Interesse: Betriebsärzte fördern «Leistung»

Zu Beginn dieses Jahrhunderts hatten Medizin und Psychologie ihre Möglichkeiten erkannt, im Dienst der Produktivitätssteigerung den einzelnen besser zu «konditionieren». Die entwickelten Methoden der Arbeitsmedizin und der Psychotechnik sind zwar nicht bruchlos in die NS-Zeit übergegangen, doch als in der Rüstungskampagne alle Kräfte mobilisiert wurden, wollten auch die Mediziner – bereitwilliger noch als die oft verdächtigten Psychologen – dazu ihren Beitrag leisten. Leistungssteigerung sollte im NS-Staat nicht auf propagandistische Aktionen der DAF und auf tatsächliche Maßnahmen der Betriebsführer beschränkt bleiben, sondern auch mit Hilfe wissenschaftlich-technischer Neuerungen von seiten der sozial so angesehenen Schicht der Ärzte erreicht werden. Mit den biologistisch-technizistischen Vorstellungen des ideologischen Rassenwahns ließen sich solche Maßnahmen gut begründen.

Das Ziel der Leistungssteigerung trug wesentlich zur Durchsetzung einer sozialpolitischen Forderung aus der Weimarer Zeit bei, die aber im Kontext des Dritten Reiches dann doch keine Erfüllung der alten Forderung sein konnte: die Verankerung der Arbeitsmedizin im Betrieb.

Der Begriff Arbeitsmedizin hatte seit der internationalen Tagung in Lyon 1929 schnell den in Deutschland bislang gebräuchlichen Begriff Gewerbehygiene verdrängt. Zwar war in der Weimarer Zeit das Aufgabengebiet der Arbeitsmedizin ausgedehnt worden, dennoch hatte sie keinen allzu großen Aufschwung genommen. Die Deutsche Gesellschaft für Gewerbehygiene, 1922 in Frankfurt, als Ersatz für das in Berlin gescheiterte große Reichsinstitut für medizinische Arbeitsforschung gegründet, führte seit 1924 auch die Aktivitäten des 1908 gegründeten Frankfurter Instituts für Gewerbehygiene fort (Weber 1986, S. 75f, 145ff; Mager 1963). Sie organisierte ihre Arbeiten seit 1926 in zwei Sparten, einer technischen und einer medizinischen, um so die Gleichrangigkeit der beiden Sichtweisen anzuerkennen und dem heftigen Abwehrkampf der Techniker gegen die Mediziner in der Gewerbeaufsicht zu begegnen. Sie betrieb, ab 1934 unter dem Namen Deutsche Gesellschaft für Arbeitsschutz, zusammen mit der DAF Öffentlichkeitsarbeit, u. a. mit einer ständigen Ausstellung für Arbeitsschutz in Frankfurt, die 1936 von F. Koelsch aufgebaut worden war. Viele Arbeitsmediziner konnten, das war angesichts der Erwartungen vom «neuen deutschen Arbeiter» nicht verwunderlich, auch nach 1933 in Deutschland weiterarbeiten, andererseits wurden bekannte Vertreter wie Teleky und Rosenthal-Deussen in die Emigration getrieben.

Die vielfachen Neugründungen und Umbenennungen von Einrichtungen zur Arbeitsmedizin in der Zeit der NS-Herrschaft täuschten darüber hinweg, daß es kein festes Konzept zur Entwicklung der Gewerbehygiene oder der Arbeitergesundheit gab. Indem der Begriff Gewerbehygiene, der eher präventiven Charakter hatte, durch Arbeitsmedizin ersetzt wurde, konnte das Aufgabengebiet schnell in Richtung Leistungssteigerung ausgeweitet werden. Von dem vergleichsweise überproportionalen Einstieg der Ärzteschaft in die NS-Organisationen mit ihrer Ideologie der rassischen Überlegenheit konnte man erwarten, daß davon auch die Gesundheitsfragen bei Beschäftigten beeinflußt wurden (Milles/Müller 1985, S. 111).

Als Mitte der dreißiger Jahre die geburtenschwachen Jahrgänge der Kriegs- und Nachkriegszeit ins Wirtschaftsleben eintraten, waren besondere Maßnahmen gefragt (Abb. 72). Bis zu diesem Zeitpunkt war von staatlicher Seite aus die Arbeit der berufsgenossenschaftlichen Ärzte nicht recht kalkulierbar gewesen; aber mit der Verabschiedung der Dritten Berufskrankheitenverordnung im Jahre 1936 änderte sich dies, indem die Tätigkeit der staatlichen Landesgewerbeärzte aufgewertet wurde. Nun mußte die Berufsgenossenschaft binnen zwei Tagen nach Eingang der Krankheitsanzeige diese an den zuständigen staatlichen Gewerbearzt übersenden (Milles/Müller 1985, S. 122), der die Anzeige überprüfte, den Erkrankten untersuchen konnte und ein Gutachten erstellen oder bestätigen mußte. Der Stichentscheid der ärztlichen Gewerbeaufsicht war bereits in der Weimarer Zeit diskutiert worden, doch jetzt konnte man mit dieser Maßnahme die noch immer etwas abseits stehende ärztliche Gewerbeaufsicht in die gesteigerten Rüstungsbemühungen einbinden und gleichzeitig die Berufsgenossenschaft kontrollieren.

Arbeitsschutz und Sozialversicherung wurden im Arbeitsministerium (Reich und Preußen) zusammengefaßt; damit hatte der Arbeitsminister die rivalisierende DAF wiederum an wichtiger Stelle beiseite geschoben. Doch war zugleich die ärztliche Gewerbeaufsicht aus der Medizinalverwaltung herausgenommen und der Arbeitsverwaltung eingegliedert worden – eine gewünschte Funktionalisierung der Medizin im Dienst der Arbeitskräftebeschaffung. Diese Verlagerung war auch für die spätere praktische Entwicklung der Arbeitsmedizin von Bedeutung, weil auf diese Weise die aktiven Tätigkeiten zur Verbesserung der Gewerbehygiene an den Rand gedrängt und die Landesgewerbeärzte vorwiegend zur Schreibtischarbeit für Gutachten verpflichtet wurden.

Die Aufgabe zur Leistungssteigerung im nationalsozialistischen Sinne war allerdings vor allem den Betriebsärzten zugedacht. Doch erst 1938 gab es dazu Richtlinien, die vom Amt für Volksgesundheit, der DAF und der Reichsgruppe Industrie vereinbart worden waren. Sie bestimmten, daß der Betriebsarzt kein Wissenschaftler und Spezialist, sondern der allgemeine «väterliche» Arzt zu sein habe: eine Verstärkung der manipulativen ärztlichen Kompetenz gegenüber seiner wissenschaftlichen. Er sollte vor allem den Leistungsknick, den man um das vierzigste Lebensjahr herum bei männlichen Arbeitern beobachtet hatte, hinausschieben; denn immerhin war seit 1936 die zulässige Akkordarbeit auf 60 Wochenstunden festgesetzt worden, bei fortbestehenden Schutzbestimmungen für Frauen und Kinder. Der Betriebsarzt unterstand im allgemeinen, das war für die Industrie entscheidend, dem Betriebsführer und nur in ärztlichen Spezialfragen dem Hauptamt für Volksgesundheit der NSDAP.

Die Zahl der Betriebsärzte stieg sprunghaft von nur 467 im Jahr 1939 auf bereits 8000 im Jahr 1944. Ihr Einsatz galt in der Kriegswirtschaft weniger der Erhaltung der Arbeitsgesundheit, als vielmehr dem Aufspüren von «Arbeitsbummelanten». Schon vor Beginn des Krieges erhielten

72: Es mutet scheinheilig an, wenn das Amt Schönheit der Arbeit 1940 mit bequemen, ergonomisch richtig gestalteten Stühlen für den Arbeitseinsatz von älteren Frauen wirbt.

sie die Aufgaben von Vertrauensärzten und schrieben krank und gesund und kontrollierten das auch. Daraus resultierte eine bis weit nach Kriegsende anhaltende Skepsis der Arbeiterschaft und der Gewerkschaften gegenüber ärztlicher Tätigkeit in Betrieben, mit erheblichen Nachteilen für den Aufbau werksärztlicher Organisationen nach 1945 (Milles/Müller 1985, S. 138).

Nationalsozialisten und Industrielle fanden nach dem Ende der Weimarer Republik in der Betonung der Leistung eine gemeinsame, gleichsam «neutrale» Grundauffassung, aus der jeder seine eigenen Konsequenzen ziehen konnte. In der Öffentlichkeit wurde der wissenschaftliche Begriff «Leistung» durch den praktischen der «Arbeit» als äußerliche, überwiegend körperlich schwere, als sichtbare Arbeit propagiert, so etwa in künstlerischen Darstellungen von Eisenhüttenarbeitern oder beim Autobahnbau mit der Schaufel. Diese Einseitigkeit reichte bis zur Pervertierung des Begriffs Arbeit in den Vernichtungslagern der SS (Abb. 73).

Auch die Arbeitsbedingungen der vielen anderen, «normalen» Arbeiter wurden immer stärker am wirtschaftlichen und nationalen Nutzen ausgerichtet, und die sozialpolitische Verantwortlichkeit der Ärzte reduzierte sich zunehmend auf die Umsetzung der vorgeblich wissenschaftlichen Rassenhygiene (Milles/Müller 1985, S. 113). Die Militarisierung und Terrorisierung der deutschen Arbeitsgesellschaft durch den militärisch-technisch-ideologischen Apparat ist noch nicht umfassend aufgearbeitet. Viele Deutsche haben die brutalen Seiten nicht unmittelbar ken-

73: Eingangstor zum Konzentrationslager Dachau. Perversion des Arbeitsbegriffs: Neben den im Deutschen Reich liegenden Konzentrationslagern, in denen «nur» selektiv gemordet wurde, hatten in den großen Vernichtungslagern nur sehr wenige die Möglichkeit, noch eine kurze Zeitspanne zu leben, in der dann ihre Arbeitskraft bis zum Tode ausgebeutet wurde. Wirklich frei konnte kein Häftling nach dem Aufenthalt in diesen Lagern mehr sein.

nengelernt, und wer Einblick hatte, hat sie nach dem Kriege schnell und gerne verdrängt, eben weil es unangenehme Erfahrungen waren. Dazu zählt insbesondere die Behandlung vieler Fremd- und Zwangsarbeiter.

Da 1940 etwa 3 Mio. und 1944 etwa 7 Mio. Ausländer im Deutschen Reich arbeiteten, haben viele zehntausend Deutsche mit deren Beaufsichtigung zu tun gehabt. Der Einsatz der meist gewaltsam rekrutierten Ausländer richtete sich ganz überwiegend nach dem politischen Status ihres Herkunftslandes, nicht oder nur sehr selten nach ihrer Arbeitsqualifikation. Sollten sie zunächst überwiegend einfache Hilfstätigkeiten erledigen, so setzten 1943 zaghafte Versuche ein, ihren Einsatz durch Qualifikation zu verbessern. Ihnen, vor allem den Arbeitern aus den besiegten Staaten, blieb jede in der Gewerbeordnung vorgesehene Gleichbehandlung mit deutschen Arbeitern versagt: In der Arbeitszuweisung war 1943 für eine polnische Frau 12stündige schwere Nachtarbeit zumutbar, für eine deutsche Frau galten sechs Stunden leichter Tätigkeit während des Tages als angemessen (Herbert 1985, S. 280). Aufbegehrende Gewerbeaufsichtsbeamte störten da nur «höherrangige» Ziele. In der Kalorienzuteilung, im Gesundheitsschutz, in der Unterbringung unterlagen sie weitgehend den längst überholten Ausbeutungsmechanismen, die Kriegsgefangenen sogar der Maxime «Vernichtung durch Arbeit». Diese Ausbeutungsmechanismen waren zunächst wegen der Einschränkungen, unter denen die Deutschen selbst zu leiden hatten (vgl. Werner 1983, S. 50), leicht durchsetzbar und wurden mit dem weiteren Fortgang des Krieges durch einen wachsenden Einschüchterungsapparat in Kraft gehalten.

V. Arbeitssicherheit nach 1945

Rekonstruktion: Politischer und wirtschaftlicher Wiederaufbau

Den Weg der Arbeitssicherheit nach dem Ende des Krieges im parlamentarisch-demokratischen Rest- oder Westdeutschland zu verfolgen, heißt zusätzlich zu den historischen Streitpunkten um Erfolg und Mißerfolg auch die aktuelle politische Diskussion um die Mitbestimmung der betroffenen Beschäftigten, um die Qualität der eingesetzten Technik im weitesten Sinne und um unsere Einstellung zur Gesundheit einzubeziehen. Da der zur Verfügung stehende Raum eng begrenzt ist, wird es zwangsläufig zu Verkürzungen und auch zu Wertungen kommen, die nicht oder die so nicht von allen Lesern geteilt werden, und der Verfasser bittet dafür um Verständnis, zumal für die sozialwissenschaftliche und politische Diskussion zur aktuellen Entwicklung der oben genannten Fragen nur sehr spärliches, historiographisch abgeklärtes Material zur Verfügung stand.

Die wirtschaftliche und technische Entwicklung unmittelbar nach 1945 ist schwer auf einen Nenner zu bringen. Das Schweigen der Waffen, der fehlende einheitliche Wille der Siegermächte, die Notwendigkeit, für viele Millionen Menschen Arbeit und Essen zu organisieren, schließlich die Umstellung auf einen zivilen Verbrauchermarkt, dessen Bedarf wegen der Zerstörungen riesig war, aus diesen Faktoren ergaben sich ganz unterschiedliche Entwicklungen, bei denen Arbeitsschutz ganz klein geschrieben wurde. War es für viele wegen der völligen Zerstörung ihrer Unterkünfte und ihrer Vermögensverhältnisse tatsächlich eine «Stunde Null», so konnten doch die meisten gewerblichen und landwirtschaftlichen Produzenten der westlichen Zonen immerhin die bestehenden Arbeitsstätten weiter nutzen (Abb. 74). Hier glich zunächst die Gefährdung der Arbeiter wieder den alten, schon aus dem 19. Jahrhundert bekannten Risiken: zu lange Arbeitszeiten, zu schlechte Ernährung und in Folge Tuberkuloseerkrankung sowie Gefahren durch ungeschützte Maschinen, zugige Arbeitsräume, schlechte Bürostühle und mangelhaftes Licht. Andere Wirtschaftssektoren waren nahezu lahmgelegt, als die Siegermächte nach 1945 bestimmten, daß in vielen Bereichen der hochwertigen Kriegsproduktion wegen ihrer militärischen Bedeutung oder wegen ihres kommerziellen Konkurrenzcharakters nicht mehr gearbeitet werden durfte. Dies betraf Synthesebenzin, Gummi, Spezialstähle, Schiffe, Panzer, Flugzeuge, militärische Präzisionsinstrumente, Raketen, Lastkraftwagen, Eisenbahnen, Fernmeldetechnik, Kugellager, optische Geräte und Armbanduhren, um nur einige der wichtigsten deutschen Qualitätsprodukte auf dem Weltmarkt zu nennen.

Da betriebliche und lokale Gewerkschaften zu den frühesten gesellschaftlichen Organisationen gehörten, die nach 1945 wieder politische Verantwortung übernahmen, standen sie vor einer besonders schweren Aufgabe. Viele der verantwortlichen Unternehmensleiter waren wegen ihrer Verquickung mit dem Unrechtsstaat zunächst nicht handlungsfähig – einspringen mußten unbelastete Kräfte, die mit den Gewerkschaftsvertretern zusammen die schwere Arbeit des Aufräumens und Ingangsetzens der Produktion einleiteten.

Im Mai 1945 veröffentlichten gesundheitspolitisch engagierte deutsche Ärzte in der amerikanischen Emigration ihre Vorstellungen für ein demokratisches Gesundheitswesen in ihrer Heimat. Sie legten bei der industriellen Hygiene Wert auf gesundheitlich gut eingerichtete Fabrikräume und wollten Unfallverhütung und Berufskrankheiten durch die Anstellung hauptamtlicher Fabrikärzte stärker beachtet wissen. Amerikanische

74: Kerzen- und Seifenproduktion unter freiem Himmel in München, 1945. Die wirtschaftlichen und politischen Verhältnisse forderten Improvisation, Fragen des Arbeitsschutzes spielten keine Rolle. Bereits Ende 1946 war in der amerikanischen und der sowjetischen Zone die Hälfte der Industrieproduktion von 1936 erreicht (Abelshauser 1983, S. 34).

Beobachter, wie Irving R. Tabershaw, hielten die wissenschaftliche Ausbildung der deutschen Arbeitsmediziner aus der NS-Zeit für schlechter im Vergleich zu dem Ausbildungsstand vor dem Krieg (Dantscher 1952).

Schon Anfang 1946 hatte sich herausgestellt, daß die Zerstörungen in den Betrieben nicht so katastrophal waren wie befürchtet. Zwar durften die großen Produzenten von Stahl und Kohle aus politischen Gründen noch nicht wieder in die gewohnten Produktketten einsteigen, doch auf dem Gebiet der Weiterverarbeitung und der zivilen Produktion sah es anders aus: Viele der in der zweiten Kriegshälfte eingesetzten Maschinen, die einen neuen Automatisierungs- und Präzisionsgrad gewährleisteten, waren erhalten geblieben und standen wieder zur Verfügung, sofern nach kriegsbedingten Verlegungen der Produktionsstätten die Rückführung gelungen war. Wegen der fehlenden Eisenbahnkapazitäten und der unzureichenden Steinkohlentransporte erwiesen sich die Koordination der Produktion und die Lieferung ausreichender Elektrizitätsmengen als Hauptproblem der Wirtschaft (Hobein 1986).

Die große Zersplitterung der Sozialversicherungen, die seit ihrem Bestehen stets auf Kostenbegrenzung ihrer Teilversicherungen ausgerichtet gewesen waren und damit zu erheblichen sozialen Ungerechtigkeiten beigetragen hatten, war immer schon auf den Widerstand der freien Ge-

75: Trümmerfrauen in München, 1945. Der Helm auf Baustellen mußte noch über zwanzig Jahre warten...

werkschaften gestoßen. In der Sowjetischen Besatzungszone (SBZ) und in Groß-Berlin ist dieses System daher konsequent zu einer Einheitsversicherung umgewandelt worden. Auch die anderen Alliierten waren innerhalb des Kontrollrats zunächst zu einem Entwurf für eine Einheitsversicherung gelangt, doch haben unter dem Widerstand der westdeutschen Länder-Regierungen und unter dem veränderten Klima der Ost-West-Beziehungen 1948 der amerikanische und britische Vertreter diesen letzten Versuch einer einheitlichen deutschen Lösung zurückgewiesen (Hockerts 1980, S. 79ff).

Die Einheitsversicherung der DDR fällt bis zur Gegenwart durch umfassende vorbeugende Maßnahmen und Versorgungskonzepte, aber gleichzeitig durch sehr niedrige Entschädigungsleistungen auf (vgl. Arbeitsschutz 1979). Die Behörden der Sowjetischen Besatzungszone riefen schon im August 1947 zu einer Arbeitsschutzwoche für Groß-Berlin und die SBZ auf, doch ließ sich der offene Widerspruch zwischen der Forderung nach Arbeitsschutz, der ja deutsche Arbeiter schützen sollte, und Reparationsverpflichtungen, die der im Krieg von den Deutschen so geschundenen sowjetischen Bevölkerung zugute kommen sollten, nicht verbergen (Schlimme 1947; Kremer 1947).

Den rasant steigenden Unfallzahlen in den Westzonen ist angesichts der politisch dominierenden Aufbauaufgabe nicht ernsthaft begegnet worden (Abb. 75). Welche Interessentengruppen hätten sich in den fünfziger Jahren dagegen auch zu Wort melden können?

1954 gab es in der Bundesrepublik Deutschland insgesamt 72 Berufsgenossenschaften und 64 Unfallbekämpfungseinrichtungen berufsgenossenschaftlicher Herkunft. Dazu 73 Gewerbeaufsichtsämter und weitere 32 übergeordnete oder beigeordnete Dienststellen. Es wirkten ferner mit: die Werksärztliche Arbeitsgemeinschaft mit 17 Landesobleuten, der Verein Deutscher Revisionsingenieure (VDRI) mit 22 Bevollmächtigten, der Verein Deutscher Sicherheitsingenieure (VDSI) mit 13 Bezirksgruppen, die Arbeitsgemeinschaft Deutscher Betriebsingenieure mit 39 Arbeitskreisen, der Verein Deutscher Gewerbeaufsichtsbeamten und die Deutsche Gesellschaft für Arbeitsschutz; außerdem die Technischen Überwachungsvereine, der Deutsche Gewerkschaftsbund und der Deutsche Normenausschuß.

Die gesellschaftlichen Kräfte formieren sich

In den westlichen Zonen war nach dem gescheiterten Vorstoß des Alliierten Kontrollrates und zugleich vor der Gründung des Deutschen Gewerkschaftsbundes im Herbst 1949 deutlich, daß das System vielfältiger sozialer Sicherungen aus der Weimarer Zeit erhalten bleiben würde. Am 10.8.1949 wurde das Gesetz über Verbesserungen der gesetzlichen Unfallversicherung erlassen, das im wesentlichen die Kriegs- und NS-

Regelungen aufhob. Der Deutsche Gewerkschaftsbund und seine Einzelgewerkschaften mußten sodann erst einmal mit der großen Enttäuschung der ersten Bundestagswahl fertig werden, die nicht, wie erwartet, der Sozialdemokratie, sondern den bürgerlichen Parteien eine Regierungsmehrheit gebracht hatte. Der kalte Krieg war inzwischen ausgebrochen, und jede Form der schärferen gesellschaftlichen Kontrolle im Wirtschaftsbereich wurde traditionell als hemmend für den Wiederaufbau und als Gefahr für die freie Marktwirtschaft verurteilt. Diese Einschätzung vertraten das Wirtschaftsministerium wie auch die Wirtschaftsverbände, die sich angesichts der Korea-Krise und der befürchteten Rohstoffengpässe beschleunigt erneut formierten.

Die Einbindung Deutschlands in die westlichen Bündnisse sowie der Korea-Krieg brachten für die deutsche Wirtschaft den Abbau vieler Restriktionen mit sich, so daß die wirtschaftliche Entwicklung einen ungebrochenen Aufstieg nahm. Dabei profitierte sie ebenso von einem günstigen Umrechnungskurs US-Dollar zu Deutscher Mark wie von den niedrigen Löhnen und dem Arbeitswillen der vielen deutschen Flüchtlinge. Durch die «Zähmung» gewerkschaftlicher Ansprüche konnte sie weitere Kraft schöpfen (Abelshauser 1983).

Konrad Adenauer (1876–1967) und die interessierten Wirtschaftskreise sahen, daß sie über die Montanbetriebe nur dann eine größere als die im Ruhrstatut von 1948 festgelegte Verfügungsgewalt zurückerhalten würden, wenn sie den westlichen Siegern und Konkurrenten auf dem Weltmarkt eine Garantie für breitere gesellschaftliche Kontrolle dieser Unternehmen anbieten konnten. Die Einbeziehung der Gewerkschaften schien dabei das kleinere Übel zu sein. So hingen Montanmitbestimmung (1951) und die Europäische Gemeinschaft für Kohle und Stahl, die Montanunion (1951), eng miteinander zusammen.

Die Parteien, die auf wirtschaftlichen Aufbruch eingestellt waren, traten weitergehenden Ansprüchen auf Mitbestimmung entschieden entgegen, so daß in dem Betriebsverfassungsgesetz von 1952 über die Beteiligung der Belegschaften am Unfallschutz und an der Arbeitssicherheit ähnliche Formulierungen zu finden waren, wie sie schon in dem Betriebsrätegesetz von 1920 gestanden hatten. Ja, die Zersplitterung vergrößerte sich noch, weil für den gewerblichen und öffentlichen Bereich mit dem Personalvertretungsgesetz von 1955 getrennte Regelungen gefunden wurden. Der Betriebsrat konnte wenig Einfluß auf Arbeitsschutzmaßnahmen nehmen: Nach § 57 konnte er Maßnahmen zur Verhütung von Betriebsunfällen und Gesundheitsschädigungen in freier Vereinbarung mit den Unternehmensleitungen herbeiführen. Er mußte an der Bekämpfung der Unfall- und Gesundheitsgefahren mitwirken, die Gewerbeaufsichtsbeamten und andere Stellen unterstützen. Diese Rechte waren jedoch nur in Zusammenarbeit mit dem Unternehmen zu verwirklichen (Deppe 1973, S. 36).

Anders als in der Weimarer Republik haben alle tragenden großen Parteien nach 1949 mit der Beteiligung der Arbeiter an der Verwaltung der berufsgenossenschaftlichen Unfallversicherung Ernst machen wollen. Die Arbeitgeber haben dieser Entwicklung mit sehr großer Skepsis zugesehen. Der langjährige Geschäftsführer (1937–1966) der gewerblichen Berufsgenossenschaften, Herbert Lauterbach, erwog angesichts dieser Forderung sogar seinen Rücktritt (Grundsatzfragen 1981). Dabei war die Vorherrschaft der Arbeitgeberseite gar nicht gefährdet: Um der Halbparität zu entgehen, hatten die Arbeitgeber bzw. das Parlament 1951 die Selbständigen als gleichberechtigte dritte Gruppe aufgenommen, so daß die Arbeitervertreter nur auf den Anteil von einem Drittel kamen. Die gefundene politische Lösung blieb ein Scheinsieg. Einen erkennbaren Einfluß auf die steil ansteigende Unfallkurve hatte sie nicht.

Die Landesgewerbeärzte hatten den Zusammenbruch des NS-Regimes in großer personeller Kontinuität überstanden und zunächst weiterarbeiten können. Dennoch mußten ihre Vorschläge zum Schutz der Beschäftigten vor arbeitsbedingten gesundheitlichen Gefährdungen zurückstehen, als von staatlicher Seite unter dem dominierenden Gesichtspunkt einer liberalen Wirtschaftspolitik Eingriffe in die Betriebssphäre abgelehnt wurden. Ferner gab es unter den Medizinern auch nach dem Krieg noch eine geringe Anzahl von tätigen Werksärzten. Ihr Berufsstand, der ja unter den Nationalsozialisten extrem ausgeweitet worden war, erlebte einen organisatorischen Bruch: Die Werksärzte waren politisch belastet und daher keine Gesprächspartner. 1948 wurde dann erneut eine werksärztliche Arbeitsgemeinschaft mit 150 Mitgliedern gegründet. Das erste Kabinett Adenauer schob die Vorschläge der Landesgewerbeärzte beiseite und beschränkte sich darauf, eine Vereinbarung zwischen den Sozialpartnern anzuregen; am 3. Juni 1950 kam es zu einer Absprache zwischen der Vereinigung der Arbeitgeberverbände, dem Deutschen Gewerkschaftsbund und der werksärztlichen Arbeitsgemeinschaft (Deppe 1973, S. 171f; Neuloh 1957, S. 26ff). Es handelte sich um eine reine Empfehlung zur Einstellung von Werksärzten.

Im Jahr 1953 drängte dann aber die niedergelassene Ärzteschaft auf eine Präzisierung, weil sie keine Konkurrenz für ihre organisierten Mitglieder wünschte. Der Werksarzt hatte gemäß ihren Empfehlungen beratende Funktion für die Werksleitung und sollte darüber hinaus die arbeitsmedizinischen Verhältnisse überwachen, soweit sie sich aus den besonderen Bedürfnissen des Betriebes ergaben. Insofern sollten sie regelmäßig Arbeitsplatzbesichtigungen durchführen und außerdem mit anderen Ärzten des öffentlichen Gesundheitswesens, den Schulärzten und Gewerbeärzten, kooperieren. Den Empfehlungen entsprechend blieben die Werksärzte von der kurativen Medizin ausgeschlossen.

Zwischen Mut und Schuld: Unfallforschung in den Fünfzigern

Mehrere Probleme wuchsen während der fünfziger Jahre heran und drängten eigentlich auf staatliche Rahmensetzung:
Die immer weniger Beschränkungen unterliegende Schwerindustrie, vor allem die Eisenhütten- und Stahlwerke, verzeichnete auffallend hohe Unfallzahlen. Die Sozialforschungsstelle in Dortmund widmete den technischen Entwicklungen in der Eisenhüttenindustrie eine ganze Untersuchungsreihe (Neuloh 1957; Bahrdt 1956), doch eine befriedigende Antwort hinsichtlich der Unfallursachen blieb aus, da neben den technischen Aspekten der Mechanisierung sozialpsychologische Faktoren nur sehr am Rande beachtet wurden.

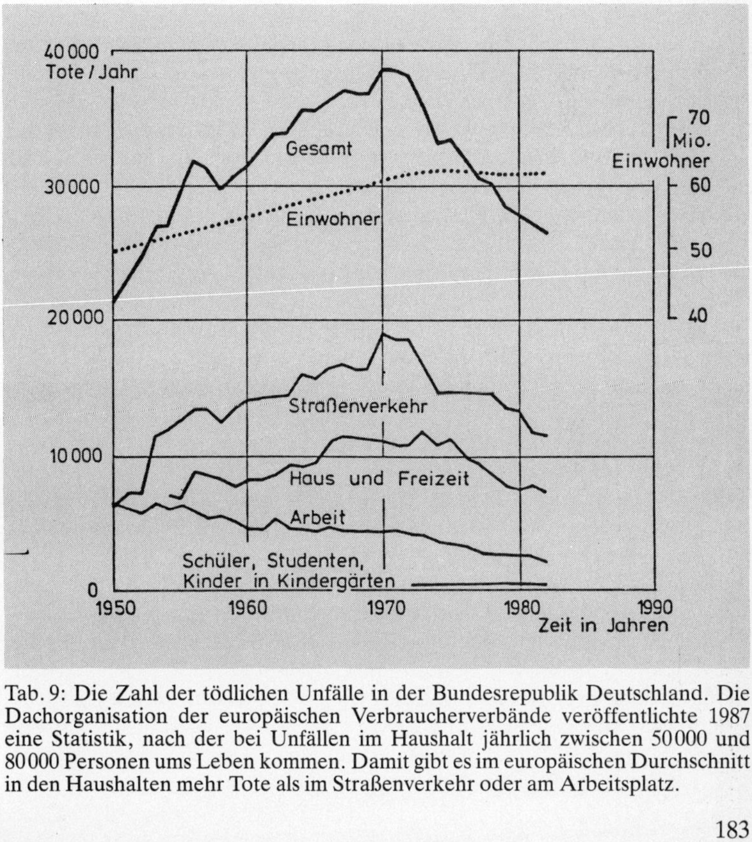

Tab. 9: Die Zahl der tödlichen Unfälle in der Bundesrepublik Deutschland. Die Dachorganisation der europäischen Verbraucherverbände veröffentlichte 1987 eine Statistik, nach der bei Unfällen im Haushalt jährlich zwischen 50000 und 80000 Personen ums Leben kommen. Damit gibt es im europäischen Durchschnitt in den Haushalten mehr Tote als im Straßenverkehr oder am Arbeitsplatz.

Dennoch konnte der Soziologe Otto Neuloh feststellen, daß der Verlauf der Unfallkurve mit der konjunkturellen Entwicklung auf und ab ging, so daß hier übermäßiger körperlicher Einsatz und Arbeitshetze bei wenig automatisierter Produktion, also ein hoher persönlicher Einsatz, wichtige Faktoren gewesen sein dürften (Tab. 9). Entgegen manchen Erwartungen sieht es nicht so aus, als ob im Unfallschutz die mitbestimmten Betriebe eine Führungsrolle eingenommen hätten. Unter dem Aspekt der Rationalisierung sind allerdings erhebliche Investitionen erfolgt, die auch zugleich die Unfallzahlen gesenkt haben.

Die Unfallforschung hielt sich noch vorzugsweise bei Erkenntnissen auf, die während der Weimarer Republik u. a. von Karl Marbe und Lippmann gewonnen worden waren und die von einem Persönlichkeitsprofil des «Unfällers» ausgingen. Mit diesem Forschungsansatz wurde die Meinung vertreten, daß es vor allem menschliche Irrtümer wären, die Unfälle verursachten, und daß es Mitarbeiter gäbe, die für Unfälle sozusagen prädestiniert seien.

Schon 1910 hatte Georg Schlesinger in Berlin darauf aufmerksam gemacht, daß gefährliche Getriebe an Maschinen usw. einzukapseln seien. Doch diese Maßnahmen waren auch 1950 noch keineswegs üblich. Auch der in der Schwerindustrie großgewordene Robert Pilz hatte schon darauf hingewiesen, daß Sicherheit organisiert werden müßte, sollte sie erfolgreich sein.

Erneut richtete sich ein Großteil der Kritik auf die von den Berufsgenossenschaften erstellten Statistiken. Wie schon in den Jahren der Weimarer Republik vermittelten sie keinen rechten Aufschluß über das jeweils gemeldete Unfallgeschehen: Zu sehr standen die Interessen an einer objektiven Beschreibung des Unfallverlaufs im Widerspruch zu der Entschädigungspraxis der Berufsgenossenschaften. Und da am Geschehen selbst ohnehin nichts mehr zu ändern war, galt das Interesse der eigentlich Betroffenen der Anerkennung und nicht dem Verlauf des Unfalls.

Die Bundesregierung versuchte nur einmal, zu genaueren Ergebnissen zu gelangen, die dann 1963 vom Statistischen Bundesamt veröffentlicht wurden. Dieser Untersuchung lag die alte statistische Einteilung des Reichsversicherungsamtes aus dem Jahr 1911 mit zwölf Kategorien zugrunde.

Obwohl schon die Unfallversicherung von 1884 die Schuldfrage eigentlich hatte ausklammern wollen, war sie auch in dieser Analyse der Unfallbeschreibung enthalten. Drei Fragen bezogen sich auf die Schuld des Arbeitgebers: mangelhafte Betriebseinrichtung, fehlende oder ungenügende Schutzvorrichtungen und fehlende oder ungenügende Aufsicht; fünf Fragen bezogen sich auf ein mögliches Verschulden des Arbeiters: Ungeschicklichkeit und Unachtsamkeit, Nichtbenutzung oder Beseitigung vorhandener Schutzvorrichtungen, Handeln gegen bestehende Vor-

	Planung	Durchführung	Überwachung
Sicherheitstechnik	Beachtung der Regeln der Technik, Bauvorschriften, der UVV, des Maschinenschutzgesetzes, der Ergonomie	Aufrechterhaltung des technischen Sollzustandes, einschließlich der Schutzeinrichtungen	Überwachung des Sicherheitsstandes der Räume, Maschinen, Anlagen, Werkzeuge und sonstigen technischen Arbeitsvoraussetzungen
sichere Arbeitssysteme	menschengerechte Arbeitsgestaltung, Arbeitsplanung unter Beachtung der Leistungsgrenzen	Arbeitsausführung unter Beachtung der Sicherheitsbedingungen im betrieblichen Kräfteparallelogramm	Zuordnung der Unfallursachen – als Mißerfolgskontrolle – zu den Kategorien des Arbeitssystems
menschliches Sicherheitsverhalten	Auswahl der Bewerber, Arbeitsunterweisung, Schulung, Motivierung	Anwendung der sicheren Arbeitsmethode, Benutzung der Körperschutzmittel	Überwachung der sicheren Arbeitsweise, des Gebrauchs der Schutzeinrichtungen und Körperschutzmittel, Gesundheitsüberwachung

Tab. 10: Nur wenn Arbeitsmotivation, Arbeitsorganisation und Arbeitsverhalten in ein gemeinsames Konzept zur Sicherheitssteigerung eingebaut werden, ist innerhalb des Betriebes mit mehr Arbeitssicherheit zu rechnen. Es fehlen noch Überlegungen für die Arbeit außerhalb des betrieblichen Rahmens.

schriften oder Anweisungen, Leichtsinn (Balgerei, Trunkenheit) und ungeeignete Kleidung; vier weitere Fragen lassen sich nicht eindeutig zuordnen: Schuld des Arbeitgebers und Arbeitnehmers zugleich, Schuld von Mitarbeitern und anderen, unvermeidliche Betriebsgefahren und sonstige Ursachen (höhere Gewalt usw.). Im Ergebnis zeigten solche Einteilungen stets Schuldquoten der Arbeiter von mehr als 70 %, weil andere Bedingungen, medizinischer, psychologischer oder sozialer Art, unberücksichtigt blieben. Entscheidend wurde, ob Unfallverhütungsvorschriften existierten – nicht, ob sie auch «menschen»- oder «narren»sicher waren.

Die Zuweisung von Schuld blieb trotz der gesetzlichen Regelungen seit 1884 unterschwellig ein sehr wesentlicher Faktor, der gegen die Beschäftigten ins Feld geführt wurde. Die Unternehmer hatten nach der Gewerbeordnung (§ 120) wie auch nach dem Arbeitsmittelgesetz von 1968 die Verantwortung für die Beseitigung technischer Mängel, während menschliches Versagen als Unfallursache den Beschäftigten und allenfalls den Aufsichtspersonen angelastet wurde.

Je verdeckter für den menschlichen Erfahrungsbereich die Produktionsprozesse abliefen, um so notwendiger war nicht nur organisierte Sicherheit, sondern auch ein anerzogenes Sicherheitsbewußtsein der Beschäftigten (Tab. 10). Freilich sind die Erfolgschancen warnender Informationen zur Erhöhung des Sicherheitsbewußtseins, wie sie die Berufsgenossenschaften herausbringen, in ihrer Wirkungs- und Reichweite begrenzt, und je konkreter und erinnerungsstärker die Warnungen sind, um so eher stoßen sie an die Toleranzgrenze einer Branche.

Sicherheitsbewußtsein ist nun ein besonderer Untersuchungsgegenstand der Arbeitspsychologie, die allerdings weniger stark nach produktionsbedingten Zwängen gefragt hat, als vielmehr nach den unmittelbaren Zusammenhängen zwischen Arbeitsplatz und Beschäftigten. So sind Arbeitstempo und angestrebte Leistungserhöhungen durch Akkord, Prämien und Zuschläge wichtige Gesichtspunkte, ebenso wie die Streßsituation, die besonders groß ist, wenn Maschinen repariert werden müssen, deren Stillstand erhebliche Produktionsausfälle zur Folge haben. Hinzu kam schließlich noch die beginnende Motorisierung der Arbeitnehmer mit erschreckenden Unfallziffern, die als Wegekosten ebenfalls von der Unfallversicherung der Betriebe zu übernehmen waren.

Die schnell steigenden Kosten bei den gesetzlichen Unfallversicherungen, u. a. auch als Folge des Krankengeldzuschußgesetzes, führten seit Mitte der fünfziger Jahre verstärkt zu Kosten-Nutzen-Rechnungen in der organisierten Unfallvorsorge der Betriebe, indem die Unfallfolgekosten ins Verhältnis zu den Aufwendungen für Sicherheitsmaßnahmen gesetzt wurden. Diese Rechnung führte zu einem Kostenertragsverhältnis für den Arbeitsschutz zwischen 1:2 und 1:3. Nun vertraten in den fünfziger Jahren Sozialwissenschaftler und Sicherheitsingenieure durchaus unterschiedliche Auffassungen über das erforderliche Maß an Risikobereitschaft und über notwendige Sicherungsmaßnahmen (Abb. 76). Entsprechend äußerte sich ein Sicherheitsingenieur in der von Otto Neuloh geleiteten Untersuchung:

«Es ist erstaunlich, was man beim Gang durchs Werk manchesmal alles an akrobatischen Kunststückchen zu sehen bekommt, mal ist es ein Montageschlosser, der frei und unangeseilt in schwindelnder Höhe seine Arbeit verrichtet, mal ein Maurer. – Dahinter stehen falscher Mut und falsche Scham, Gleichgültigkeit und Verantwortungslosigkeit (z. B. glauben viele Hochofenarbeiter von ihren Kollegen als feige angesehen zu werden, wenn sie auf der Ofenbühne eine Maske anlegen und holen sich deshalb lieber ruhig mutig eine Kohlenoxydvergiftung).»

Zwar gesteht der Sozialwissenschaftler Neuloh zu, daß diese Bemerkung richtig sei, dennoch gilt für ihn, daß es

«bei der Arbeit in Industriebetrieben allgemein und in Hüttenbetrieben im besonderen ohne ein Mindestmaß von Mut, Gefahren ins Auge zu sehen und sie zu überwinden, einfach nicht geht. Jeder Laie empfindet dieses Erfordernis des

76: Hinweisschild in der Lehrlingswerkstätte der Zeche Hibernia, um 1955. Die Diskussion um Schutzmaßnahmen wird in den fünfziger Jahren von zwei Aspekten begleitet: Zum einen fordert man von den Arbeitskräften, daß sie individuell ein sicherheitsbewußtes verantwortliches Handeln entwickeln und benutzt dazu so subtile Mittel wie die abgebildete SOS-Formel; zum anderen fordert man Einsatzbereitschaft und Risikofreude nach dem Motto: «Ohne Wagemut und Entschlußkraft lassen sich Fortschritte nicht erzielen» (Münzinger 1947, S. 110).

Mutes bei der ersten Betriebsbesichtigung in einer Hütte oder im Untertagebetrieb, im Steinbruch, Maschinenbau, und wo immer es sein mag. Wer tagtäglich vor einem Hochofen steht, oder am Konverter oder dem Martinofen, wer im Engen steht mit dem Abbauhammer oder im Steinbruch an der hohen Wand arbeitet, würde ohne dieses Minimum von Unerschrockenheit und Unbekümmertheit die Bedingungen, unter denen er arbeiten muß, nicht ertragen. Der Bergbau z. B. verliert einen großen Teil der Neulinge aus Gebieten außerhalb des Ruhrreviers deshalb, weil der Mut zu solchen Berufen im Schwinden begriffen ist. Sollte die Vorsichts-Propaganda oder Anti-Mut-Propaganda der Unfallverhütung ihren Einfluß einmal auf alle Industriearbeiter ausüben, so könnte sie zu einer Angstpsychose werden, die in einen krassen Widerspruch zur Leistungs- und Produktivitätssteigerung geraten würde. Diese Propaganda hat noch nicht die richtige Unterscheidung zwischen falschem und echtem Mut im Betriebsleben der Industrie gefunden. Ähnliches gilt übrigens für den Unfallursachenfaktor Leistungseifer und Bewährungsstreben, bei dem in der Praxis auch noch keineswegs genügend zwischen betriebs- und leistungsnotwendigem Eifer und krankem Ehrgeiz unterschieden wird» (Neuloh 1957, S. 361).

Wie das Zitat von Neuloh zeigt, scheint die Mutpropaganda der nationalsozialistischen Jahre noch bis in die fünfziger und sechziger Jahre hineingewirkt zu haben. Jedenfalls wurde die Diskussion um die Entschädigung für erlittene Gesundheitsrisiken nicht aufgenommen, solange in Deutschland die Diskussion um die Wiedergutmachung für NS-Opfer noch fortgeführt wurde.

Der Staat greift ein: Neuregelung des Unfallschutzes 1963

Öffentliche Kritik am Arbeitsschutzsystem wurde erstmals Ende der fünfziger Jahre auf einem Arbeitsschutzkongreß in Düsseldorf an die Adresse der Berufsgenossenschaft Eisen- und Stahlindustrie gerichtet, und 1960 verlangte der 6. Ordentliche Gewerkschaftstag der IG Metall ein Programm zur Erhöhung der Arbeitssicherheit (Jenss 1973, S. 17).

Angesichts der Mobilisierung der Öffentlichkeit (Abb. 77) in der Frage der arbeitsbedingten Gesundheitsschäden, vor allem der Unfälle, reichte die bestehende Gesellschaft für Arbeitsschutz, die 1951 die Zeitschrift «Zentralblatt für Arbeitsmedizin und Arbeitsschutz» wiederbelebt hatte, die außerdem einen technischen und einen medizinischen Arbeitskreis unterhielt sowie ab 1953 wieder Kongresse für Arbeitsschutz und Arbeitsmedizin organisierte, nicht mehr aus (Abb. 78a, b). Im Jahre 1961 wurde die Deutsche Gesellschaft für Arbeitsmedizin gegründet. Aber auch die Unternehmer konnten mit ihren Selbstverwaltungskörperschaften nicht immer nur darauf verweisen, daß alles bestens geregelt sei, obwohl in der Festschrift für den scheidenden Geschäftsführer der gewerblichen Berufsgenossenschaften, Lauterbach, diese Position 1961 noch einmal vertreten wurde (Grundsatzfragen 1961).

77: Am 11.9.1971 legte die Bundespost eine Briefmarkendauerserie auf, um den Sicherheitsgedanken weit bekannt zu machen. Jede Marke trägt die Aufschrift «Jederzeit Sicherheit». Wie schwierig Sicherheitsbewußtsein durchzusetzen ist, zeigt sich beim Vergleich der 30er und der 100er Marke: Der Bauhelm soll zwar stets getragen werden (30er Marke), aber auf der 100er Marke wird er es nicht …

78 a, b: Die Herstellung von Prothesen war im Einzelfall stets von der feinmechanischen Fertigkeit von Handwerkern und von der Art der Verletzung abhängig. Erst die Verknüpfung von mechanisch-elektronischer Anpassungs- und nervöser Steuerungsfähigkeit mit Hilfe der Mikrochirurgie läßt aus den passiven Werkzeugen heute aktive Ersatzglieder werden. Im Ersten Weltkrieg fertigte das Berliner Arbeiterschutzmuseum Ersatzglieder für Kriegsopfer an! (a) Neue Erkenntnisse über medizinische und berufliche Rehabilitation in den USA veröffentlichte das Rationalisierungs-Kuratorium der Deutschen Wirtschaft 1958. (b) Historischer Vorläufer – die Kunsthand des Götz von Berlichingen, 1505. Der Klappmechanismus der Hand wird über den Hebel auf dem Handrücken in Gang gesetzt.

a)

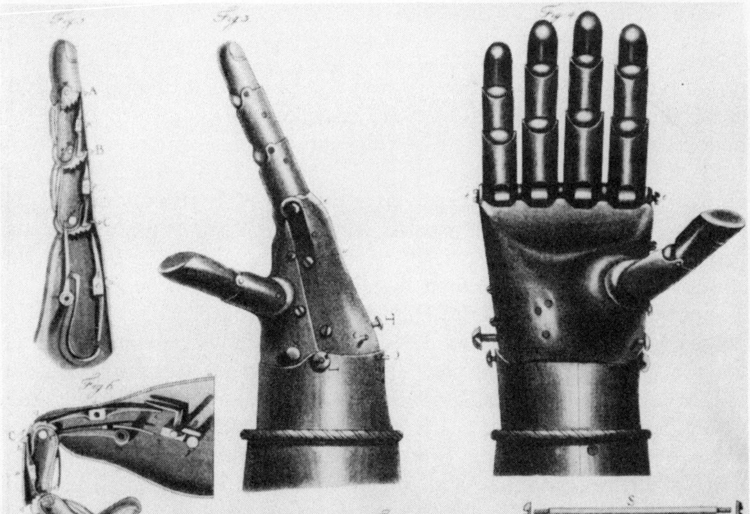

b)

79: Die Entwicklung neuer säure- und laugenbeständiger Materialien erweitert das Angebot an Schutzkleidung erheblich.

In diese Bemühungen, die sich im Umfeld der staatlichen Neuregelung des Unfallschutzes abspielten, griffen vorsichtig auch Beamte des Bundesarbeitsministeriums ein: Wenige Wochen vor Verabschiedung des neuen Gesetzes gründeten sie im Büro dieses Ministeriums am 24. März 1961 auf Betreiben des Vereins Deutscher Sicherheitsingenieure, der Gewerkschaften und Unternehmerverbände auf Bundesebene die Arbeitsgemeinschaft für Arbeitssicherheit, die 1968 in die Bundesarbeitsgemeinschaft für Arbeitssicherheit (BASI) umbenannt wurde. Die Berufsgenossenschaften brachten hier die seit 1922 bestehende Arbeitsgemeinschaft für Unfallverhütung (AfU) ein. Die BASI übernahm 1975/76 zusätzlich die Aktivitäten der Gesellschaft für Arbeitsschutz, deren Namen sie seitdem im Untertitel trägt. Sie führt vorwiegend Kongresse für Arbeitssicherheit durch (Bundesarbeitsgemeinschaft 1985). Durch Öffentlichkeitsarbeit und Gespräche zwischen den beteiligten Gruppen versuchte sie seit 1961, den Eindruck zu vermeiden, als würden sich die mit Unfallfragen befaßten Stellen gegenseitig die Schuld für Untätigkeit zuschieben. Als ein Konsultativorgan hatte sie aus der Sicht der Berufsgenossenschaften sicherlich auch die Aufgabe, kommenden staatlichen Eingriffen entgegenzuwirken. Insoweit wiederholte sich hier die Ereignisfolge von 1922. Im Vorsitz wechselten sich die Bundesvereinigung der Arbeitgeberverbände und der Deutsche Gewerkschaftsbund ab. Träger sind inzwischen die Arbeitgeberverbände, die Gewerkschaften, die Träger der gesetzlichen Unfallversicherung, die staatlichen Arbeitsschutzbehören (Bundesministerium für Arbeit und Sozialordnung) und die Arbeitsministerien der Länder sowie die Fachverbände des Arbeitsschutzes.

Nachdem nun Ende der fünfziger Jahre mehrere Organisationen, Ärzte, Gewerkschaften und schließlich auch die Arbeitgeber auf eine Neuregelung des Unfallschutzes gedrängt hatten, konnte der Bundestag am 30. April 1963 das Unfallversicherungs-Neuregelungsgesetz (UVNG) beschließen. Danach erhielten die Berufsgenossenschaften die Verpflichtung, auch vorbeugende Unfallverhütung «mit allen geeigneten Mitteln» zu betreiben (Abb. 79), und die Bundesregierung wurde beauftragt, jährlich einen Bericht über die Unfallverhütung vorzulegen. Das Gesetz stand jedoch den industrienahen Zielen und korporatistischen Zügen der Bismarckzeit näher als den Wünschen für eine durchgreifende Verbesserung der Unfallsituation: Die Berufsgenossenschaften sollten nun in jedem Betrieb einer bestimmten Größe einen Unfallvertrauensmann ernennen. Seinen Vorläufer kann man in dem 1934 in den Allgemeinen Verhütungsvorschriften eingeführten Vertrauensmann entdecken, dessen Aufgabenbereich bereits 1927 erwähnt ist (Syrup 1927, S. 48). Als Bindeglied zwischen der Arbeitnehmerschaft und der Betriebsleitung sollte er besonders bei Begehungen des Betriebes durch den technischen Aufsichtsbeamten der Berufsgenossenschaften beteiligt werden, so wie es seit 1909 mit dem Sicherheitsmann im Steinkohlenbergbau geschah. In Betrieben ohne Betriebsvertretung sollte er Repräsentationsorgan der Belegschaft in Fragen des Arbeitsschutzes sein.

In der Ausschußsitzung des Bonner Parlaments wurde vor der Verabschiedung, wie fast 80 Jahre zuvor, 1878, an die Stelle des Begriffs Unfall der werbende Begriff Sicherheit gesetzt, so daß das UVNG von 1963 von einem «Sicherheitsbeauftragten» für die Unfallbekämpfung spricht. Den Schönheitsfehler, daß der Begriff «Beauftragter» eigentlich einen Beauftragten des Unternehmers bezeichnet, nahm man in Kauf. Der Sicherheitsbeauftragte, so wie er nun in § 719 der Reichsversicherungsordnung beschrieben wurde, war im wesentlichen mit seinem Vorgänger, dem Unfallvertrauensmann identisch, der entsprechend den Unfallverhütungsvorschriften der Berufsgenossenschaften bestellt worden war. Der Unfallvertrauensmann hatte stets im Umfeld des Betriebsrates gestanden; möglicherweise war daher seine neue Funktion als Sicherheitsbeauftragter von der Gewerkschaftsseite her keiner kritischen Prüfung unterzogen worden. Auch die Unternehmervertreter waren an der Erhaltung dieser Rolle interessiert, weil so nach außen ein Interesse für Unfallschutzfragen dokumentiert werden konnte, ohne daß es zu einer klaren Kompetenzabgrenzung im Innern gekommen war. Bis zum Inkrafttreten des Arbeitssicherheitsgesetzes am 1.12.1974 war die Einrichtung des Sicherheitsbeauftragten die einzige gesetzlich vorgeschriebene personale Institution. Eine Verpflichtung zur Einrichtung von werksärztlichen Diensten, wie sie die Internationale Arbeitsorganisation (ILO) der UNO 1959 mit ihrer Empfehlung 112 verlangt hatte (Deppe 1973, S. 181ff), wurde in das Gesetz nicht aufgenommen.

Das Vertrauen des Parlaments und der dieses Gesetz stützenden gesellschaftlichen Gruppen in die Selbstregelungskräfte der Wirtschaft schien Erfolg zu haben. Seit 1961 waren die Unfallzahlen, gemessen an den tödlichen Unfällen, rückläufig (Tab. 11, 12).

Die Mitarbeit in den Berufsgenossenschaften und die langjährige Beobachtung der geltenden Rechtsprechung veranlaßte die Gewerkschaften, hinsichtlich der Berufskrankheiten auf Verbesserungen zu drängen. Zunächst einmal sollte der Katalog der Berufskrankheiten erweitert werden. Es wurde insofern ein Erfolg erzielt, als nun auch andere eindeutig aus dem Berufsalltag resultierende Erkrankungen als entschädigungswürdig in die Liste mit aufgenommen wurden. Die Praxis vermittelt allerdings ein enttäuschendes Bild! Die Dokumentation der Berufsgenossenschaften für die Jahre 1966–1981 zeigt, daß von 1284 gemeldeten Fällen nur 120 anerkannt wurden, also ein verschwindend geringer Prozentsatz, der keine nachhaltigen Motive zur Vorsorge bot (Deppe 1973, S. 164).

Die Gewerkschaften mußten erkennen, daß über diesen Weg die schnell steigenden und aus dem Arbeitsprozeß resultierenden gesundheitlichen Verschlechterungen nicht zu ermitteln und zu bekämpfen waren. Immer noch konnten Mediziner auftreten und statistisch nachweisen, daß selbst zehnjährige Arbeit an wenig gepufferten Preßlufthämmern zu keinerlei signifikanten Veränderungen an den Ellbogengelenken führte (Mager 1960, S. 261), nur weil es eben einige Arbeiter gab, deren Gelenke, aus welchen Gründen auch immer, diese Tortur überstanden hatten (Abb. 80). Immer noch konnten bei solchen Extrembelastungen «anlagebedingte Gewebseigentümlichkeiten» für die Erkrankung ausfindig gemacht werden. Einer realitätsbezogenen Ursachenforschung stand die juristische Tradition der Kaiserzeit im Wege: Unfall wie Berufskrankheit mußten durch die Arbeit ausgelöst wie auch ausgefüllt sein. Gewerkschaften, Parteien und Wissenschaftler schufen daher den Begriff der «arbeitsbedingten Erkrankung», die nach Bildung der Großen Koalition (1966) auch in die Gesetzgebung Eingang fand, zuerst im Arbeitssicherheitsgesetz von 1973.

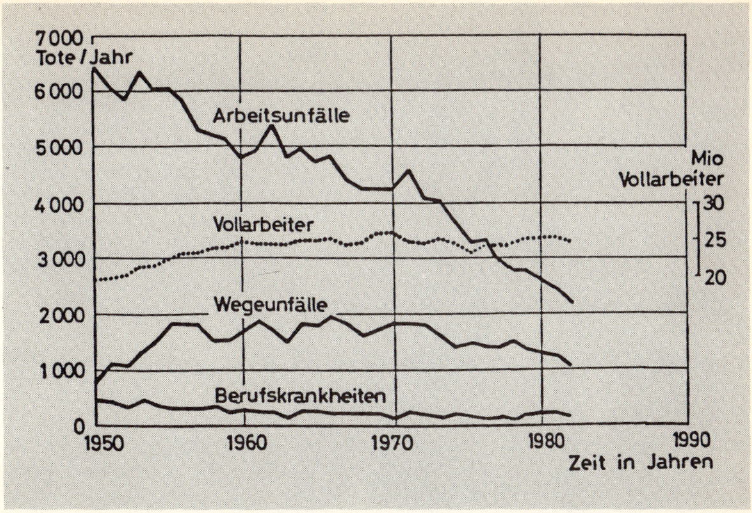

Tab. 11: Dargestellt sind die anerkannten tödlichen Arbeitsunfälle, Wegeunfälle und Berufskrankheiten.

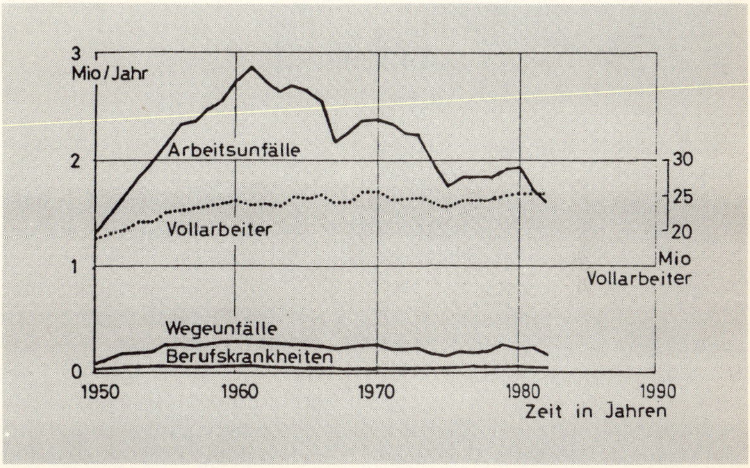

Tab. 12: Angezeigte Unfälle BRD. Der uneinheitliche Rückgang der Unfallzahlen seit Beginn der sechziger Jahre läßt sich nicht leicht erklären: Hier dürften unter anderem konjunkturelle Schwankungen, politische Maßnahmen wie das Unfallversicherungs-Neuregelungsgesetz von 1963 und Selbsthilfeorganisationen wie die Bundesarbeitsgemeinschaft für Arbeitssicherheit, die 1961 gegründet wurde, zusammengewirkt haben.

80: Arbeit an Preßluftwerkzeugen war bereits Mitte der zwanziger Jahre von Ärzten als körperschädigend eingestuft worden. Doch im wirtschaftlichen Aufschwung der Nachkriegszeit ging man über diese Bedenken hinweg. Später wurden im Straßenbau vorzugsweise ausländische Arbeiter an diesen Geräten eingesetzt.

Alte Diskussionen, späte Erfolge: Neue Gesetze zum Arbeitsschutz

Der Übergang in die siebziger Jahre des 20. Jh. zeichnete sich durch einen Strukturwandel aus: Die dritte Phase der industriellen Entwicklung begann. Nach der ersten Phase mit einer stark handwerklich geprägten Produktion unter Einsatz von Werkzeugen und universellen Einzelmaschinen und der zweiten Phase mit industrieller Massenfertigung sowie spezialisierten Einzelmaschinen und Fließbandtechnik ist nun in der dritten Phase automatisierte Produktion mit sich selbst regulierenden Maschinen und Aggregatsystemen auf dem Vormarsch. Wachsende Verwissenschaftlichung und zunehmende Intensivierung sind immer wichtiger werdende Begleiterscheinungen. Eine generelle Charakterisierung wird erschwert, weil auch die älteren Produktionsmethoden durchaus noch leistungsfähig, notwendig und damit vorhanden sind. Beispiele für die Wandlungen kann man in der optischen Industrie, bei den Rundfunk- und Phonogeräten und in der frühen Anwendung digital kontrollierter Prozesse und Werkzeugmaschinen sehen.

Mit steigendem Mechanisierungs- und Automatisierungsgrad erfolgte bei den Produktionstätigkeiten eine Verschiebung von kraftaufwendiger körperlicher Arbeit zu geistig-psychischen Anforderungen. In steigendem Maße wurden Qualitäten wie Wahrnehmungs-, Abstraktions-, schnelles Reaktions- und logisches Denkvermögen erforderlich, zumindest soweit Logik innerhalb des vorprogrammierten technologischen Ablaufs noch Raum hat. Die Belastung auch der gewerblichen Arbeiter lag immer mehr in der Differenz zwischen dem erwarteten und auch vorprogrammierbaren Ergebnis und dem schließlichen Erfolg, der oft genug Rechtfertigungen verlangte, weil er von der Zielvorgabe abwich. Damit wandelte sich erneut, wie schon in den zwanziger Jahren, die Funktion des Werkmeisters, dem die Kompetenz, in den Betriebsablauf einzugreifen, zunehmend genommen und dessen Funktion durch exakt geregelte Arbeitsanweisungen ersetzt wurde.

Auch in der Büroarbeit traten nun diese Streß-Belastungen auf. Hier führten und führen die intensiven Bearbeitungsvorgänge und Koordinationsaufgaben bei wachsender Kompliziertheit der Verwaltungsvorschriften und gleichzeitiger körperlicher Unbewegtheit zu vielen Herz-Kreislauf-Erkrankungen. In diesen neuen Arbeitszusammenhängen fallen auch vegetative Fehlsteuerungen und psychoneurotische Verhaltensweisen stärker auf und werden als erhebliche Belastung für einen reibungs-

81: Verkehrssituation aus der Sicht eines Straßenbahnfahrers, 1975. Streß ist dort besonders häufig, wo im Dienstleistungsbereich der Arbeitszusammenhang vom Arbeitenden über weite Strecken zwar nicht beeinflußt werden kann, er dennoch aber für den Erfolg der Arbeit persönlich verantwortlich gemacht wird.

sen Produktionsablauf wahrgenommen. Weitere negative Einflüsse auf den Gesundheitszustand der Beschäftigten haben das erheblich gesteigerte Arbeitstempo und vor allem Nacht- und Schichtarbeit (Abb. 81).

Bei den psychischen Störungen ist es nun nicht mehr möglich, den Arbeitsplatz und damit den Betrieb für die gesundheitlichen Beeinträchtigungen ursächlich allein verantwortlich zu machen. Ebenso wie sich Schadstoffbelastungen aus der Produktion viele Kilometer entfernt niederschlagen oder wie bestimmte Produktionsabläufe von äußeren Belastungen freigehalten werden müssen, so sind eben die nervlichen Anspannungen aus der beruflichen wie privaten Sphäre nicht räumlich gebunden, sondern beeinflussen sich gegenseitig. Verbesserungen bei der Produktions-, Verteilungs- und Verwaltungstechnik haben seit 1959 kaum ein geruhsameres und weniger kräfteverzehrendes Arbeiten ermöglicht, im Gegenteil. Es fällt auf, daß die Tendenz zur Wechselschicht und vor allem zur Nachtarbeit mit diesen technologischen Veränderungen stark zunimmt. Waren in der Wiederaufbauphase der Bundesrepublik für diese Arbeitsorganisationen Versorgungsargumente maßgeblich – etwa für Strom, Wasser und Produktionen «in einer Hitze» –, so ist seit Mitte der siebziger Jahre, besonders seit der Installation von Robotern, die steigende Kapitalintensität der Produktion das vorherrschende Argument. So erfreulich die geringe Unfallgefährdung dieser Anlagen auch ist, die Nachtarbeit zerstört nachweislich die Gesundheit (Hauß 1983; Hahn 1984).

Da nun die Arbeitszeiten im Vergleich zur Zeit vor einhundert Jahren kürzer geworden sind, andererseits die nervlichen Belastungen gerade im Privatleben stark zugenommen haben, kann dieser sensible Bereich der geistig-psychischen Kondition nicht mehr von vornherein eindeutigen Verursachungen zugeordnet werden. Eine wachsende Bedeutung haben in diesem Zusammenhang auch die zwischenmenschlichen Beziehungen am Arbeitsplatz.

Zu den Erkenntnissen der sechziger Jahre gehörte, daß trotz der finanziellen Inanspruchnahme der Unternehmen wachsende Schäden für die Gesamtgesellschaft durch Krankheiten und Unfälle im Berufsleben entstanden und die Gesamtgesellschaft belasteten. Jährliche Kosten von 20 Milliarden DM, immer noch 2 Millionen Arbeitsunfälle und Berufskrankheiten pro Jahr und 300000 vorzeitig aus dem Produktionsprozeß ausscheidende Arbeitnehmer, dazu über 3 Millionen Nacht- und Wechselschichtarbeiter dokumentieren, daß technischer Fortschritt nicht automatisch in sozialen Fortschritt mündete, sondern im Gegenteil von einigen bereits zu teuer bezahlt worden war (Pöhler 1979, S. 28f).

Ein Dauerthema des Gesundheitsschutzes war und ist die Lärmbelastung. Schon die Arbeitsmediziner in der Weimarer Zeit hatten auf die viel zu hohen Schallpegel hingewiesen, doch immer stärkere und immer

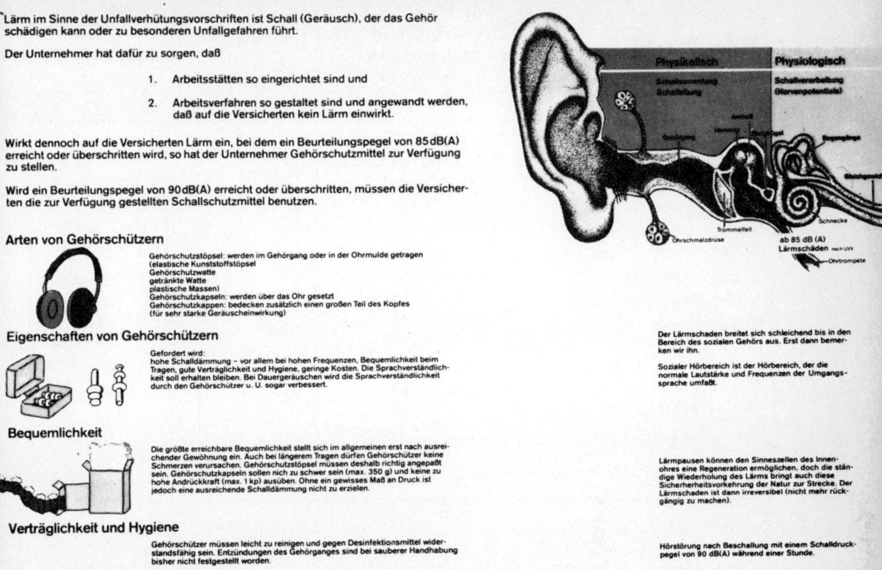

82: Bildtafel zum Gehörschutz um 1980.

schwerer belastete Getriebe erzeugten trotz besserer Zahnfertigung erheblichen Lärm (Matschoß 1942). Die Technik der Kraftantriebe war der Anpassung der Werkzeugmaschinen weit vorausgeeilt. «Lärmzulagen» beim Lohn anerkennen zwar die objektive Situation, können aber den Verlust an Hörfähigkeit nicht aufwiegen. Noch heute sind Lärmschädigungen, obwohl dieses Gesundheitsproblem doch schon früh wahrnommen wurde, nach den Hautkrankheiten die zahlenmäßig häufigste Berufskrankheit (Abb. 82, Tab. 13).

Die konjunkturelle Entwicklung ist eine entscheidende Einflußgröße für die wahrgenommene Unfallhäufigkeit: Überstunden sind besonders unfallreich. Unter diesen Belastungen sind die Arbeitsplätze innerhalb des Bergbaus, der Bau- und Holzindustrie sowie in der Eisen- und Stahlindustrie am gefahrvollsten. Überrascht es, daß bis 1969 gerade in den Bereichen Eisen- und Metallerzeugung und -verarbeitung sowie im gesamten Baugewerbe auch die meisten Gastarbeiter tätig waren? Bei ihnen ist auch tatsächlich eine höhere Arbeitsunfallhäufigkeit zu beobachten (Skiba 1985).

Die Unfallanzeigen registrieren nicht sämtliche Vorkommnisse, so daß ein verzerrtes Bild entsteht (Tab. 14). Statistisch nicht erfaßt werden die

Beispiel	Schallintensität im Vergleich zur Hörschwelle	Schreibweise mit Zehnerpotenzen	Hochzahl	dB
Düsenmotor	10000000000000mal stärker als Hörschwelle	10^{13}	13	130
Niethammer	1000000000000	10^{12}	12	120
Bohrhammer	100000000000	10^{11}	11	110
Papiermaschine	10000000000	10^{10}	10	100
Webereisaal	1000000000	10^{9}	9	90
Blechwerkstatt	100000000	10^{8}	8	80
Straßenverkehr	10000000	10^{7}	7	70
normales Gespräch	1000000	10^{6}	6	60
leise Radiomusik	100000	10^{5}	5	50
leises Gespräch	10000	10^{4}	4	40
Flüstern	1000	10^{3}	3	30
ruhige Stadtwohnung	100	10^{2}	2	20
Rauschen von Laub	10mal stärker	10^{1}	1	10
Hörschwelle	1	10^{0}	10	0

Tab. 13: Schallintensität und technische Ziffern. Die Tabelle zeigt nicht nur, wie extrem unser Gehör belastet wird, sondern entschlüsselt auch den Maßstab: Die Zehnerschritte der Dezibelangaben bedeuten jeweils die zehnfache Intensität.

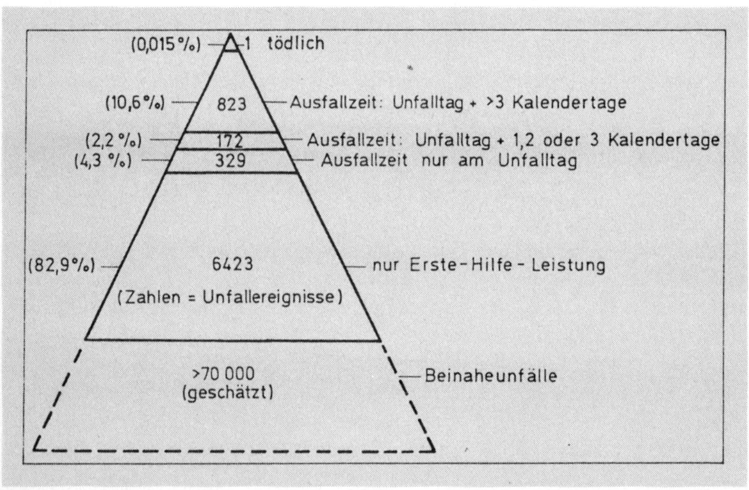

Tab. 14: Unfallpyramide für gewerbliche Arbeitsunfälle in der Bundesrepublik Deutschland (Werte gemittelt nach betrieblichen Angaben um 1980).

nicht-anzeigepflichtigen Unfälle von 1 bis 3 Tagen Arbeitsunfähigkeit, die mit etwa 15% angegeben werden, und die große Zahl der Bagatellunfälle; nach einer Studie über das Eisenhüttenwesen sind diese etwa 20- bis 30mal höher als die Zahl der Unfälle mit Arbeitsunfähigkeit. Der Anteil der über «Verrentung» entschädigten Unfälle lag in den sechziger Jahren bei etwa 3 bis 4% der angezeigten Unfälle (Gärtner 1973, S. 1924).

Während im Bereich der gewerblichen Berufsgenossenschaften die Zahl der angezeigten Arbeitsunfälle sank, verlief die Entwicklung in der Landwirtschaft seit 1950 genau entgegengesetzt mit einem besonders großen Sprung Anfang der sechziger Jahre. Denkbar ist, daß nur ein kleiner Teil der Arbeitsunfälle gemeldet wurde, weil die Verletzten wegen der bis 1972 fehlenden Pflichtkrankenversicherung oft nicht zum Arzt gingen. Kompliziert wird die Wahrnehmung, weil die absolute Zahl der Unfälle abnahm; doch da die Zahl der Beschäftigten noch schneller sank, stieg die relative Unfallhäufigkeit (Tab. 15).

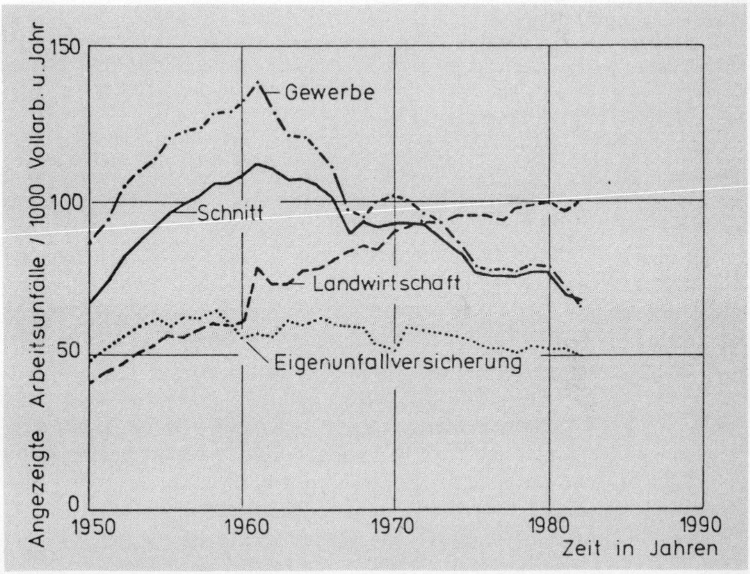

Tab. 15: Angezeigte Arbeitsunfälle je Tausend Vollarbeiter und Jahr. Überraschend ist der unaufhaltsame Anstieg der Unfallhäufigkeit in der Landwirtschaft. Er läßt sich unter anderem auf die zunehmende und komplexer werdende Mechanisierung zurückführen. Der deutliche Sprung nach 1960 steht im Zusammenhang mit dem UVNG von 1963: Vor diesem Zeitpunkt wurden viele Arbeitsunfälle gar nicht angezeigt, weil die Betroffenen keinen Unfallschutz hatten.

Gerade die Unfallhäufigkeit in der Landwirtschaft macht deutlich, wie die Technisierung eines Betriebes Unfälle hervorruft, weil das Verhalten dem Technikeinsatz nicht angepaßt ist und außerdem die eingesetzten Maschinen für die vorgesehenen Zwecke ungeeignet sind. Dennoch werden Leichtsinn, Gedankenlosigkeit, falscher Mut usw. gelegentlich als Ursache genannt. Diese Einschätzung verkennt aber, daß im Arbeitsvorgang selbst sehr oft bereits die Ursache des Unfalls liegt. Denn es ist ein Unterschied, ob ein sehr komplexer technischer Prozeß ständig wichtige Entscheidungen fordert oder ob unter relativ geringem Druck leicht korrigierbare Entscheidungen getroffen werden können.

Wie die Gewerkschaften, nahm auch die Bundesregierung nicht nur die rein quantitative, sondern durchaus auch die qualitative Veränderung der Arbeitsplatzrisiken wahr. Doch schon die Ansprache des Bundessozialministers Theodor Blank vor der Gesellschaft für Arbeitsschutz im Jahr 1959 macht deutlich, daß ihre geringe Aktivität der folgenden Jahre nicht mit mangelnder Information erklärt werden kann (Mager 1960). Für die aufkommenden Strahlungsrisiken fand er beruhigende Worte:

> «Die bisherigen Erfahrungen haben gezeigt, daß es sowohl bei der Erzeugung von Atomkraft und der dazu notwendigen Kernbrennstoffe wie auch bei der Anwendung radioaktiver Stoffe auf den verschiedenen Gebieten gelungen ist, der dabei auftretenden Strahlengefahr Herr zu werden. Ein guter Strahlenschutz hängt aber nicht allein von den technischen Schutzmaßnahmen ab, sondern mehr noch von dem Verhalten der Beschäftigten und der Aufsichtsführenden. Ihre gründliche Ausbildung in allen Fragen des Strahlenschutzes wird uns deshalb noch sehr intensiv beschäftigen müssen» (Mager 1960).

In diesen letzten Äußerungen kommt ein ganz enger «vorwissenschaftlicher» Technikbegriff zum Ausdruck, der die Verwendung bzw. den Einsatz von technischem Gerät oder technischen Systemen von deren konstruktiver Ausgestaltung trennt und der etwa bei den Werkzeugmaschinen schon zu Beginn des 20. Jahrhunderts in Frage gestellt worden war. Erst wenn Technik die naturgegebene Schwäche des Menschen in ihre konstruktive Gestaltung einbezieht, kann von qualitativ hochwertiger Technik gesprochen werden, deren Einsatz vertretbar ist. Diese Einstellung spiegelte sich zuerst in der wiederaufgenommenen Diskussion über das 1929 steckengebliebene Maschinenschutzgesetz, das durch Einflußnahme vor allem der Maschinenbauindustrie immer wieder hinausgeschoben worden war. Auch der Appell des Ingenieurs und langjährigen Atomministers Siegfried Balke 1962 an die Industrie, die Arbeitssicherheit als unternehmerische Aufgabe zu begreifen, veranlaßte weder die Maschinenbauanstalten noch die Berufsgenossenschaften, die Unfallforschung zu institutionalisieren (Balke 1962).

Im konjunkturellen Abschwung der Jahre 1966/67 sank das Sozialprodukt erstmals seit Bestehen der Bundesrepublik Deutschland unter den

Vorjahresstand. Der Glaube an ein fortbestehendes Wirtschaftswachstum mußte sich der Tatsache des anhaltenden industriekapitalistischen Konjunkturverlaufs beugen.

Die latente Unzufriedenheit mit den mangelhaften gesetzlichen Regelungen für die Arbeitssicherheit schlug nach dem Eintritt der SPD in die Regierung im Dezember 1966 in eine intensive Gesetzgebungsphase um. Endlich wogen die Argumente langjähriger Versäumnisse schwerer als eine möglicherweise drohende Arbeitslosigkeit bei zu strengen gesetzlichen Auflagen.

So kam 1968 das Gesetz über technische Arbeitsmittel zustande, das je nach Interessentenseite als «Maschinenschutzgesetz» oder «Maschinensicherheitsgesetz» angesprochen wurde.

Seit Beginn des Jahrhunderts hatten die Gewerkschaften dieses Gesetz verlangt – nun bildete es den Auftakt zu einer ganzen Reihe von Gesetzen der nachfolgenden sozialliberalen Koalition. Die bürgerlichen Parteien der Großen Koalition kamen mit diesem Gesetz den Sozialdemokraten entgegen, die ihrerseits den Notstandsgesetzen zugestimmt hatten. Hinsichtlich der innenpolitischen Situation könnte man zu diesem Tauschgeschäft überspitzt sagen, daß erst nach dem Einbau einer «Sicherung» in Form der Notstandsgesetze eine alte Forderung der Arbeiterschaft erfüllt werden konnte. Dies geschah sicherlich nicht ohne Seitenblick auf die unruhigen Studenten dieser Jahre, die von einem politischen Aktionsbündnis mit den Arbeitern träumten.

Von den Bestimmungen des Gesetzes über technische Arbeitsmittel waren nur Produzenten und Importeure, nicht aber Händler betroffen. Die Maschinenproduzenten und -importeure wurden verpflichtet, wenn sie Maschinen in Deutschland auf den Markt bringen wollten, die «allgemein anerkannten Regeln der Technik» beim Bau ihrer Maschinen sowie die Arbeitsschutzvorschriften der Gewerbeaufsicht und die Unfallverhütungsvorschriften der Berufsgenossenschaften einzuhalten. Mit diesen Bestimmungen über den vorbeugenden Unfallschutz erfüllte die Bundesregierung auch eine Auflage aus der Übereinkunft Nr. 119 der Internationalen Arbeitsorganisation aus dem Jahr 1963. Nicht eingeführt wurde ein Prüfzwang, doch boten die Technischen Überwachungsvereine für eine bestandene freiwillige Prüfung das Siegel «GS» für «Geprüfte Sicherheit» an. Da die gefundene Regelung den Berufsgenossenschaften die Nachprüfung überließ, ob die von ihr selbst aufgestellten Normen der Unfallverhütungsvorschriften eingehalten worden waren, konnten diese zu Recht sagen, daß das Gesetz keine Verschärfung gegen ihre Interessen mit sich brachte (Buss, in: Grundsatzfragen 1981, S. 120ff). Damit erhebt sich freilich die Frage, warum sie solange dagegen angekämpft haben. Ein denkbarer Grund, warum sie endlich zustimmten, könnten die «nichttarifären» Handelshemmnisse sein: Die abgebauten Zölle im internationalen Handel wurden in ihrer Funktion durch den Aufbau eben dieser technischen Normen ersetzt.

Die begrenzte Reichweite des Gesetzes zeigte sich vor allem im Bereich der Heimwerker- bzw. Gartenarbeit mit der zusätzlichen Gefahrenquelle des ungeübten Maschineneinsatzes. So sehr der Einwand berechtigt ist, Heimwerker- und Hausarbeit sei keine betriebliche Arbeit, so richtig ist aber auch, daß diese Arbeitsleistung gesellschaftlich notwendig ist und zwar in doppelter Hinsicht: Sie entlastet den handwerklichen Arbeitsmarkt, und sie bedeutet für den einzelnen ein notwendiges Gegengewicht zur industriellen Teilarbeit.

Eine besonders umstrittene Folgewirkung hatte das Gesetz in der Landwirtschaft (Abb. 83), als die zuständige Berufsgenossenschaft nun für Schlepper einen Schutzaufbau für den Fahrer vorschrieb. Wie in einem Glaubenskrieg ist gegen diese Vorschrift gekämpft worden: Die Schlepperbaufirmen weigerten sich erfolgreich, ein Komplettangebot zu machen, so daß der Aufsatz allein vom Zubehörhandel vertrieben wurde. Der zwingende Umbau der Altschlepper wurde bis 1977 hinausgeschoben. Doch da diese Maßnahme die Zahl der Opfer senkte, mochte zehn Jahre nach dem Maschinenschutzgesetz keiner mehr dagegen gewesen sein (Kunze-Hieronymi 1975). Eine ähnliche, im Rückblick haarsträubende Diskussion wurde um die Haltegurte in Kraftwagen geführt, die allerdings nicht unter das Maschinenschutzgesetz fielen.

83: Traktor, 1961. Erst das Maschinenschutzgesetz (Arbeitsmittelgesetz) von 1968 erzwang einen Aufsatz auf den Traktor, der den Fahrer schützen sollte.

Das Arbeitssicherheitsgesetz von 1973: Endlich am Ziel?

Abgeordnete des Bundestages hatten schon 1963 hauptamtliche Sicherheitsbeauftragte in den Betrieben und 1968 hauptamtliche Werksärzte verlangt und die Regierung zum gesetzlichen Handeln gedrängt. In der politischen Meinungsbildung löste der Begriff Sicherheit den des Friedens ab und wurde – wie das Thema Gesundheit – nun zu einem wichtigen Diskussionspunkt in der innenpolitischen Auseinandersetzung. Zehn Jahre nach der Verpflichtung der Regierung, jährlich einen Unfallbericht vorzulegen, mußte sie seit 1970 jährlich auch einen Gesundheitsbericht erarbeiten. Das Thema Gesundheit stand inzwischen im Mittelpunkt des Denkens und der Erwartungen der Bevölkerung (Jenss 1973, S. 36ff).

Der Arbeitsminister der alten CDU-FDP-Koalition, Hans Katzer, hatte kurz vor seiner Ablösung noch erkennen lassen, daß er der werksärztlichen Betreuung größere Bedeutung beimessen wollte. In einer Richtlinie vom Juni 1966 (vgl. Deppe 1973, S. 197f) wiederholte er allerdings nur jene Orientierungszahlen für die Einstellung hauptberuflicher Werksärzte, die bereits in der Vereinbarung von 1953 zwischen den Sozialpartnern gestanden hatten.

Bei dieser Initiative handelte es sich also nicht um eine Verschärfung, vielmehr deutete der Staat damit an, daß er sich nunmehr dieser Sache selbst annehmen wollte. Doch die Industrie hatte den Umschwung in der Politik nicht richtig eingeschätzt und hielt noch 1967 die bisherige werksärztliche Tätigkeit für vorbildlich.

Von der sozialliberalen Regierung wurden beide Forderungen, die Einsetzung von Sicherheitsingenieuren sowie von Werksärzten, in einem gemeinsamen Gesetz zusammengefaßt und im Anschluß an die Regelungen über Vorsorgeuntersuchungen und Lohnfortzahlung im Krankheitsfall für Arbeiter (eine ähnliche Regelung wie für Angestellte) 1973 als Gesetz über Betriebsärzte, Sicherheitsingenieure und andere Fachkräfte für Arbeitssicherheit verabschiedet. Über 50 Unfallverhütungsvorschriften waren anzupassen. Ende 1974 trat das Gesetz in Kraft; es stand in engem Zusammenhang mit den zwei 1976 erlassenen Verordnungen: der Arbeitsstoffverordnung, welche sog. MAK-Werte vorschrieb – also Arbeitsplätze mit *m*aximalen *A*rbeitsplatz-*K*onzentrationswerten –, und der Arbeitsstättenverordnung, die Mindestausstattungen für die Arbeitsplätze auch im hygienischen Bereich festlegte.

Bereits 1972, sozusagen im Vorlauf, hatte das Parlament das Betriebsverfassungsgesetz geändert und den Betriebsräten eine größere Mitsprache im Unfall- und Gesundheitsschutz eingeräumt. Schon hier war in den §§ 90 und 91 festgelegt, daß Betriebsrat und Arbeitgeber nun die «gesicherten arbeitswissenschaftlichen Erkenntnisse über die menschengerechte Gestaltung der Arbeit» anwenden mußten.

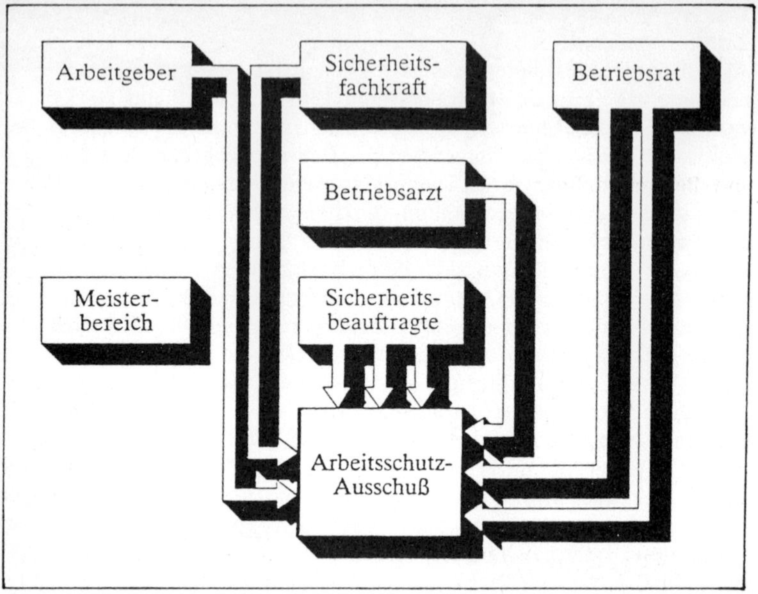

Tab. 16: Das Arbeitssicherheitsgesetz von 1973 faßt die historisch gewachsenen Sicherheitsorgane zusammen. Der Arbeitsschutzausschuß ist die zentrale Stelle der innerbetrieblichen Arbeitsschutzorganisation.

Das Gesetz über Betriebsärzte, Sicherheitsingenieure und andere Fachkräfte für Arbeitsschutz (Tab. 16) legt fest, in welchem Ausmaß jeder Arbeitgeber Fachkräfte für Arbeitssicherheit und Betriebsärzte einstellen muß, die nach § 719 Reichsversicherungsordnung im Arbeitsschutzausschuß mit den Beauftragten des Arbeitgebers, Betriebsratsmitgliedern und Sicherheitsbeauftragten zusammenarbeiten.

Während die Ärzte die Ursachen arbeitsbedingter Erkrankungen untersuchen sollten, wurde den Fachkräften für Arbeitssicherheit auferlegt, die Ursachen von Arbeitsunfällen zu untersuchen, die Ergebnisse zu erfassen, auszuwerten und Abhilfevorschläge zu machen. Die Anforderungen an die Wissenschaften waren damit erheblich gestiegen. Hatte die Novelle des Betriebsverfassungsgesetzes 1972 lediglich die Berücksichtigung einer seit fünfzig Jahren bestehenden Wissenschaft, der Arbeitswissenschaft, verlangt, so sollten nun Ergebnisse einer Disziplin berücksichtigt werden, die es bisher an den technischen Hochschulen als Lehrfach noch gar nicht gab: Die «Sicherheitstechnik». Diese Fachkräfte für Arbeitssicherheit waren zur Zusammenarbeit mit dem Betriebsrat verpflichtet, der auch ihrer Einstellung zustimmen mußte. Konkret sollten sie den Arbeitgeber beraten: bei der Beschaffung von technischen Arbeitsmitteln und der Einführung von Arbeitsverfahren und Arbeitsstoffen, bei der Auswahl und Erprobung von Körperschutzmitteln, bei arbeitsphysiologischen, arbeitspsychologischen, sonstigen ergonomischen und arbeitshygienischen Fragen, vor allem des Arbeitsrhythmus, der Arbeitszeit- und Pausenregelung, bei Gestaltung der Arbeitsplätze, des Arbeitsablaufs und der Arbeitsumgebung, beim Arbeitsplatzwechsel im Betrieb und bei der Ersten Hilfe.

In die Praxis umgesetzt wurde das Gesetz durch materielle und organisatorische Vorschriften. Diese wurden ergänzt durch technische Regeln, durch Richtlinien des Bundesministers, durch technische Normen und durch Merkblätterempfehlungen von Verbänden. Auf der Flexibilität dieser Festlegungen beruht schließlich die Wirksamkeit des Gesetzes. Von entscheidender Bedeutung für die Wirksamkeit mußte schließlich auch die Festlegung des Zahlenverhältnisses von Sicherheitskräften und Belegschaft sein, das für jede Betriebsgröße und jede Gefahrenklasse unterschiedlich festgelegt wurde. Insgesamt sind nach Inkrafttreten des Gesetzes bis 1979 über 60000 technische Sicherheitskräfte ausgebildet worden, und über 10000 Ärzte erhielten einen entsprechenden Qualifikationsnachweis; von den Ärzten waren allerdings 80% freiberuflich tätig.

Doch die neue Regelung brachte nicht nur Verbesserungen. Nach dem bisherigen System der werksärztlichen Betreuung hatten die Beschäftigten im Bergbau, in der Eisen- und Stahlindustrie, der chemischen Industrie, der feinmechanischen und elektrotechnischen Industrie eine überdurchschnittlich gute Betreuung. Das Gesetz schrieb teilweise Richtwerte vor, die unter den bislang praktizierten lagen.

Ein Aktionsprogramm: Humanisierung der Arbeitswelt

Das neue Gesetz sollte langfristig die Risiken mindern, die sich für Arbeitnehmer an ihren Arbeitsplätzen ergaben und die nicht nur aus offensichtlich defekten Produktionsanlagen resultierten. So sehr den Unternehmen die Lösung entgegenkam, daß die Arbeitssicherheit nicht durch staatliche oder von außen besetzte Gremien überwacht wurde, die praktische Umsetzung verlangte viel Zeit. Wenige Jahre nach Inkrafttreten fanden Befragungen von Sicherheitskräften statt, die das Dilemma dieser neuen umfangreichen Gesetzgebung dokumentierten: Weniger als ein Fünftel aller befragten Sicherheitsbeauftragten war vor der Aufnahme der Funktion eingehend belehrt worden; ein Drittel hielt die Anleitung für zu kurz, und mehr als die Hälfte war völlig ohne Voraussetzung mit dieser Aufgabe betraut worden. Insgesamt 15% nahmen ihre Aufgabe einigermaßen umfassend wahr, 44% ließen ansatzweise Aktivitäten umfangreicherer Art erkennen, und 39 % führten nur einfache Aufgaben auf dem Gebiet des Arbeitsschutzes aus (Diekershoff 1979).

Unmittelbare organisatorische Konsequenzen hatte das Gesetz, dessen Inhalt in ähnlicher Form auch in anderen europäischen Ländern in gesetzliche Vorschriften gebracht wurde oder werden sollte, in zweierlei Richtung (Goettelmann 1983):

1. Als Nachfolge des 1957 gegründeten Koblenzer Bundesinstituts für Arbeitsschutz, welches auf das im Zweiten Weltkrieg zerstörte Arbeitsschutzmuseum in Berlin zurückging und 1968 nach Dortmund verlegt worden war, wurde im Jahre 1972 in Dortmund die «Bundesanstalt für Arbeitsschutz und Unfallforschung» als Dienststelle des Bundesministeriums mit erheblichem apparativem und personellem Aufwand gegründet und entwickelte sich zu einer Informationsplattform über die Erkenntnisse, die sich aus dem unter 2. aufgeführten Humanisierungsprojekt ergaben. Sie ist auch die Anmeldestelle für die Stoffe der Gefahrstoffverordnung von 1980.

Auch die gewerblichen Berufsgenossenschaften legten nun ihre in Ansätzen vorhandenen Aktivitäten zusammen und gründeten das Berufsgenossenschaftliche Institut für Arbeitssicherheit (BIA), eine Forschungseinrichtung, die einmal die schon bestehenden Institute wie das Staubforschungsinstitut, das Institut für Lärmbekämpfung sowie Teile des technischen Silikoseforschungsinstituts aufnahm, die nun aber auch ein Prüfinstitut für Elektro- und Steuerungstechnik und ein Institut für Sicherheit beim Schleifen erhielt. Hauptarbeitsgebiete wurden gefährliche Arbeitsstoffe, Lärm und Vibration, persönliche Schutzausrüstungen und technische Arbeitsmittel. Es gibt aber keinen Arbeitsschwerpunkt, der die komplexen Mehrfachbelastungen zum Forschungsgegenstand hat; insofern bleibt die Ausrichtung von der medizinischen Methodologie her der Zeit vor 1914 verhaftet (Berufsgenossenschaftliches Institut 1979).

2. Die Bundesregierung, genauer: das Bundesministerium für Forschung und Technologie (BMFT) – 1974 gegründet und auf der Suche nach Arbeitsfeldern – und das Bundesministerium für Arbeit und Sozialordnung drängten auf ein Programm «Humanisierung des Arbeitslebens», um eine Verknüpfung des Arbeitssicherheitsgesetzes mit der gesellschaftlichen Wirklichkeit vorantreiben zu können (Peter 1979, S. 38ff). Das durch eine Regierungserklärung vorgestellte Projekt umfaßte zehn Teilbereiche: Sicherheitstechnik und Unfallverhütung, Belastung durch schädliche Umgebungseinflüsse, psychische und physische Beeinflussung (Tab. 17), sozialen Arbeitsschutz und Betriebshygiene, Arbeitsschutzorganisation, soziale Beschäftigungspolitik, Technologie und Innovation, Stärkung der Mitwirkungsmöglichkeit der Arbeitnehmer,

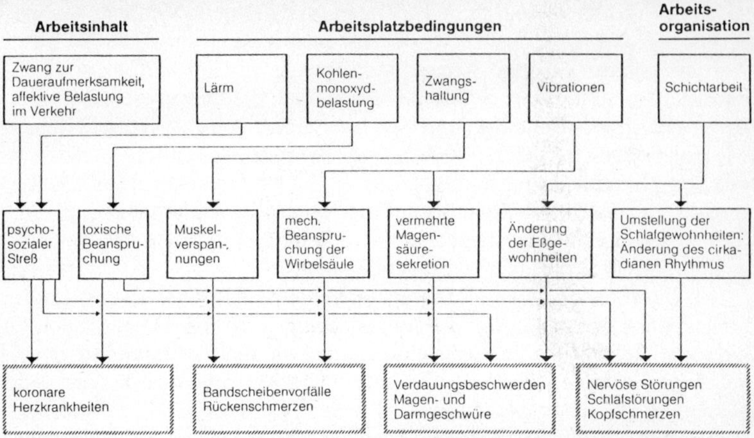

Tab. 17: Komplexe Belastungen und gesundheitliche Beanspruchungen (Busfahrer).

Arbeitsorganisation und Arbeitsstruktur sowie Fragen des Personaleinsatzes.

Die ersten fünf Punkte entsprachen dem traditionellen Arbeitsschutz. Konkret wurden nun in einer Reihe von Arbeiten folgende Untersuchungen durchgeführt: Erarbeitung von Schutzdaten, Richtwerten, Mindestanforderung an Maschinen, Anlagen und Arbeitsstätten; Entwicklung von menschengerechten Arbeitstechnologien; Erarbeitung von beispielhaften Vorschlägen und Modellen für die Arbeitsorganisation und Gestaltung von Arbeitsplätzen; Verbreitung und Anwendung wissenschaftlicher Erkenntnisse und Betriebserfahrungen.

Die im BMFT entwickelten Ziele konzentrierten sich auf fünf Schwerpunkte, wobei davon ausgegangen wurde, daß menschengerechte Arbeitsplätze vorzugsweise dann entstehen, wenn beide Seiten, Arbeiter und Unternehmer, Vorteile von dieser Regelung haben würden: Verbesserung der Arbeitsqualität, Abbau von Über- und Unterbeanspruchungen, Erhöhung der Arbeitssicherheit, Verminderung negativer Wechselbeziehung zwischen Arbeitsfeld und anderen Lebensbereichen, Entwicklung übergreifender Strategien. Die Fördermittel des Bundes wurden für den Zeitraum von 1974 bis 1978 von 13 auf 78 Mio. DM angehoben, und bis 1979 wurden folgende Teilbereiche gefördert: Lärm und Erschütterung (68 Projekte), gefährliche Stoffe und Stäube (33), arbeitsmedizinische Forschung und Sicherheitstechnik (33), Abbau kombinierter Belastungen und Abbau von Streß (7), menschengerechte Gestaltung im Bergbau (66).

Als Kritiker den Programmen vorhielten, daß nur betriebliche Verbesserungen, aber nicht die arbeitswissenschaftlichen Grundlagen gefördert würden, gab es 1976 eine Schwerpunktverlagerung in Richtung des Bundesarbeitsministeriums. Seitdem wurden auch die Gewerkschaften stärker am Programm beteiligt, und die Untersuchungen galten u. a. Themen wie psychische und soziale Belastungen, dem Streß oder den Auswirkungen von Humanisierungsmaßnahmen in Branchen mit Strukturveränderungen. Bei der Durchführung der Forschungsprojekte ergaben sich insofern Probleme, als die beauftragten privaten Unternehmungen damit auch privatwirtschaftliche Ziele verfolgten.

Die Untersuchungen im Rahmen des Projektes Humanisierung des Arbeitslebens sollten über die ganz engen technischen Ad-hoc-Maßnahmen hinausgehen und auch berücksichtigen, daß die Beschäftigten ihre beruflichen wie privaten Ziele auch an Bedingungen orientierten, die nicht ausschließlich arbeitsplatzgebunden waren, sondern mit der Unternehmenspolitik und überbetrieblichen Vorstellungen zusammenhingen. Schließlich werden Arbeitsmärkte auch innerhalb eines Betriebes segmentiert, d. h. es gibt privilegierte Stammbelegschaften und leichter manipulierbare Randbelegschaften: Frauen, schlechter Ausgebildete, Ältere und Behinderte. Der Strukturwandel läßt Arbeitsplätze mit neuen Anforderungen entstehen – eine Entwicklung, die schneller vorangeht, als der Gesetzgeber sie verfolgen kann. Arbeiter mit Einblick in die produktionstechnischen Zusammenhänge können einem Unternehmen viel mehr nützen, da sie flexibel einsetzbar sind. Je stärker die menschliche Psyche produktionsrelevant wird, um so mehr stärken und stören außerbetriebliche Einflüsse die Produktion.

Doch auch die Bedürfnisse der Beschäftigten verändern sich im Verlauf der Entwicklung, was sich besonders im Bereich der Gesundheit zeigte. Selbst in Krisenzeiten und Zeiten reichlichen Arbeitsangebotes sind bestimmte hochbelastete Arbeitsplätze nicht zu besetzen, weil Arbeiter dort ihre Gesundheit zu sehr gefährdet sehen. In diesem Bereich müssen dann die weniger gut geschützten Arbeiter im Halbdunkel mancher Arbeitsverleiher ungesetzliche Arbeiten verrichten (Wallraff 1985).

Unsere Wahrnehmung über das, was wir als Arbeit bezeichnen, ist ungemein einseitig: Kinderarbeit in Betrieben ist zwar verboten, aber Millionen Fernsehzuschauer erfreuen sich bei Sportveranstaltungen, etwa Tennisturnieren, daran und sehen nicht die Dauerschäden, die bei den wenigen Auserwählten wie bei den Hunderttausenden von Nacheifernden entstehen. Weder im Sport noch im Straßenverkehr spielt bei der Auseinandersetzung zwischen Menschen und Technik die oft herangezogene Polarität zwischen Arbeit und Kapital eine Rolle. Solange Technik als ein faszinierendes Handwerkszeug benutzt wird, von dem wir glauben, es jederzeit im Griff zu haben, das als Statussymbol wichtig ist und zu dessen Verwendung keine systematische Anpassung erfolgt, bleibt das Risiko der Benutzung hoch, vielleicht zu hoch.

Die medizinische Forschung sieht sich heute der unüberwindlichen Schwierigkeit gegenüber, Privat- und Arbeitssphäre bei der Verursachung gesundheitlicher Schäden auseinanderzuhalten, da die Mehrfachbelastungen, die auf einen Arbeiter einwirken, nicht schlüssig auf die eine oder andere Sphäre zurückgeführt werden können. Während der siebziger Jahre und vor allem zum Ende des Jahrzehnts stieg die Zahl der Beschäftigten dramatisch an, die als Invaliden aus dem Arbeitsprozeß ausschieden. Die Abgrenzung zu den Vorruheständlern scheint sehr problematisch; denn der Beurteilungsspielraum des Arztes wird großzügiger wahrgenommen, wenn eine für den Betrieb wie die Beschäftigten günstige finanzielle Regelung des Vorruhestandes ausgehandelt worden ist: Im Jahr 1981 gaben 60 % der Ausscheidenden gesundheitliche Gründe an (Zeitschrift für Arbeitswissenschaft 37, 1983, S. 40). Dieses Ergebnis deutet gerade nicht auf eine Verbesserung des Gesundheitszustandes seit Inkrafttreten des Arbeitssicherheitsgesetzes hin.

Außerdem muß festgestellt werden, daß die Situation der Beschäftigten in Klein- und Mittelbetrieben in dem Gesetz zuwenig berücksichtigt wird; denn ihnen – immerhin drei Viertel aller Arbeitnehmer – droht noch heute die fristlose Kündigung, wenn sie, da an ihren Arbeitsstätten keine Anlaufstelle für Arbeitsrisiken vorhanden ist, gesetzeswidrige Zustände an die Öffentlichkeit tragen.

Enttäuschte Hoffnungen: Ein umfassendes Arbeitsschutzrecht bleibt ein Wunsch

Um die Vielzahl der Gesetze und Maßnahmen auf dem Gebiet des Arbeitsschutzes zu koordinieren, unternahm die sozialliberale Koalition 1980 einen neuen Anlauf, ein abgerundetes Arbeitsschutzgesetz zu erarbeiten, wie es schon die Weimarer Verfassung verlangt hatte. Eine umfangreiche, vom Deutschen Gewerkschaftsbund angeregte Studie über das vorhandene Arbeitsschutzsystem bildete den Auftakt (Arbeitsschutzsystem 1980). Doch die ursprüngliche Haltung von SPD und Gewerkschaften zur Schaffung eines einheitlichen staatlichen Schutzsystems ist in dieser Studie nicht bekräftigt worden. Die vielfältigen Formen, das duale System von Gewerbeaufsicht und Berufsgenossenschaft sowie die Existenz von Technischen Überwachungsvereinen (TÜV) der Großindustrie mit öffentlichen Aufgaben der Kontrolle und von anderen privaten Organisationen mit normsetzenden Funktionen, etwa das Deutsche Industrieinstitut für Normung (DIN), hatten sich über weite Strecken als passend und sinnvoll erwiesen.

Das neue Arbeitsschutzgesetz sollte eine Reihe wichtiger offengebliebener Fragen lösen:

Es sollte eine gesundheitsgerechte Arbeitsgestaltung gesetzlich erzwingen, die rechtliche Zersplitterung aufheben und die Vorschriften für die Praxis verständlicher machen, die krankmachenden Faktoren systematisch erfassen, alle arbeitsbedingten Erkrankungen in die gesetzliche Unfallversicherung einbeziehen, auch die Beschäftigten des öffentlichen Dienstes, der Landwirtschaft und die Heimarbeiter in das gleiche Arbeitsschutzrecht aufnehmen, ein Arbeitsverweigerungsrecht für Arbeitnehmer bei bestimmten Gefahren schaffen, die Pflichten und Verantwortlichkeiten im Arbeitsschutz auf öffentlich-rechtlicher und betrieblicher Ebene so eindeutig lösen, daß zukünftig die Verantwortung nicht mehr durch Delegation zu umgehen wäre, die Aufsichtsfunktion für staatliche Gewerbeaufsicht und technischen Aufsichtsdienst der Berufsgenossenschaften genauer festlegen, paritätische Beiräte bei den Gewerbeaufsichtsämtern und drittel-paritätische Selbstverwaltung bei der Bundesanstalt für Arbeitsschutz und Unfallforschung (Staat, Gewerkschaften, Arbeitgeber) einführen, eine gleichgewichtige Mitbestimmung der Arbeiter in allen Fragen der gesundheitsgerechten Arbeitsgestaltung und eigene, nicht nur abgeleitete Gewerkschaftsrechte im Arbeitsschutz, etwa das Zugangs- und Untersuchungsrecht, festlegen (Konstanty 1980).

Auch wenn ein so umfangreicher Aufgabenkatalog in einem Gesetz schließlich nicht festzuschreiben ist, so war bereits dieses Gesetzesvorhaben im Jahre 1980 eine politisch übermächtige Aufgabe. Der Koalitionspartner FDP hatte sich wegen der Belastungen, die dieses Gesetzeswerk für die Unternehmen mit sich bringen würde, bereits umorientiert. Der öffentliche Streit in der SPD über die Frage der Nachrüstung, die hohe Arbeitslosigkeit mit ihrem Druck in politisch konservative Richtung, schließlich aber die Abwendung vieler jüngerer Politiker von der SPD hin zu Fragen des Umweltschutzes entzogen durch den Sturz der Regierung Schmidt 1981 dieses Gesetz der weiteren Diskussion und verlagerten überhaupt das öffentliche Interesse vom Arbeitsschutz auf die Umweltproblematik (Abb. 84). Ohne größere öffentliche Proteste konnte so der Bundesanstalt für Arbeitsschutz und Unfallforschung die Aufgabe Unfallforschung abgenommen werden. Dafür entsteht nun eine umfangreiche Ausstellung, doch ob diese allein die Lücke füllen kann, die der Verzicht auf Unfallforschung hinterlassen hat, ist doch die Frage.

84: Blick auf Longton/England im Vergleich von 1910 zu 1970. Nachdem Staube am Arbeitsplatz reduziert worden waren, hat man sie auch als umweltbelastende Faktoren bekämpft. Doch mit der Entwicklung der Chemie stiegen die unsichtbaren Gifte an.

VI. Ausblick

Die industrielle Entwicklung hat bislang zwei Wege aufgezeigt, um Risiken am Arbeitsplatz zu verringern. Einmal sind die komplexen Tätigkeiten des Handwerkers immer mehr auf ganz bestimmte monotone Handgriffe für den Arbeiter reduziert worden; mit teilweise erheblichen Verzögerungen sind diese Handgriffe sicherheitsgerecht gestaltet bzw. automatisiert worden. Das konnte die Unfallzahlen senken, nicht aber die Krankheitsziffern durch Übermüdung oder psychische Faktoren. Der zweite Weg heißt Verantwortungssteigerung: dem Arbeiter wird das Gefühl vermittelt, daß seine Tätigkeit sinnvoll ist, daß er z. B. das Produkt entstehen sieht und daß dabei seine Arbeit mit Hilfe moderner Steuer- und Kontrolltechnologie ebenfalls abgesichert wird. Diese Bemerkungen gelten allerdings nur für Montageprodukte und für jene, die einen Arbeitsplatz haben. In der auf Reaktionen angewiesenen chemischen Industrie bleibt der Erfolg ohnehin nur über Meßgeräte oder die Qualität von Zwischenprodukten ablesbar.

Für die Gestaltung der Arbeitsplätze bleibt die Spannung zwischen Kapital und Arbeit eine ganz wichtige Ursache, doch ist diese grobschlächtige Einteilung über weite Strecken ungeeignet zur Analyse: Auch in sozialisierten Betrieben geschehen Unfälle und entstehen Krankheiten. Doch ein Kennzeichen der kapitalistischen Wirtschaft, die zusätzlichen Unfallspitzen in der Phase der Hochkonjunktur, sind in sozialisierten Betrieben weniger ausgeprägt. Dafür stehen in der kapitalistischen Wirtschaft Kostengesichtspunkte stark im Vordergrund, die immer wieder dazu zwingen, Arbeitsabläufe zu durchdenken, Risikostellen aufzudecken und abzubauen, vor allem aber kostengünstigere Produktionsbedingungen zu schaffen. Deutlicher noch als im Arbeitsschutz ist diese Erneuerungs- oder Anpassungsfähigkeit im Umweltschutz. Im komplexen Zusammenhang vieler Produktionen bildet die menschliche Arbeit immer mehr den unzuverlässigen Schwachpunkt des Geschehens und wird daher durch Maschinen ersetzt. Das Problem liegt nun nicht mehr im Betrieb oder beim Arbeitsschutz, sondern in der Tatsache, daß auf diese Weise Menschen arbeitslos gemacht werden.

Die bislang aufgeführten Gesichtspunkte spielen für die Gesamtbetrachtung des Charakters, der Art und Weise, wie eine Gesellschaft sich dem Problem Arbeit und Arbeitssicherheit gegenüber verhält, sicherlich eine bedeutende Rolle. Sie sind aber häufig für eine unmittelbare Einflußnahme auf die Senkung von Risiken ungeeignet. Hier haben sich in allen Ländern nicht moralische Appelle, sondern konkrete Überwachungsbehörden als entscheidend wirksam erwiesen. Die vorangegangenen Kapitel haben sich daher mit der Entstehung und den Handlungsmöglichkeiten solcher Behörden befaßt. Sie sind aus ganz unterschiedlichen Motiven entstanden, und trotz des gemeinsamen Interesses für Arbeitssicherheitsfragen sind sie in ihrer Tätigkeit ganz unterschiedlich motiviert.

In Deutschland hat sich unter massiver Interessenwahrung der Industrie der Gedanke einer eigenen selbstverwalteten Kontrolle von Industrie, Landwirtschaft, Dienstleistungsbetrieben usw. durchgesetzt. Solche Einrichtungen der Selbstverwaltung konkurrieren auf dem Teilbereich der Unfallverhütung mit staatlichen Schutzbehörden, die auf dem umfassenden Feld des Arbeitsschutzes seit 1854/1878 in Preußen/Deutschland tätig sind. Diese Zweigleisigkeit ist oft auf Kritik gestoßen, wobei die industriefreundlicheren Parteien eher die Selbstverwaltung unterstützten und die Sozialdemokraten eher eine zentrale Kontrollbehörde favorisierten. Ihre Forderungen stellten sie schon im Reichstag 1877 mit einer Rede August Bebels, doch ließen sie sich in der Weimarer Republik trotz intensiver Arbeit nicht umsetzen und endeten bislang mit dem Arbeitssicherheitsgesetz von 1973.

Das staatliche Arbeitsschutzrecht schützt auch weiterhin die Beschäftigten vor allen arbeitsbedingten Einflüssen, die sich schädigend auf Gesundheit und Wohlbefinden auswirken können, und dem Sozialrecht unterliegt weiterhin – innerhalb der für Betriebe maßgeblichen Arbeitsschutzbestimmungen – die Bekämpfung von Arbeitsunfällen und Berufskrankheiten, die mit der Sozialversicherung eng verknüpft ist.

Sollte eine zukünftige Regierung noch einmal das Vorhaben eines Arbeitsschutzgesetzes aufgreifen, so wird sie es schwer haben: Auf dem Gebiet der Unfallverhütung arbeiten 95 Unfallversicherungsträger, darunter 35 gewerbliche Berufsgenossenschaften mit der Kompetenz der Verordnungsgebung für Unfallverhütungsvorschriften und 11 selbstbewußte Länderverwaltungen mit ebenfalls länderspezifischer Aufgabenstellung. Bei der notorischen Unbeweglichkeit großer Behörden kann man freilich auch eine Konkurrenz auf diesem so wichtigen Gebiet der Unfallverhütung und Krankheitsvorsorge für effektiver halten, weil Wettbewerb auch diese Arbeit belebt.

Anhang

Glossar

Die anerkannten Berufskrankheiten aus den Jahren 1925, 1929 und 1976 im Vergleich.

Erste Verordnung über die Ausdehnung der Unfallversicherung auf gewerbliche Berufskrankheiten. Veröffentlicht im Reichsgesetzblatt vom 15. Mai 1925.

I	II	III
Lfde. Nr.	Gewerbliche Berufskrankheit	Betriebe, welche der Versicherung gegen die in Spalte II bezeichneten Krankheiten unterliegen
1	Erkrankungen durch Blei oder seine Verbindungen	Zu lfdr. Nr. 1 bis 7: Betriebe, in denen Versicherte regelmäßig der Einwirkung der in Spalte II bezeichneten Stoffe ausgesetzt sind.
2	Erkrankungen durch Phosphor	
3	Erkrankungen durch Quecksilber oder seine Verbindungen	
4	Erkrankungen durch Arsen oder seine Verbindungen	
5	Erkrankungen durch Benzol oder seine Homologen Erkrankungen durch Nitro- und Amidoverbindungen der aromatischen Reihe	
6	Erkrankungen durch Schwefelkohlenstoff	
7	Erkrankungen an Hautkrebs durch Ruß, Paraffin, Teer, Anthrazen, Pech und verwandte Stoffe	
8	Grauer Star bei Glasmachern	Glashütten.
9	Erkrankungen durch Röntgenstrahlen und andere strahlende Energie	Betriebe, in denen Versicherte der Einwirkung von Röntgenstrahlen oder anderer strahlender Energie ausgesetzt sind.
10	Wurmkrankheit der Bergleute	Betriebe des Bergbaues.
11	Schneeberger Lungenkrankheit	Betriebe des Erzbergbaues im Gebiete von Schneeberg (Freistaat Sachsen).

Zweite Verordnung über die Ausdehnung der Unfallversicherung auf Berufskrankheiten. Veröffentlicht im Reichsgesetzblatt vom 15. Februar 1929.

Lfde. Nr.	Berufskrankheit	Betriebe und Tätigkeiten
I	II	III
1	Erkrankungen durch Blei oder seine Verbindungen	
2	Erkrankungen durch Phosphor	
3	Erkrankungen durch Quecksilber oder seine Verbindungen	
4	Erkrankungen durch Arsen oder seine Verbindungen	
5	Erkrankungen durch Verbindungen des Mangans	
6	Erkrankungen durch Benzol oder seine Homologen	
	Erkrankungen durch Nitro- und Amidoverbindungen der aromatischen Reihe	
7	Erkrankungen durch Schwefelkohlenstoff	
8	Erkrankungen durch Schwefelwasserstoff	Zu 1 bis 14: Betriebe und Tätigkeiten, die der Unfallversicherung unterliegen.
9	Erkrankungen durch Kohlenoxyd	
10	Erkrankungen durch Röntgenstrahlen und andere strahlende Energie	
11	Chronische und chronisch-rezidivierende Hauterkrankungen durch Galvanisierungsarbeiten	
12	Chronische und chronisch-rezidivierende Hauterkrankungen durch exotische Holzarten	
13	Chronische und chronisch-rezidivierende Hauterkrankungen durch Ruß, Paraffin, Teer, Anthrazen, Pech und verwandte Stoffe	
14	Erkrankungen der Muskeln, Knochen und Gelenke durch Arbeiten mit Preßluftwerkzeugen	
15	Erkrankungen der tieferen Luftwege und der Lunge durch Thomasschlackenmehl	Thomasschlackenmühlen, Düngemittelmischereien und Betriebe, die Thomasschlackenmehl befördern.
16	Schwere Staublungenerkrankungen (Silikose) Trifft eine schwere Staublungenerkrankung mit Lungentuberkulose zusammen, so gilt für die Entschädigung die Tuberkulose als Staublungenerkrankung.	a) Betriebe der Sandsteingewinnung, -bearbeitung und -verarbeitung, b) Metallschleifereien, c) Porzellanbetriebe, d) Betriebe des Bergbaues.
17	Schneeberger Lungenkrankheit	Betriebe des Erzbergbaues im Gebiete von Schneeberg (Freistaat Sachsen).
18	Durch Lärm verursachte Taubheit oder an Taubheit grenzende Schwerhörigkeit	Betriebe der Metallbearbeitung und -verarbeitung.
19	Grauer Star	Glas- und Eisenhütten, Metallschmelzereien.
20	Wurmkrankheit der Bergleute	Betriebe des Bergbaues.
21	Tropenkrankheiten, Fleckfieber, Skorbut	Betriebe der Seeschiffahrt.
22	Infektionskrankheiten	Krankenhäuser, Heil- und Pflegeanstalten, Entbindungsheime und sonstige Anstalten, die Personen zur Kur und Pflege aufnehmen, ferner Einrichtungen und Tätigkeiten in der öffentlichen und freien Wohlfahrtspflege und im Gesundheitsdienste sowie Laboratorien für naturwissenschaftliche und medizinische Untersuchungen und Versuche.

Die Berufskrankheiten laut Berufskrankheitenverordnung vom 8.12.1976.

Nach § 551 der Reichsversicherungsordnung (Stand Oktober 1987) können solche Krankheiten Berufskrankheiten sein, die nach den Erkenntnissen der medizinischen Wissenschaft durch besondere Einwirkungen verursacht sind, denen bestimmte Personen durch ihre Arbeit in erheblich höherem Grade als die übrige Bevölkerung ausgesetzt sind. Von besonderen Einzelfällen abgesehen, können nur die in der «Berufskrankheitenliste» genannten Krankheiten anerkannt und entschädigt werden. Es handelt sich also nicht bei allen Beschwerden und Gesundheitsstörungen, die ein versicherter Arbeitnehmer mit einer Einwirkung am Arbeitsplatz in Zusammenhang bringt, um eine Berufskrankheit im Sinne der Berufskrankheitenverordnung; sei es, daß tatsächlich kein ursächlicher Zusammenhang besteht oder nach dem medizinischen Erkenntnisstand bisher nicht wahrscheinlich gemacht werden konnte.

Nachfolgend werden in Anlehnung an die «Berufskrankheitenliste» Hinweise zu Bedeutung und Erscheinungsbild der Berufskrankheiten gegeben. Die Zahl der im Jahr 1985 erstmals nach Anzeigen aus diesem oder den Vorjahren entschädigten Berufskrankheiten und der in diesem Jahr angezeigten wird jeweils in Klammern angegeben und ist zitiert nach: Wendland, M.-E. und Wolff, H. F.: Die Berufskrankheitenverordnung (BeKV), Loseblattsammlung 11. Ergänzungslieferung, März 1987, Berlin 1977.

Die Erläuterungen 2, 3, 5 verfaßten Peter Angerer (BK 2.3.5 und 6) und Andreas Bahemann-Hoffmeister (BK 1,4), Mitarbeiter des Instituts und der Poliklinik für Arbeitsmedizin der LMU München (Vorstand: Prof. Dr. G. Fruhmann).

Nr.	Krankheiten
1	**Durch chemische Einwirkungen verursachte Krankheiten**
11	*Metalle und Metalloide*
11 01	Erkrankungen durch Blei oder seine Verbindungen
11 02	Erkrankungen durch Quecksilber oder seine Verbindungen
11 03	Erkrankungen durch Chrom oder seine Verbindungen
11 04	Erkrankungen durch Cadmium oder seine Verbindungen
11 05	Erkrankungen durch Mangan oder seine Verbindungen
11 06	Erkrankungen durch Thallium oder seine Verbindungen
11 07	Erkrankungen durch Vanadium oder seine Verbindungen
11 08	Erkrankungen durch Arsen oder seine Verbindungen
11 09	Erkrankungen durch Phosphor oder seine anorganischen Verbindungen
11 10	Erkrankungen durch Beryllium oder seine Verbindungen
12	*Erstickungsgase*
12 01	Erkrankungen durch Kohlenmonoxid
12 02	Erkrankungen durch Schwefelwasserstoff

13 *Lösemittel, Schädlingsbekämpfungsmittel (Pestizide) und sonstige chemische Stoffe*

13 01 Schleimhautveränderungen, Krebs oder andere Neubildungen der Harnwege durch aromatische Amine

13 02 Erkrankungen durch Halogenkohlenwasserstoffe

13 03 Erkrankungen durch Benzol oder seine Homologe

13 04 Erkrankungen durch Nitro- oder Aminoverbindungen des Benzols oder seiner Homologe oder ihrer Abkömmlinge

13 05 Erkrankungen durch Schwefelkohlenstoff

13 06 Erkrankungen durch Methylalkohol (Methanol)

13 07 Erkrankungen durch organische Phosphorverbindungen

13 08 Erkrankungen durch Fluor oder seine Verbindungen

13 09 Erkrankungen durch Salpetersäureester

13 10 Erkrankungen durch halogenierte Alkyl-, Aryl- oder Alkylaryloxide

13 11 Erkrankungen durch halogenierte Alkyl-, Aryl- oder Alkylarylsulfide

13 12 Erkrankungen der Zähne durch Säuren

13 13 Hornhautschädigungen des Auges durch Benzochinon

Zu den Nummern 1101 bis 1110, 1201 und 1202, 1303 bis 1309: Ausgenommen sind Hauterkrankungen. Diese gelten als Krankheiten im Sinne dieser Anlage nur insoweit, als sie Erscheinungen einer Allgemeinerkrankung sind, die durch Aufnahme der schädigenden Stoffe in den Körper verursacht werden, oder gemäß Nummer 5101 zu entschädigen sind.

Erkrankungen durch *Blei* einschließlich seiner Verbindungen (Bk 1101) können sich durch allgemeines Schwächegefühl und Bauchkrämpfe äußern. Sie gehören zu den ersten anerkannten Berufskrankheiten überhaupt. Zweiwertiges Blei hemmt ein für die roten Blutkörperchen wichtiges Enzym, so daß es in schweren Fällen zu Blutarmut kommt. Organische Bleiverbindungen wie Bleitetraethyl (in «verbleitem» Vergaserkraftstoff) schädigen das zentrale Nervensystem und die Nebennierenrinde mit verschiedenen psychischen Veränderungen und einer gestörten Regulation von Blutdruck und Puls. Durch Verbesserungen am Arbeitsplatz und durch Konsequenzen aus Vorsorgeuntersuchungen bei gefährdeten Arbeitnehmern sind schwere Berufskrankheiten mit Lähmungen in der Bundesrepublik Deutschland immer seltener geworden (1985 erstmals entschädigt 11/angezeigt 144 Fälle).

Kurzzeitige Einwirkung von *Quecksilber* (Bk 1102) in anorganischer (z. B. Sublimat) oder organischer Verbindung führt in hohen Dosen insbesondere zu Schleimhautschäden im Bereich von Mundhöhle und Darm sowie zu Störungen der Nierenfunktion. Arbeitsmedizinisch wichtiger, wenn auch insgesamt selten, sind chronische Vergiftungen mit Schädigung des Nervensystems als sog. «Erethismus» (Schreckhaftigkeit u. a. Wesensveränderungen), Zittern zunächst der Finger (Schriftprobe; vgl. Abb. 59) und Empfindungsstörungen (1/16).

Chrom (Bk 1103) ist arbeitsmedizinisch insbesondere in Form der Chromsäure und ihrer Salze von Bedeutung. Beobachtet werden schmerzlose Geschwüre der Haut und Schleimhautschäden (z. T. mit Nasenscheidewanddefekt). Bestimmte Verbindungen können zu bösartigen Lungentumoren führen. Weiteres zu wichtigen allergischen Hauterkrankungen siehe bei Bk 5101 (8/38).

Berufsbedingte Erkrankungen durch *Arsenverbindungen* (Bk 1108) mit Schädigung der Haut (wie verstärkte Verhornung und Pigmentierung) und Schleimhäute (wie starke Durchfälle) nehmen an Bedeutung ab. Arsenhaltige Schädlingsbekämpfungsmittel sind jetzt verboten, da früher Vergiftungen damit nach Aufnahme mit dem «Haustrunk» bei Winzern nicht selten waren.

Nervenschädigung, psychische Veränderungen und bösartige Erkrankungen durch Arsen können vorkommen (7/71).

Verbrennungen und zum Teil tiefe Gewebsdefekte durch *elementaren Phosphor* (Bk 1109) sind wegen geringer Verwendung kaum noch zu beobachten. Das fischig-knoblauchartig riechende Gas Phosphin (Phosphorwasserstoff) als Besipiel für eine *anorganische Phosphorverbindung* (Bk 1109) wirkt bereits in geringen Mengen akut tödlich, ist also im Zusammenhang mit Arbeitsunfällen wichtig. Erkrankungen durch *Cadmium* (Bk 1104), *Mangan* (Bk 1105), *Thallium* (Bk 1106) und *Beryllium* (Bk 1110) sowie deren Verbindungen wurden zuletzt 1985 nicht, solche durch *Vanadium* (Bk 1107) nur in einem Fall entschädigt.

Bei den *Erstickungsgasen, Kohlenmonoxid* (Bk 1201) und *Schwefelwasserstoff* (Bk 1202) stehen bei massiver Gifteinwirkung akute Schäden – auch mit Todesfällen – im Vordergrund, wenngleich auch hier chronische, wenig charakteristische Krankheitsbilder beschrieben werden (Bk 1201: 5/282; Bk 1202:0/0).

Viele *Lösemittel,* vorwiegend in der chemischen und der metallverarbeitenden Industrie verwendet, *Schädlingsbekämpfungsmittel* und andere chemische Stoffe haben erst in den vergangenen Jahrzehnten an Bedeutung gewonnen. Unter den verschiedenen *aromatischen Aminen*, (Bk 1301) kann Benzidin (chemische Industrie, Laboratorien) zu Krebs oder anderen Neubildungen der Harnwege führen, während einzelne in der Farbstoffsynthese benötigte Toluidine vorwiegend Entzündungen verursachen (21/61).

Die unter der folgenden Ziffer (Bk 1302) zusammengefaßten Stoffe sind chemisch organische Verbindungen, die Jod, Brom, Chlor oder Fluor enthalten (*Halogenkohlenwasserstoffe*); hierzu gehören äußerst zahlreiche und verschiedenartige Substanzen wie einzelne Schädlingsbekämpfungsmittel (z. B. «DDT»), Treibgase, Lösemittel (z. B. «Tri»), Feuerlöschmittel und Narkose-Medikamente (z. B. Halothan). Viele der genannten Verbindungen wirken in erster Linie auf das Nervensystem (Kopfschmerzen, Schwindel, Empfindungsstörungen u. a.); andere sind außerordentlich giftig für Leber und Nieren. Trotz der Vielfalt der eingesetzten Stoffe ist die Zahl der hierdurch bekanntgewordenen Berufskrankheiten niedrig (12/277).

Da *Benzol* (Bk 1303) zu Leukämien (Blutkrebs) führen kann, wird es heute kaum noch verwendet. Seine *Homologen*, Toluol und Xylol, besitzen diese gefährliche Wirkung nicht, können aber unangenehme Müdigkeit, Übelkeit, Kopfschmerzen und Unverträglichkeit für Alkohol hervorrufen (12/111).

Verschiedenste *organische Phosphorverbindungen* (Bk 1307) – wie das Schädlingsbekämpfungsmittel *E 605*[R] – sind auch für den Menschen hochgiftig; durch die Anhäufung des körpereigenen Stoffes Acetylcholin kann es zu Pupillenenge, Pulsverlangsamung, Luftnot wie bei Asthma und zum Tod kommen (0/16).

Fluor-Verbindungen (Bk 1308), insbesondere die Flußsäure, ätzen außergewöhnlich aggressiv Haut und Schleimhäute. Langjährige Aufnahme größerer Mengen von Fluor zerstört die normale Knochenstruktur (2/91).

In bezug auf die Vielfalt der Verbindungen und die möglichen Gesundheitsgefährdungen sind die *halogenierten Alkyl-, Aryl- oder Alkylaryloxide* (Bk 1310) den unter Ziffer 1302 genannten Substanzen ähnlich. Hier besonders hervorzuheben sind das TCDD (Dioxin) und Grundstoffe für die Kunstharzproduktion (3/52).

Unter den entsprechenden *Sulfiden* (Bk 1311) ist der bei Aufräumungsarbeiten gelegentlich noch anzutreffende Gelbkreuzkampfstoff Senfgas (Lost) zu erwähnen, der insbesondere Erkrankungen der Haut und der Atemwege hervorrufen kann (2/11).

Erkrankungen durch *Nitro- oder Aminoverbindungen des Benzols etc.* (Bk 1304), *Schwefelkohlenstoff* (Bk 1305), *Methylalkohol* (Bk 1306), *Salpetersäureester* (Bk 1309), *der Zähne durch Säuren* (Bk 1312) sowie *Hornhautschädigungen des Auges durch Benzochinon* (Bk 1313) wurden zuletzt (1985) nicht entschädigt. Die Aufnahme von para-tertiär-Butylphenol ist wegen Erkrankungen von Haut, Leber und Schilddrüse als Bk 1314 vorgesehen.

2 Durch physikalische Einwirkungen verursachte Krankheiten

21 Mechanische Einwirkungen

21 01 Erkrankungen der Sehnenscheiden oder des Sehnengleitgewebes sowie der Sehnen- oder Muskelansätze, die zur Unterlassung aller Tätigkeiten gezwungen haben, die für die Entstehung, die Verschlimmerung oder das Wiederaufleben der Krankheit ursächlich waren oder sein können

21 02 Meniskusschäden nach mindestens dreijähriger regelmäßiger Tätigkeit unter Tage

21 03 Erkrankungen durch Erschütterung bei Arbeit mit Druckluftwerkzeugen oder gleichartig wirkenden Werkzeugen oder Maschinen

21 04 Vibrationsbedingte Durchblutungsstörungen an den Händen, die zur Unterlassung aller Tätigkeiten gezwungen haben, die für die Entstehung, die Verschlimmerung oder das Wiederaufleben der Krankheit ursächlich waren oder sein können

21 05 Chronische Erkrankungen der Schleimbeutel durch ständigen Druck

21 06 Drucklähmungen der Nerven

21 07 Abrißbrüche der Wirbelfortsätze

22 Druckluft

22 01 Erkrankungen durch Arbeit in Druckluft

23 Lärm

23 01 Lärmschwerhörigkeit

24 Strahlen

24 01 Grauer Star durch Wärmestrahlung

24 02 Erkrankungen durch ionisierende Strahlen

Die *Sehnenscheidenentzündung* (Bk 2101) betrifft typischerweise Berufsanfänger bei Tätigkeiten mit langandauernder oder einseitiger mechanischer Beanspruchung, so z. B. Stenotypistinnen. Dort, wo Sehnen durch ein Sehnenfach über Knochen laufen, hauptsächlich am Unterarm und am Handgelenk, treten dann Bewegungsschmerz, Druckschmerz und schneeballartiges Knirschen auf (3/1175).

Meniskusschäden (Bk 2102) werden häufig entschädigt. Sie entstehen vor allem bei Drehbewegungen im Kniegelenk durch die Belastung der Knorpelscheiben in den Gelenken. Der vorgeschädigte Knorpel birst dann bei verhältnismäßig geringer Beanspruchung (250/891).

Erkrankungen durch *Erschütterung bei Arbeit mit Druckluftwerkzeugen* (Bk 2103) beruhen auf rhythmischen Rückstößen solcher Geräte, die durch aktiven Gegendruck des menschlichen Körpers abgefangen werden. Je nach Arbeitseinsatz sind verschiedene Körperteile betroffen. Meist verändern sich die knöchernen Anteile des Ellenbogen- und Handgelenks am aktiven Arm. Der Haltearm erkrankt nicht. Spürbar werden Schmerzen und Behinderungen der Gelenksfunktion, eine Röntgenuntersuchung belegt die Diagnose (149/669).

Vibrationsbedingte Durchblutungsstörungen an den Händen (Bk 2104) können durch von Hand geführte Maschinen oder Werkzeuge verursacht werden, die im Bereich von etwa 20–1000 Hz schwingen, beispielsweise hochtourige Sägen oder Bohrer. Jahre nach Beginn der Tätigkeit setzt die Krankheit ein, bei der plötzlich ein Gefühl der Kälte und des Absterbens der sich weiß verfärbenden Finger auftritt. Kälte und Rauchen können solche Anfälle auslösen. Die Diagnose wird durch einen Provokationstest (Auslöseversuch) erhärtet (12/29).

Chronische Erkrankungen der Schleimbeutel (Bk 2105) entstehen u. U. bei Tätigkeiten, die zu einem ständigen Druck auf Gelenke führen. Die Kniegelenke der Fliesen- und Parkettleger sind ein Beispiel. Die normalerweise nicht sichtbaren Schleimbeutel zeigen, wenn erkrankt, Zeichen einer Entzündung mit Schmerzen, Rötung, Schwellung u. a. Wenngleich Dauerfolgen selten sind, kommt es leicht zu Rückfällen (4/393).

Verschiedene Arbeiten in körperlicher Zwangshaltung können, – selten – *Drucklähmungen der Nerven* (Bk 2106) hervorrufen. Der Druck durch ein anderes Körperteil oder einen Fremdkörper schädigt den oberflächlich laufenden Nerv, beispielsweise den Wadenbeinnerv durch ein extrem gebeugtes Kniegelenk. Kribbelgefühle, Schwäche und Lähmung im Nervengebiet sind die Folgen (6/36).

Die *Abrißbrüche der Wirbelfortsätze* (Bk 2107), früher typischerweise bei Schaufelarbeiten aufgetreten und daher Schipperkrankheit genannt, wurden seit 1976 nicht mehr neu entschädigt.

Arbeiten in Druckluft (Bk 2201) führen in erster Linie Taucher, Senkkastenarbeiter unter Wasser und Arbeiter im Tunnelbau durch. Beim Übergang von atmosphärischem zu Überdruck (Kompression) kann das sog. Barotrauma entstehen, welches Schmerzen oder schmerzhafte Verletzungen vor allem des Trommelfells und der Nasennebenhöhlen bezeichnet. Mangelnder Druckausgleich zwischen steigendem Außendruck und dem Luftdruck in den Körperhöhlen ist die Ursache. Bedeutsamer sind die eigentlichen Druckfallerkrankungen bei der Rückkehr in den Normaldruck (Dekompression). Im Blut und im Gewebe gelöster Stickstoff wird bei zu rascher Dekompression in Form von Gasblasen, vergleichbar der Kohlensäure beim Öffnen einer Sprudelflasche, im Körper frei. Gelenk- und Muskelschmerzen, aber auch Herzinfarkte, Lungenembolien (Verstopfung einer Lungenarterie) und Nervenausfälle treten auf. Die Therapie besteht in sofortiger Erhöhung des Umgebungsdrucks (Rekompression) in speziellen Kammern (2/15).

Die *Lärmschwerhörigkeit* (Bk 2301) ist, obwohl absolut und relativ zu anderen Berufskrankheiten im Abnehmen begriffen, mit fast 30 % (1985) die häufigste Berufskrankheit. Man schätzt, daß ca. 2,5 Mio. Personen im Risikobereich von mehr als 85 Dezibel (A) arbeiten. Als Lärm im Sinne der Berufskrankheitenverordnung wird Schall bezeichnet, der das Gehör schädigen kann. Ab 85 Dezibel (A) kann es bei mehrjähriger Einwirkung – bei sehr hohen Schallpegeln auch nach erheblich kürzerer Zeit – zu einem bleibenden Hörverlust kommen (vgl. Tab. 13). Geschädigt werden die Zellen des Innenohres, die den Schall in Nervenimpulse umsetzen. Die Wahrnehmungsfähigkeit für höhere Frequenzen wird zuerst reduziert (sog. Hochtonsenke bei 4000 Hz). Wenn sich der Hörverlust in den Bereich der normalen Sprache ausdehnt (500–2000 Hz), wird das Leiden im täglichen Leben und als Berufskrankheit bedeutsam (1180/8828).

Von den durch *Strahlen* verursachten Berufskrankheiten hat der *graue Star durch Wärmestrahlung* (Bk 2401) mehr historische Bedeutung. Er trat z. B. bei Glasbläsern auf. Weiß- und hellglühendes Material sendet den infraroten Strahlenbereich aus, der nach vielen Jahren der Einwirkung Linsentrübungen am Auge hervorrufen kann (0/10).

Von den *Erkrankungen durch ionisierende Strahlung* (Bk 2402) wird im Zusammenhang mit Röntgen-, Gamma- und Teilchenstrahlung gesprochen. Exponierte Arbeitsplätze finden sich in Medizin, Wissenschaft und Industrietechnik. Man unterscheidet im wesentlichen zwischen zwei Krankheitsarten: Die akute Strahlenkrankheit bei atomaren Unfällen, entsteht durch Abtötung der empfindlichen Zellen der Blutbildungsstätten und der Darmschleimhaut. Zusammenbruch der Infektabwehr, der Blutstillung und schwere Durchfälle sind die Folge. Die chronischen Strahlenwirkungen sind prinzipiell in jeder Dosishöhe zu erwarten, wenngleich das Erkrankungsrisiko mit der Dosis steigt. Bösartige Tumoren und Schädigungen des Erbmaterials sind die typischen Gesundheitsschäden (5/24).

3 Durch Infektionserreger oder Parasiten verursachte Krankheiten sowie Tropenkrankheiten

31 01 Infektionskrankheiten, wenn der Versicherte im Gesundheitsdienst, in der Wohlfahrtspflege oder in einem Laboratorium tätig oder durch eine andere Tätigkeit der Infektionsgefahr in ähnlichem Maße besonders ausgesetzt war

31 02 Von Tieren auf Menschen übertragbare Krankheiten

31 03 Wurmkrankheit der Bergleute, verursacht durch Ankylostoma duodenale oder Strongyloides stercoralis

31 04 Tropenkrankheiten, Fleckfieber

Wie in der Definition ausgedrückt, sind durch *Infektionskrankheiten* (im Sinne von Bk 3101) besonders Personen im Gesundheitsdienst (z. B. Krankenhäuser, Pflegeheime) gefährdet. Es fallen auch alle anderen Tätigkeiten unter den Versicherungsschutz, bei denen im Vergleich zur allgemeinen Bevölkerung ein wesentlich erhöhtes Risiko besteht, an einer von **Mensch zu Mensch übertragbaren** Infektion zu erkranken. Am häufigsten als Berufskrankheit sind *Virus-Hepatitis* und Tuberkulose. Es gibt verschiedene Erreger der Hepatitis (Leberentzündung). Während die eine Form (Hepatitis A) über Stuhl und verunreinigte Nahrung übertragen wird und folgenlos ausheilt, erfolgt die Ansteckung mit den anderen Formen hauptsächlich über den Blut-Blut-Weg, zum Beispiel durch den Stich mit einer gerade benutzten Injektionsnadel. Diese Formen können bleibende schwerwiegende Leberschäden hervorrufen. Ist die Krankheit einmal ausgebrochen, gibt es, wie bei fast allen Viruserkrankungen, keine wirksame medikamentöse Bekämpfung der Erreger. Um so wichtiger ist der Schutz durch Impfstoffe, insbesondere im Fall der Hepatitis B.

Die *Tuberkulose* wird durch Bakterien hervorgerufen, die durch Tröpfchen (von Mund zu Mund) übertragen werden. Im am häufigsten betroffenen Organ Lunge findet eine Abwehrreaktion statt, die meistens den Krankheitsausbruch verhindert. In anderen Fällen kommt es zu einer schweren Lungenentzündung, durch Streuung im Körper auch zum Befall anderer Organe. Auch kann es, Jahre nach dem zunächst harmlosen ersten Kontakt, bei geschwächter Abwehrlage des Menschen zu einem Aufflackern der Krankheit kommen. Die stattgehabte Infektion wird vor allem durch Röntgenuntersuchungen der Lunge und Hauttest nachgewiesen. Die Tuberkulose kann mit einer komplexen Antibiotika-Behandlung zur Ausheilung gebracht werden. Insbesondere durch hygienische Maßnahmen ist es zu einem deutlichen Erkrankungsrückgang in den westlichen Ländern gekommen. Infektionskrankheiten als Berufskrankheiten, zu denen auch viele andere außer den genannten zählen, sind häufig (464/1684).

Zu den *Krankheiten*, die von **Tieren auf Menschen übertragen** werden können (Bk 3102), zählen verschiedene seltene Erkrankungen, von denen stellvertretend folgende genannt werden:

Die *Brucellose* wird von infiziertem Vieh (z. B. Kühe, Schweine) oder tierischen Produkten wie Milch auf den Menschen übertragen. Beschäftigte in fleischverarbeitenden Berufen und Tierärzte sind besonders gefährdet. Die Krankheit, die sich oft nur mit Allgemeinsymptomen wie Fieber und Gliederschmerzen äußert, ist gut mit Antibiotika behandelbar.

Leptospirosen werden durch erregerausscheidende Tiere übertragen, z. B. Ratten, Haus- und Wildtiere. Beispielsweise Kanalarbeiter, die mit infiziertem Wasser in Berührung kommen, können in zwei fieberhaften Phasen erkranken, in denen die erste sich in allgemeinen Krankheitszeichen äußert, die zweite bestimmte Organe betrifft. Die Krankheit ist heute noch in Abhängigkeit der Erregerart mit einer relativ hohen Sterblichkeit verbunden (Bk 3102 insgesamt 28/1183).

Die *Wurmkrankheit der Bergleute* (Bk 3103) ist sehr selten. Hohe Lufttemperatur und Feuchtigkeit begünstigen in diesem Beruf die sonst vor allem in den Tropen vorkommende Infektion (0/1).

Tropenkrankheiten (Bk 3104) betreffen Berufe der Luft- und Seeschiffahrt und prinzipiell alle im entsprechenden Ausland Berufstätigen. Man versteht unter Tropenkrankheiten Infektionen, die typischerweise in tropischen und subtropischen Gebieten vorkommen. Auch Typhus und Bazillenruhr werden derzeit im Sinne der Berufskrankheiten dazugezählt. Das Fleckfieber wird eigens erwähnt, da es auch außerhalb der Tropen auftritt, wenngleich es in Mitteleuropa aufgrund guter hygienischer Verhältnisse selten ist. Allein der Aufenthalt aus beruflichen Gründen in solchen Ländern kann aus einer Tropenkrankheit eine Berufskrankheit werden lassen. Es ist nicht eine spezielle berufliche Tätigkeit erforderlich. Für die Klinik der Tropenkrankheiten verweisen wir auf Lehrbücher der inneren Medizin (115/418).

4 Erkrankungen der Atemwege und der Lungen, des Rippenfells und des Bauchfells

41 Erkrankungen durch anorganische Stäube
41 01 Quarzstaublungenerkrankung (Silikose)
41 02 Quarzstaublungenerkrankung in Verbindung mit aktiver Lungentuberkulose (Siliko-Tuberkulose)
41 03 Asbeststaublungenerkrankung (Asbestose)
41 04 Asbeststaublungenerkrankung (Asbestose) in Verbindung mit Lungenkrebs
41 05 Durch Asbest verursachtes Mesothelium des Rippenfells und des Bauchfells
41 06 Erkrankungen der tieferen Atemwege und der Lunge durch Aluminium oder seine Verbindungen
41 07 Erkrankungen an Lungenfibrose durch Metallstäube bei der Herstellung oder Verarbeitung von Hartmetallen

41 08 Erkrankungen der tieferen Atemwege und der Lungen durch Thomasmehl (Thomasphosphat)

42 Erkrankungen durch organische Stäube

42 01 Farmer-(Drescher-)Lunge

42 02 Erkrankungen der tieferen Atemwege und der Lungen durch Rohbaumwoll- oder Flachsstaub (Byssinose)

43 Obstruktive Atemwegserkrankungen

43 01 Durch allergisierende Stoffe verursachte obstruktive Atemwegserkrankungen, die zur Unterlassung aller Tätigkeiten gezwungen haben, die für die Entstehung, die Verschlimmerung oder das Wiederaufleben der Krankheit ursächlich waren oder sein können

43 02 Durch chemisch-irritativ oder toxisch wirkende Stoffe verursachte obstruktive Atemwegserkrankungen, die zur Unterlassung aller Tätigkeiten gezwungen haben, die für die Entstehung, die Verschlimmerung oder das Wiederaufleben der Krankheit ursächlich waren oder sein können

Zahlenmäßig sehr bedeutsam sind *Erkrankungen durch anorganische Stäube*, die in großem Umfang durch Quarzstaub und Asbest hervorgerufen werden.

Eine Gefährdung, an *Quarzstaublunge (Silikose*; Bk 4101) zu erkranken, besteht bei Kontakt mit Stäuben, die freie kristalline Kieselsäure enthalten, wie er z. B. im Steinkohlebergbau und bei der Verarbeitung von Sandstein gegeben ist. Typisch sind Klagen über Husten, Auswurf und Luftnot sowie charakteristische Veränderungen im Röntgenbild. Den Schweregrad der Erkrankung kann man jedoch nur nach umfassenden Lungenfunktionsprüfungen und evtl. weiterführenden Untersuchungen genau bestimmen. Die Veränderungen der Lunge im Sinne einer Fibrose (Bindegewebsvermehrung mit Elastizitätsverlust) entwickeln sich in der Regel nur langsam, schreiten aber in der Regel nach Ende der Einwirkung fort (631/3146).

Eine aktive Lungentuberkulose in Verbindung mit Silikose (*Silikotuberkulose*; Bk 4102) wird als Berufskrankheit anerkannt, da beide Erkrankungen sich ungünstig beeinflussen. Die Betroffenen klagen oft über Gewichtsverlust, Abgeschlagenheit, Nachtschweiß und Änderung des Auswurfs (84/107).

Asbeststaub wurde im Jahr 1985 in 325 Fällen als Ursache für eine entschädigungspflichtige Berufskrankheit anerkannt. Im Vordergrund stand zahlenmäßig die Asbeststaublunge (*Asbestose*; Bk 4103); der faserförmige mineralische Staub (mengenmäßig am bedeutsamsten ist Weißasbest) führt ebenfalls zur Lungenfibrose mit Behinderung der Atmung. Zusätzlich wird oft das Brustfell befallen. Die sehr typischen Röntgenbildveränderungen zeigen sich meist in den unteren Abschnitten. Eingehende klinische Untersuchungen wie bei der Silikose sind auch hier erforderlich (154/705).

Durch verschiedene Verordnungen wurde die Verwendung von Asbest weitgehend eingeschränkt, da es im Zusammenhang mit Asbestose zu *Lungenkrebs* (Bk 4104; 45/103) und zu *Mesotheliomen* (bösartigen Erkrankungen) des *Rippenfells und des Bauchfells* (Bk 4105; 126/279) kommen kann, und dies auch viele Jahre nach der Einwirkung. Wie bei anderen Lungenkrebserkrankungen können auch hier schlecht heilende Lungenentzündungen, blutiger Auswurf und langandauernder Reizhusten hinweisend sein. Beim Mesotheliom des Rippenfells sind Luftnot und Schmerzen, bei dem des Bauchfells Verstopfung und Flüssigkeitsansammlung im Bauchraum häufig.

In einigen Fällen können auch Beschwerden wie bei chronischer Bronchitis oder Asthma durch *Hartmetallstäube* (Bk 4107; 4/76) bedingt sein (z. B. Verbindungen von Wolfram, Vanadium u. a.).

Erkrankungen der tieferen Atemwege und der Lungen durch Aluminium (Bk 4106) oder *Thomasphosphat* (Bk 4108) oder deren Verbindungen wurden zuletzt (1985) nicht entschädigt.

Unter den *Erkrankungen durch organische Stäube* ist die *Farmer-(Drescher-) Lunge* (Bk 4201) wohl am bekanntesten. Es handelt sich um eine exogen-allergische Alveolitis, also um eine Entzündung im Bereich der kleinen Lungenbläschen, die allergisch bedingt ist. Wichtigste Auslöser sind bestimmte Bakterien- und Pilzsporen, die vor allem in schimmeligem Heu vorkommen (Winterfütterung!). Als Zeichen der Erkrankung kommt es erst einige Stunden nach dem Allergenkontakt zu Luftnot und Schmerzen sowie dann zu Husten, Fieber und Auswurf. Nach längerem Verlauf kann sich auch hier eine Lungenfibrose (sh. 4101 u. 4103) entwickeln. Ganz ähnlich sind die Befeuchterlunge – besonders bei Beschäftigten in Druckereien –, die Vogelhalterlunge und andere einzuordnen, die ebenfalls zur Entschädigung führen können (44/213).

Nach mehrjähriger Einwirkung von Stäuben aus ungereinigter Rohbaumwolle, Flachs oder auch Hanf entwikkelt sich gelegentlich eine *Byssinose* (Bk 4202). Sehr charakteristisch ist die sog. Montagssymptomatik, d. h. anfangs treten Beschwerden wie Luftnot mit Brustenge und allgemeinem Krankheitsgefühl nur nach freien Tagen auf. Bei schwerem Verlauf der Krankheit kommen später Husten, Auswurf und Luftnot wie bei Asthma auch an weiteren Tagen der Woche hinzu. Die Anerkennung als Berufskrankheit ist erst seit 1977 möglich (1/10).

Bei *obstruktiven Atemwegserkrankungen* in erster Linie als «Berufsasthma» sind die Atemwege durch muskelbedingte Engstellung, entzündliche Schleimhautschwellung und/oder Verschleimung teilweise verlegt; so wird die Atmung erschwert, und es kommt zu Luftnot, oft mit «Ziehen».

Als Ursache sind *allergisierende Stoffe* (Bk 4301) und *chemisch-irritativ oder toxisch wirkende Stoffe* (Bk 4302) wichtig. Als Berufskrankheit werden diese Krankheiten nur dann gewertet, wenn sie die Betroffenen zur Unterlassung aller Tätigkeiten gezwungen haben, die für die Entstehung, die Verschlimmerung oder das Wiederaufleben derselben ursächlich waren oder sein können. Schließlich soll möglichst jeder Kontakt mit den Auslösern der Erkrankung vermieden werden, um ein Fortschreiten zu verhindern.

Unter den allergischen Erkrankungen spielt die Überempfindlichkeit gegen Mehlstäube bei Bäckern eine herausragende Rolle; in der Regel zeigen sich hierbei zunächst Nasenbeschwerden wie bei Heuschnupfen, oft bereits in den ersten Berufsjahren. Fließschnupfen und Niessalven können dann – schon kurze Zeit nach Beginn der Arbeitsschicht – erhebliche Ausmaße annehmen. Ein arbeitsplatzbezogener Inhalationstest (z. B. Einatmen von Mehlstaub) kann die Diagnose sichern helfen. Neben weiteren wichtigen beruflichen Allergenen tierischer und pflanzlicher Herkunft wie aber auch beispielsweise bestimmten «Eiweißlösern» in Waschmitteln gibt es selbstverständlich zahlreiche nicht-berufliche Erkrankungen dieser Art.

Vielfältige organische oder anorganische Arbeitsstoffe können als Dämpfe, Stäube o. a. eingeatmet werden und irritativ oder toxisch wirken, also die Schleimhäute der Atemwege reizen oder schädigen. Als Beispiele seien Aminhärter für Epoxidharze, Isocyanate, Reizgase und Metallrauch genannt. Insbesondere nach kurzzeitiger Einwirkung ist die Gesundheit oft nicht auf Dauer geschädigt; langfristig kommt es aber in der Regel zu vielfältigen Wechselwirkungen beispielsweise mit Atemwegsinfekten, Zigarettenrauchen und anderem (Bk 4301 : 147/2414; Bk 4302 : 44/703).

Aufgrund neuer arbeitsmedizinischer Erkenntnisse ist damit zu rechnen, daß in Zukunft auch bösartige Neubildungen der Atemwege und der Lunge durch Nickel oder seine Verbindungen und durch Kokereirohgase sowie bestimmte bösartige Erkrankungen der Nasenhaupt- und Nasennebenhöhlen durch Stäube von Eichen- oder Buchenholz in die Liste der Berufskrankheiten aufgenommen werden.

5 Hautkrankheiten

51 01 Schwere oder wiederholt rückfällige Hauterkrankungen, die zur Unterlassung aller Tätigkeiten gezwungen haben, die für die Entstehung, die Verschlimmerung oder das Wiederaufleben der Krankheit ursächlich waren oder sein können

51 02 Hautkrebs oder zur Krebsbildung neigende Hautveränderungen durch Ruß, Rohparaffin, Teer, Anthrazen, Pech oder ähnliche Stoffe

Schwere oder wiederholt rückfällige Hauterkrankungen (Bk 5101) sind nach der gesetzlichen Einschränkung nur nach Unterlassung der entsprechenden Tätigkeit als Berufskrankheiten anzuerkennen. Die Gefährdung betrifft typischerweise Berufe der Metallverarbeitung, des Bau- und des Malergewerbes, der chemischen und pharmazeutischen Industrie, der Land-, Forst- und Gartenwirtschaft und des Friseurhandwerks. Mikroorganismen und verschiedenste chemische und physikalische Einwirkungen verursachen wenige charakteristische Krankheitsbilder. Die Hauterscheinungen treten bevorzugt an der Körperstelle auf, die mit dem entsprechenden Stoff in Berührung kommt.

Das *Kontaktekzem* ist die häufigste der beruflich verursachten Hauterkrankungen. Unterschieden wird zwischen allergischen und toxischen Ekzemen. Das Erscheinungsbild beider Formen gleicht sich: Rötung, Bläschenbildung, Nässen und Krustenbildung folgen aufeinander. Manchmal erlaubt bereits das klinische Bild, meist die Hauttestung eine Unterscheidung.

Das *allergisch* bedingte Kontaktekzem entsteht folgendermaßen: Eine Substanz, die mit dem Körper in Berührung kommt, wird als körperfremd identifiziert. Bei einem späteren Kontakt kommt es zu einer überschießenden Abwehrreaktion des Immunsystems (in diesem Fall von T-Lymphozyten vermittelt), die sich gegen den bestimmten und zunächst nur diesen Stoff richtet. Es genügen dann schon sehr geringe Mengen, um die krankhafte Reaktion auszulösen. Typische Stoffe, die diese sog. Sensibilisierung hervorrufen können, sind Salze von Kobalt, Nikkel und Chromsäure, Para-Phenylendiamin aber auch viele andere.

Beim *toxisch* bedingten Kontaktekzem spielt vor allem Konzentration und Einwirkungsdauer der toxischen Substanz eine Rolle. Bei ausreichend starker und längerer Einwirkung kann auch eine sonst gesunde Haut erkranken. Im Gegensatz zur Allergie tritt oft im Verlauf eine nachlassende Wirkung, eine Gewöhnung, ein.

Eine Sonderform des toxischen Kontaktekzems, das *degenerative Ekzem*, ist typisch für den Maurerberuf. Abnützungserscheinungen der Haut durch feine Teilchen wie Sand, zusammen mit Wasser u. a. führen zu einem Ekzembild mit zusätzlicher Vergröberung der Hautfalten und Hautrissen. Auch Lösemittel können durch Entfettung der Haut diese Krankheit hervorrufen.

Die *gewerbliche Akne*, wie die gewöhnliche Akne von den Ausführungsgängen des Haarbalgs und der Talgdrüsen ausgehend, wird durch Öle, Teer, bestimmte organische Chlorverbindungen und anderes verursacht. Hauptsächlich Personen mit anlagebedingter vermehrter Talgproduktion sind betroffen.

Weitere beruflich bedingte Hauterscheinungen sind die allergische Urticaria (Nesselsucht) und die *Dermatomykosen* (Pilzerkrankungen von Haut, Nägeln und Haaren). Sie kommen vorwiegend in landwirtschaftlichen Berufen vor und in solchen, bei denen in feucht-warmer Umgebung gearbeitet wird (Bk 5101 insgesamt: 460/11602).

Hautkrebs oder *zur Krebsbildung neigende Hauterkrankungen* (Bk 5102) treten nach Kontakten mit den in der Definition genannten Stoffen auf. Die Hautreaktion, zunächst mit Rötung und Entzündung, geht dann z.B. in vermehrte Pigmentierung und in Tumorwachstum über. Die operative Entfernung dient der Diagnosesicherung und der Therapie. Die Prognose ist bei frühzeitiger Behandlung gut (7/24).

6 Krankheiten sonstiger Ursache

61 01 Augenzittern der Bergleute

Das *Augenzittern der Bergleute* (Bk 6101) tritt beim Steinkohlenbergbau unter Tage auf, ist aber heute extrem selten. Die Ursache ist nicht restlos geklärt. Beim Wechsel der Tätigkeit heilt die Krankheit folgenlos aus (0/6).

Nach *§ 551 Absatz 2* der Reichsversicherungsordnung können seit 1963 auch nicht auf der Liste stehende Erkrankungen als Berufskrankheiten entschädigt werden, wenn neben den Grundvoraussetzungen des Kausalzusammenhangs und des erheblich höheren Erkrankungsrisikos für bestimmte Personengruppen durch ihre Arbeit im Vergleich zur übrigen Bevölkerung auch gewährleistet ist, daß neue Erkenntnisse vorliegen. Das heißt, über die Krankheit oder den Zusammenhang zwischen Krankheit und Beruf muß inzwischen mehr bekannt sein, als es bei der Bearbeitung der aktuellen Berufskrankheitenliste der Fall war. Von 1963 bis 1985 wurden nach diesem Paragraphen 1980 Krankheitsfälle angezeigt, 269 entschädigt. Überwiegend handelte es sich um Krankheiten der Atmungsorgane, wobei bösartige Neubildungen mit eingeschlossen sind.

Literaturverzeichnis

Aagard, Herbert: Gefahren und Schutz am Arbeitsplatz in historischer Perspektive. Am Beispiel des Nadelschleifens und Spiegelbelegens im 18. und 19. Jahrhundert. In: Technologie und Politik 16, Reinbek 1980, S. 155–179

Abelshauser, Werner: Wirtschaftsgeschichte der Bundesrepublik Deutschland 1945–1980. Frankfurt/Main 1983

Abt, Wolfgang: Unfallanalyse 1980. Untersuchung, Schwerpunktermittlung und Bewertung der den gewerblichen Berufsgenossenschaften im Jahre 1980 angezeigten erstmals entschädigten Unfälle. Bonn 1982

Ackermann, Johann Christian Gottlieb: Bernhard Rammazinis Abhandlung von den Krankheiten der Künstler und Handwerker. Neu bearbeitet und vermehrt. 2 Bde., Stendal 1780/3

Adorno, Th./Dirks, W.: Betriebsklima, eine industriegeschichtliche Untersuchung aus dem Ruhrgebiet. Frankfurt/Main 1955

Agricola, Georg: Zwölf Bücher vom Berg- und Hüttenwesen. Berlin 1928

Arbeitsschutz und Arbeitssicherheit in beiden deutschen Staaten. Friedrich-Ebert-Stiftung (Hg.). Bonn 1979

Arbeitsschutzsystem in der Bundesrepublik. 5 Bde., Dortmund 1980

Arbeitswissenschaftliches Institut der Deutschen Arbeitsfront. Berlin. Jahrbuch 1936, 1937, 1938 (2 Teilbände), 1939 (2 Teilbände), 1940/41 (2 Teilbände)

Arnold, Alix/Satzer, Rolf: Kaputt und auch noch selber schuld. Gesundheitsschutz am Arbeitsplatz. Hamburg 1986

Arnold, Karl u. a.: Mensch und Technik. Der Mensch und seine Arbeit im Betrieb. Düsseldorf 1953

Aubin, Hermann/Zorn, Wolfgang (Hg.): Handbuch der deutschen Wirschafts- und Sozialgeschichte. 2 Bde., Stuttgart 1971–76

Bach, Carl v.: Die Maschinenelemente. 8. Aufl., Stuttgart 1901

Bach, O.: Unfallverhütung. In: Handbuch der Betriebswirtschaft 5, 1928, Sp. 496–504

Bajohr, Stefan: Die Hälfte der Fabrik. Geschichte der Frauenarbeit in Deutschland. 1914 bis 1945. Marburg 1979

Balke, Siegfried: Arbeitssicherheit als unternehmerische Aufgabe. In: Arbeitssicherheit als unternehmerische Aufgabe. Schriftenreihe der Landesvereinigung der industriellen Arbeitgeberverbände NRW e. V., Heft Nr. 18, 1962, S. 9–28

BASF: Sicherheit in der Chemie. Symposium 1978. Köln 1979

Bayerisches Staatsministerium für Arbeit und Sozialordnung (Hg.): 100 Jahre Bayerische Gewerbeaufsicht 1879–1979. München 1979

Bayerl, Günther: Vorindustrielles Gewerbe und Umweltbelastung. In: Technikgeschichte 48, 1981, S. 206–238

Bayerl, Günther: Die Papiermühle. Vorindustrielle Papiermacherei auf dem Gebiet des alten deutschen Reiches. Technologie, Arbeitsverhältnisse, Umwelt. Frankfurt/Main 1987

Bayerl, Günther/Pichol, Karl: Papier. Produkt aus Lumpen, Holz und Wasser. Reinbek 1986

Bayerl, Günther/Troitzsch, Ulrich: Die Antizipation der Industrie – der vorindustrielle Großbetrieb, seine Technik und seine Arbeitsverhältnisse. In: Aufbruch ins Industriezeitalter. C. Grimm (Hg.), Bd. 1, München 1985, S. 87–106

Beckmann, Johann: Anleitung zur Technologie. Göttingen 1777, 5. Auflage. Göttingen 1802

Beier, A.: Gesetzesentwürfe zur Ausschaltung der Deutschen Arbeitsfront im Jahre 1938. In: Archiv für Sozialgeschichte 17, 1977, S. 298–335
Bendix, R.: Herrschaft und Industriearbeit. Frankfurt/Main 1956
Berg, Maxine/Hudson, Pat/Sonenscher, Michael (Hg.): Manufacture in Town and Country. London 1983
Berg, Maxine: Technology and Tool in Nineteenth Century Britain. London 1979
Berlepsch, Hans von: Die Anfänge des gesetzlichen Arbeiterschutzes. In: ders. u. a.: Soziale Arbeit im neuen Deutschland. Festschrift Franz Hitze, Mönchen-Gladbach 1921
Berufsgenossenschaftliches Institut für Arbeitssicherheit. Forschung. Prüfung. Beratung. Essen 1979
Bibra, Ernst von/Geist, Lorenz: Phosphornekrose 1845
Binding, Günther/Nußbaum, Norbert: Der mittelalterliche Baubetrieb nördlich der Alpen in zeitgenössischen Darstellungen. Darmstadt 1978
Birch, Alan: The Economic History of the British Iron and Steel Industry 1784–1879. London 1967
Bocks, Wolfgang: Die badische Fabrikinspektion: Arbeiterschutz, Arbeiterverhältnisse und Arbeiterbewegung in Baden 1879 bis 1914. Freiburg 1978
Böhmert, Victor: Arbeiterverhältnisse und Fabrikeinrichtungen der Schweiz. Bd. 1. Zürich 1873
Born, Erich: Staat und Sozialpolitik seit Bismarcks Sturz. Wiesbaden 1957
Braun, Hans-Joachim: Wirtschafts- und finanzpolitische Entscheidungsprozesse in England in der ersten Hälfte des 19. Jahrhunderts. Frankfurt/Main 1984
Buddensieg, Tilman (Hg.): Villa Hügel. Das Wohnhaus Krupp in Essen. Essen 1984
Buess, Heinrich: Geschichte und Erforschung der Berufskrankheiten. In: Handbuch der gesamten Arbeitsmedizin, Bd. 2, S. 15–68, Berlin 1961
Bullivant/Ridley: Industrie und deutsche Literatur 1830–1914, 2 Bde., Stuttgart 1976
Bundesarbeitsgemeinschaft für Arbeitssicherheit (Hg.): A + A 85. Auf einen Blick. 19. Deutscher Kongreß für Arbeitsschutz und Arbeitsmedizin, 2.–4. Oktober 1985 in Düsseldorf. Ansprachen Podien Hinweise. Düsseldorf 1986
Bundesministerium für Arbeit und Sozialversicherung (Hg.):
Unfallstatistik der gesetzlichen Unfallversicherung in der Bundesrepublik Deutschland einschließlich Berlin (West)
Hauptergebnisse für 1953, in: Arbeits- und Sozialstatistische Mitteilungen 6, 1955; Beilage zu Heft 9
Hauptergebnisse für das Jahr 1954. Bonn o. J.
Hauptergebnisse für das Jahr 1955. Bonn o. J.
Hauptergebnisse für das Jahr 1959 bis 1961. Bonn 1964
Statistik der gesetzlichen Krankenkassen über Arbeitsunfähigkeitsfälle und -tage sowie Todesfälle nach Krankheitsarten. Bonn 1955–66
Unfallverhütungsbericht 1980–1984. Bonn 1985
Burchardt, Lothar: Technischer Fortschritt und Sozialer Wandel. Am Beispiel der Taylorismus-Diskussion. In: Deutsche Technikgeschichte. W. Treue (Hg.). Göttingen 1977, S. 52–98
Burger, Hubert: Das Wissenschaftsbild des Arbeitsschutzes. Dortmund 1975
Burrichter, Günther: Die industrielle Psychotechnik und der durchsichtige Betrieb. In: Rationalisierung 1984. Berlin 1984, S. 57–92
Carl, Ernst Ludwig: Traité de la richesse des princes et de leurs etats: et des moyens simples et naturel pour y parvenir. Paris 1722/23
Casper, Waltraut: Ökonomische und statistische Aspekte des Unfallgeschehens in der DDR. Diss. oec. Humboldt-Universität. Berlin 1979

Castell-Rüdenhausen, Adelheid Gräfin: Volksgesundheit und Fürsorgestaat. Habilitationsschrift. Bochum 1987
Chadwick, Edwin: Report on the Sanitary Conditions of the Labouring Population of Great Britain. 1842. Reprint: Edinburgh 1965
Chapman, S. D.: The Cotton Industry in the Industrial Revolution. Basingstoke 1972
Compes, P. C.: Betriebsunfälle wirtschaftlich gesehen. Köln 1965
Conze, Werner/Engelhardt, Ulrich (Hg.): Arbeiter im Industrialisierungsprozeß. Stuttgart 1979
Conze, Werner (Hg.): Arbeiterexistenz im 19. Jahrhundert. Stuttgart 1981
Cosmann: Der Schutz gegen Bleivergiftungen bei Anstricharbeitern. In: Soziale Praxis 39, 1930, S. 713–715
Danckert, Werner: Unehrliche Leute: Die verfemten Berufe. München 1963
Dantscher, J.: Zum Arbeitsschutz in Westdeutschland und in den USA. In: Zeitschrift für Arbeitswissenschaft und soziale Betriebspraxis 6, 1952, S. 113–116
Daumas, Maurice (Hg.): Histoire générale des techniques. 5 Bde., Paris 1962–1979
Deppe, Hans-Ulrich: Industriearbeit und Medizin. Ein Beitrag zur Soziologie der Medizin. Institutionen am Beispiel des werksärztlichen Dienstes in der BRD. Frankfurt/Main 1973
Deutsche Arbeitsfront (Hg.): Fundament des Sieges. Die Gesamtarbeit der Deutschen Arbeitsfront 1933 bis 1940. 2. Aufl., Berlin 1941
Deutsche Arbeitsfront, s. Arbeitswissenschaftliches Institut
Deutsche Sozialpolitik 1918–1928. Erinnerungsschrift des Reichsarbeitsministeriums. Berlin 1929
Diekershoff, K. H./Diekershoff, S./Sinaus, R.: Arbeitsschutz für Betriebsräte. Ausbildungsmodelle. Dortmund 1979
Diekershoff, K. H.: Der Sicherheitsbeauftragte im Betrieb. Funktionalität und Wirksamkeit. Dortmund 1979
Dijksterhuis, E. J.: Die Mechanisierung des Weltbildes. Berlin 1956
Dinglers Polytechnisches Journal 11, 1821, S. 198–199
Ellenbog, Ulrich: Von den gifftigen besen Tempffen und Reüchen. München 1927
Ellinger, Sybille u. a.: Büroarbeit und Rheuma. Wie Frauen mit Gesundheitsrisiken umgehen. Frankfurt/Main 1985
Feldman, Gerald D./Steinisch, Irmgard: Industrie und Gewerkschaften 1918–1924. Die überforderte Zentralarbeitsgemeinschaft. Stuttgart 1985
Ferber, Liselotte von: Gesundheitsvorsorge am Arbeitsplatz. Arbeitsbedingte Krankheiten in der Dokumentation der Krankenkassen. In: Arbeitsplatzbelastung und Krankheit bei Industriearbeitern. Franz Friczewski u. a. (Hg.), Frankfurt/Main 1982, S. 127–135
Festschrift aus Anlaß des 50jährigen Bestehens der Berufsgenossenschaft der chemischen Industrie. Berlin 1935
Fischer, Joachim/Rohde, Herbert: Das Übereinkommen von Washington über den Achtstundentag 1919–1929. 50. Sonderheft zum Reichsarbeitsblatt. Berlin 1929
Fremdling, Rainer: Die Ausbreitung des Puddelverfahrens und des Kokshochofens in Belgien, Frankreich und Deutschland. In: Technikgeschichte 50, 1983, S. 197–212
Frevert, Ute: Krankheit als politisches Problem 1770–1880. Göttingen 1984
Friemert, C.: Produktionsästhetik im Faschismus – Das Amt «Schönheit der Arbeit» von 1933 bis 1939. München 1980
Fürstenberg, Friedrich: Einführung in die Arbeitssoziologie. 1977
Gärtner, H.: Zur Frage des Gesundheitsschutzes bei der Arbeit. Überlegungen aufgrund der Statistik der Unfallversicherung unter besonderer Berücksichti-

gung der Berufskrankheiten. In: Deutsche Medizinische Wochenschrift 98, 1973, S. 1923–1929
Geck, L. H. Ad.: Der Sozialingenieur. In: Technik und Wirtschaft 23, 1930, S. 193–194
Geck, L. H. Ad.: Die sozialen Arbeitsverhältnisse im Wandel der Zeit. Eine geschichtliche Einführung in die Betriebssoziologie. Berlin 1931
Gideon, Siegfried: Die Herrschaft der Mechanisierung. Frankfurt/Main 1982
Gimpel, Jean: The Medieval Machine. London 1977
Gladen, Albin: Geschichte der Sozialpolitik in Deutschland. Wiesbaden 1974
Gleize, Henry: Ce que l'ingénieur social doit savoir. Paris 1924
Goethe, Johann Wolfgang von: Wilhelm Meisters Wanderjahre. Hamburg 1821
Goettelmann, Gabriele: Staatliche Regulierung sozialer Innovation in der Bundesrepublik und in Frankreich. Eine vergleichende Studie am Beispiel der Aktionen zur Humanisierung der Arbeitswelt in den Siebziger Jahren. Frankfurt/Main 1983
Gresser, Albert: Die Entstehung der bayerischen Gewerbeaufsicht. «Arbeitsschutz» und «Arbeiterverhältnisse» bis 1914. Diss. oec. Regensburg 1984
Grießinger, Andreas: Das symbolische Kapital der Ehre. Streikbewegungen und kollektives Bewußtsein deutscher Handwerksgesellen im 18. Jahrhundert. Berlin 1981
Grundsatzfragen der sozialen Unfallversicherung. Heinz Schimmelpfennig (Hg.). Festschrift für Dr. H. Lauterbach zum 60. Geburtstag. Berlin 1961
Grundsatzfragen der sozialen Unfallversicherung. Band 2. Hg. Hauptvorstand der gewerblichen Berufsgenossenschaften. Festschrift für Dr. H. Lauterbach zum 80. Geburtstag. Berlin 1981
Hagenkötter, Manfred: Soziale Einflüsse und Häufigkeit der Arbeitsunfälle im Ruhrbergbau. Dortmund 1974
Hagenkötter, M./Koch, H. G./Herzmann, A.: Auf dem Wege zu einer Theorie des Arbeitsschutzes. Dortmund 1979
Hahn, Hans: Gesundheitliche Auswirkungen der Nacht- und Schichtarbeit. Dortmund 1984
Hausen, Karin/Rürup, Reinhard (Hg.): Moderne Technikgeschichte. Köln 1975
Hauß, Friedrich: Arbeitsbelastungen und ihre Thematisierung im Betrieb. Frankfurt/Main 1983
Hegel, Georg Wilhelm Friedrich: Grundlinien der Philosophie des Rechts oder Naturrecht und Staatswissenschaft. Berlin 1820
Heidebroek, Ernst: Die Sozialisierung industrieller Betriebe. In: Deutschlands Erneuerung 4, 1920, S. 310–322
Heimann, U.: Angewandte Arbeitswissenschaft im Betrieb. In: Fünfzig Jahre AWF 1918–1968. 1968
Heinrich, H. W.: Industrial Accident Prevention – a Scientific Approach. New York 1931, 2. Aufl. 1950
Hen(c)kel, Johann Friedrich: Medizinischer Aufstand und Schmelzbogen. Von der Bergsucht und Hüttenkatze. Dresden 1728, Leipzig 1745
Henning, Friedrich-Wilhelm: Wirtschafts- und Sozialgeschichte, 3 Bde., Paderborn 1974–76
Herbert, Ulrich: Fremdarbeiter, Politik und Praxis des «Ausländer-Einsatzes» in der Kriegswirtschaft des Dritten Reiches. Bonn 1985
Herbert, Ulrich: Geschichte der Ausländerbeschäftigung in Deutschland 1880 bis 1980. Saisonarbeiter, Zwangsarbeiter, Gastarbeiter. Bonn 1986
Hirt, Ludwig: Die Krankheiten der Arbeiter. 4 Bde., Breslau/Leipzig 1871–1878
Hobein, Dierk: Der Wiederaufbau der Essener Widia-Fabrik 1945–1949. In: Technikgeschichte 53, 1986, S. 307–320

Hockerts, H. G.: Sozialpolitische Entscheidungen im Nachkriegsdeutschland. Alliierte und deutsche Sozialversicherungspolitik 1945–1947. Stuttgart 1980
Hoffacker, Karl-Heinz: Entstehung der Raumplanung, konservative Gesellschaftsreform und das Ruhrgebiet 1918–1933. Diss. phil. Bochum 1987
Hoffmann, Werner E.: Unabhängig und neutral – die TÜV und ihr Verband VdTÜV. Wiesbaden 1986
Hohmann, Joachim S.: Berufskrankheiten in der Unfallversicherung. Vorgeschichte und Entstehung der Ersten Berufskrankheitenverordnung vom 12. Mai 1925. Ein Beitrag zum 100jährigen Bestehen der deutschen Unfallversicherung. Köln 1984
Homburg, Heidrun: Anfänge des Taylorsystems in Deutschland vor dem Ersten Weltkrieg. Eine Problemskizze unter besonderer Berücksichtigung der Arbeitskämpfe bei Bosch 1913. In: Geschichte und Gesellschaft 4, 1978, S. 170–194
Hopper, Robert J.: Handel und Industrie im klassischen Griechenland. München 1982
Hübbenet, A. von: Das Taschenbuch Schönheit der Arbeit. Berlin 1938
Huck, Gerhard (Hg.): Sozialgeschichte der Freizeit. Wuppertal 1980
Hüllbusch, Ursula: Gewerkschaften und Staat. 2 Teile. Heidelberg 1962
Jahresberichte der Gewerbeaufsichtsbeamten und Bergbehörden für das Jahr 1908. 4 Bde., Berlin 1909
Jahresberichte der Preußischen Gewerbeaufsichtsbeamten und Bergbehörden für das Jahr 1929. Berlin 1930
Jellinek, Stefan: Der elektrische Unfall. 3. Aufl., Wien 1931
Jellinek, Stefan: Elektroschutz in 132 Bildern. Wien 1931
Jenss, Harro: Werksärztliche Versorgung in der BRD. In: Das Argument 15, 1973, S. 9–51
Jung, Johann Heinrich: Lehrbuch der Staats-Polizey-Wissenschaft. Leipzig 1788
Karbe, Karl-Heinz: Johann Christian Gottlieb Ackermann – ein Wegbereiter der Arbeitsmedizin in Deutschland. In: Wiss. Zeitschrift der Humboldt-Universität zu Berlin. Math. nat. Reihe 17, 1968, S. 761–765
Karsch, F. X.: Beschreibungen einiger bewährter Schutzvorrichtungen an Kreissägen. In: Königlich bayerisches Arbeiter-Museum München, 14. Folge der Laufenden Mitteilungen. München 1913
Kaufmann, Franz Xaver: Sicherheit als soziologisches und sozialpolitisches Problem. Untersuchungen zu einer Wertidee hochdifferenzierter Gesellschaften. Stuttgart 1970
Klebe, H.: Arbeitsschutz und Gewerbeaufsicht in Bayern. Mit einem Rückblick auf die gewerbliche Entwicklung des Landes. München 1930
Kleeis, Friedrich: Gewerbekrankheiten als Betriebsunfälle. In: Die Arbeiterversorgung 40, 1923, S. 385
Klemm, Friedrich: Zur Geschichte der Technik. Aufsätze und Vorträge 1954–1978. München 1979
Koelsch, Franz: Lehrbuch der Arbeitsmedizin. Bd. 1, 4. Aufl., Stuttgart 1963
Konstanty, Reinhold: Arbeitsschutz 1976–1980: Bilanz und Ausblick. In: Soziale Sicherheit 29, 1980, S. 260–265
Kranzberg, Melvin/Gies, Joseph: By the Sweat of thy Brow. New York 1975
Kremer, Dionys: Gedanken zum Arbeitsschutz. In: Zentralblatt für Arbeitswissenschaft 1, 1947, S. 49–51
Kroker, Evelyn/Unverfehrt, Gabriele: Der Arbeitsplatz des Bergmanns in historischen Bildern und Dokumenten. Bochum 1979
Kroker, Evelyn: Der Arbeitsplatz des Bergmanns. Bd. 2: Der Weg zur Vollmechanisierung. Bochum 1986

Kuczynski, Jürgen: Die Geschichte der Lage der Arbeiter unter dem Kapitalismus. Berlin (Ost) 1961–1969
Kunze-Hieronymi, Barbara: Sicherheit und Unfallverhütung in der landwirtschaftlichen Arbeit unter besonderer Berücksichtigung des Maschinenschutzgesetzes (Gesetz über technische Arbeitsmittel). Diss. jur. Würzburg 1975
Labisch, Alfons: «Hygiene ist Moral – Moral ist Hygiene» – Soziale Disziplinierung durch Ärzte und Mediziner. In: Soziale Sicherheit und Soziale Disziplinierung. Christoph Sachße/Florian Tennstedt (Hg.). Frankfurt/Main 1986, S. 265–285
Landels, John Gray: Die Technik in der antiken Welt. München 1980
Langbein, Kurt u. a.: Bittere Pillen. Köln 1983
Langewiesche, Dieter/Schönhoven, Klaus (Hg.): Arbeiter in Deutschland. Studien zur Lebensweise der Arbeiterschaft im Zeitalter der Industrialisierung. Paderborn 1981
Lesky, Erna (Hg.): Sozialmedizin und Selbstverständnis. Darmstadt 1978
Lippmann, Otto: Unfallursachen und Unfallbekämpfung. Berlin 1929
Ludwig, Karl-Heinz: Die Fabrikarbeit von Kindern im 19. Jahrhundert. Ein Problem der Technikgeschichte. In: Vierteljahrschrift für Sozial- und Wirtschaftsgeschichte 52, 1965, S. 63–85
Ludwig, Karl-Heinz: Die Agricola-Zeit im Montangemälde. Frühmoderne Technik in der Malerei des 18. Jahrhunderts. Düsseldorf 1979
Lueger, O. (Hg.): Lexikon der gesamten Technik und ihrer Hilfswissenschaften. Bd. 12. Fahrzeugtechnik. Stuttgart 1967
Lundgreen, Peter: Die Vertretung technischer Expertise «im Interesse der gesamten Industrie Deutschlands» durch den VDI 1856 bis 1890. In: Ludwig, K.-H. (Hg.): Technik, Ingenieure und Gesellschaft. Düsseldorf 1981, S. 67–166
Mager, Edwart: Arbeitsschutz auf zwei Gleisen. In: Arbeit und Leistung 17, 1963, S. 73–74
Mager, E./Rosenberger, P. E./Schneider, O. (Hg.): Kongreß für Arbeitsschutz und Arbeitsmedizin 1959. Darmstadt 1960
Malouscheck, Hubert: Berlin und die Geschichte der Eigenunfallversicherung. Berlin 1985
Marx, Karl: Zur Kritik der politischen Ökonomie (Manuskript 1861–1863). Text, Teil 6. MEGA II, Bd. 3. Berlin (Ost) 1982
Mathieu, J.: Gutachten über die Lage der Unfallforschung in der Bundesrepublik. Aachen 1964
Matschoß, Conrad/Bihl, Adolf: Schiess. Ein Beitrag zur Geschichte des deutschen Werkzeugmaschinenbaus. Berlin 1942
Mercier, Louis Sebastien: Tableau de Paris. Paris 1787. Zitat in der Übersetzung von Günter Metkau aus: Paris am Vorabend der Revolution. Karlsruhe 1967
Mertens, Alfred: Der Arbeitsschutz und seine Entwicklung. Dortmund 1978
Metreveli, St., Schmalz, U.: Daten zum Sportunfallgeschehen. Dortmund 1984
Michel, Ernst: Industrielle Arbeitsordnung. Die soziale Frage des Betriebes als volkspolitische Aufgabe. Jena 1932
Milles, Dietrich/Müller, Rainer (Hg.): Berufsarbeit und Krankheit. Gewerbehygienische, historische, juristische und sozialepidemiologische Studien zu einem verdrängten sozialen Problem zwischen Arbeitnehmerschutz und Sozialversicherung. Frankfurt/Main 1985
Mollat, Michel: Die Armen im Mittelalter, München 1984
Müller, H. H. (Hg.): Produktivkräfte in Deutschland 1870–1917/18. Berlin (Ost) 1985
Müller, Rainer/Milles, Dietrich (Hg.): Beiträge zur Geschichte der Arbeiterkrankheiten und der Arbeitsmedizin in Deutschland. Dortmund 1984
Münzinger, Friedrich: Ingenieure. Baumeister einer besseren Welt. Berlin 1947

Nahnsen, Ingeborg: Bemerkungen zum Begriff und zur Geschichte des Arbeitsschutzes. In: Martin Osterland (Hg.): Arbeitssituation, Lebenslage und Konfliktpotential. Festschrift Max Graf zu Solms-Roedelheim. Stuttgart 1975, S. 145–166

Neuloh, Otto: Der Arbeitsunfall und seine Ursachen. Stuttgart 1957

Neuloh, Otto: Die deutsche Betriebsverfassung und ihre Sozialformen bis zur Mitbestimmung. Tübingen 1956

Nienhaus, Ursula: Berufsstand weiblich. Berlin 1982

Oeser, Louis: Album der sächsischen Industrie. 2 Bde., Neuensalza 1856–1861.

Oesterlen, Fr.: Handbuch der medizinischen Statistik. Tübingen 1865

Paulinyi, Akos: Die industrielle Revolution: Die Entstehung des Fabriksystems in Großbritannien. In: Geschichte der Arbeit. Köln 1980, S. 193–242

Perrow, Charles: Normale Katastrophen. Die unvermeidlichen Folgen der Großtechnik. Frankfurt/Main 1987

Peter, Gerd: Zur ideologiekritischen Auseinandersetzung mit dem Humanisierungsprogramm. In: ... damit die Arbeit menschlicher wird. Willi Pöhler (Hg.). Bonn 1979, S. 38–44

Pilz, Robert: Betriebssicherheit ist eine Leistung. Ein Leitfaden der Betriebsmaßnahmen für unfallsichere Arbeit. Berlin 1941

Pöhler, Willi (Hg.): ... damit die Arbeit menschlicher wird. 5 Jahre Aktionsprogramm Humanisierung des Arbeitslebens. Bonn 1979

Popitz, Heinrich u. a.: Technik und Industriearbeit. Soziologische Untersuchungen in der Hüttenindustrie. Stuttgart 1957

Potthoff, H.: Gewerkschaften und Politik zwischen Revolution und Inflation. Düsseldorf 1979

Preller, L.: Sozialpolitik in der Weimarer Republik. Düsseldorf 1978

Prescher, Hans: Georgius Agricola. Persönlichkeit und Wirken für den Bergbau und das Hüttenwesen des 16. Jahrhunderts. Kommentarband zum Faksimiledruck «Vom Bergwerck XII Bücher». Weinheim/Leipzig 1985

Pütsch, Albert: Die Sicherung der Arbeiter gegen Gefahren für Leben und Gesundheit im Fabrikbetriebe. Berlin 1883

Quandt, Siegfried (Hg.): Kinderarbeit und Kinderschutz in Deutschland 1783–1976. Paderborn 1976

Ramazzini, Bernardo: De morbis artificum diatriba. Modena 1700; dt.: Untersuchung von den Krankheiten der Handwerker und Künstler. Leipzig 1705

Recker, Marie-Luise: Nationalsozialistische Sozialpolitik im Zweiten Weltkrieg. München 1985

Reichsamt des Innern (Hg.): Ergebnisse der über die Verhältnisse der Lehrlinge, Gesellen und Fabrikarbeiter angestellten Erhebungen. Berlin 1877

Reichsamt des Innern (Hg.): Ergebnisse der über die Frauen- und Kinderarbeit in den Fabriken angestellten Erhebungen. Berlin 1877.

Reichsarbeitsministerium (Bearb.): Arbeitswissenschaftliche und berufskundliche Forschungsstätten. Berlin 1920

Reports from Commissioners: Children's Employment (Mines), Vol. 15. British Parliamentary Papers, Children's Employment Commission, First Report of the Commissioners of Mines, Industrial Revolution Children's Employment, Vol. 6, London 1842. Reprint Shannon Ireland, Irish University Press 1968

Reulecke, Jürgen: Sozialer Frieden durch soziale Reform. Wuppertal 1983

Ritzmann, Friedrich: Arbeitsaufsicht. In: Festschrift 100 Jahre TH Fridericiana. Karlsruhe 1925, S. 321–338

Ropohl, G.: Arbeit im Wandel. Technische Entwicklung, Beschäftigung und Arbeitsorganisation. Berlin 1985

Rosumek, Peter: Technischer Fortschritt und Rationalisierung im antiken Bergbau. Bonn 1982

Ruck, Michael: Die freien Gewerkschaften im Ruhrkampf 1923. Köln 1986
Rürup, Reinhard (Hg.): Wissenschaft und Gesellschaft, 2 Bde., Berlin 1979
Sachße, Christoph/Tennstedt, Florian: Soziale Sicherheit und Soziale Disziplinierung. Frankfurt/Main 1986
Schlegel, Jul. H. G.: Die Krankheiten der Handwerker und Künstler, nach dem Lateinischen des Bernh. Ramazzini. Neu bearb. von Patissier. Aus dem Frz. übers. Ilmenau 1823
Schlesinger, Georg: Unfallverhütungstechnik, Berlin 1910
Schlimme, W.: Arbeitsschutz und Gewerkschaften. In: Zentralblatt für Arbeitswissenschaft 1, 1947, S. 81–84
Schlossmann, A. (Hg.): GE-SO-LEI. Große Ausstellung Düsseldorf 1926 für Gesundheitspflege, soziale Fürsorge und Leibesübungen. 2 Bde., Düsseldorf 1927
Schnapauff, Johann: Frühe Wasserversorgung besonders in Deutschland mit Einzelheiten über die Tätigkeit von Jörg Reinhardt für die Neue Wasserkunst in Rostock/Mecklenburg und die Versorgung von Demmin/Pommern 1618–1620. Frankfurt/Main 1977
Schneider, Heinrich: Gefahren der Arbeit in der chemischen Industrie. Hannover 1911
Sieferle, Rolf Peter: Fortschrittsfeinde? Göttingen 1984
Simons, Rolf: Staatliche Gewerbeaufsicht und gewerbliche Berufsgenossenschaften. Entstehung und Entwicklung des dualen Aufsichtssystems im Arbeitsschutz in Deutschland von den Anfängen bis zum Ende der Weimarer Republik. Frankfurt/Main 1984
Singer, Charles/Holmyard, E. J./Hall, A. R. (Hg.): A History of Technology, 8 Bde., Oxford 1954–1984
Skiba, Reinald: Taschenbuch Arbeitssicherheit, 5. Aufl., Wuppertal 1985
Smith, Adam: Natur und Ursachen des Volkswohlstandes. Leipzig 1933; (zuerst 1776)
Sombart, Werner: Der Kapitalismus, 3 Bde., München 1928
Sombart, Werner: Luxus und Kapitalismus. 2. Aufl., München 1922
Sommerfeld, Theodor/Fischer, R.: Liste der gewerblichen Gifte. Jena 1912
Sonnemann, Rolf (Hg.): Geschichte der Technik. Leipzig 1978
Sonnenberg, Gerhard Siegfried: Hundert Jahre Sicherheit. Beitrag zur technischen und administrativen Entwicklung des Dampfkesselwesens in Deutschland 1810–1910. Düsseldorf 1968
Sozialgeschichtliches Arbeitsbuch. 3 Bde., München 1975/82
Spree, R.: Soziale Ungleichheit von Krankheit und Tod. Zur Sozialgeschichte des Gesundheitsbereiches im Deutschen Kaiserreich. Göttingen 1981
Spur, Günter: Produktionstechnik im Wandel. München 1979
Statistisches Bundesamt (Hg.): Lange Reihen zur Wirtschaftsentwicklung. Stuttgart 1982
Statistisches Bundesamt (Hg.): Beruf und Todesursache. Stuttgart 1963
Stearns, P. N.: Lives of Labour. Work in a Maturing Industrial Society. London 1975
Stollberg, G.: Die gewerkschaftlichen zentralisierten Hilfskassen im Deutschen Kaiserreich. In: Zeitschrift für Sozialreform 29, 1983, S. 339–369
Strasser, Isa: Frauenarbeit und Rationalisierung. Moskau/Berlin 1927
Stromer, Wolfgang von: Die Gründung der Baumwollindustrie in Mitteleuropa. Stuttgart 1978
Suhling, Lothar: Aufschließen, Gewinnen und Fördern. Geschichte des Bergbaus. Reinbek 1983
Suhling, Lothar: Der Saigerhüttenprozeß. Stuttgart 1976
Syrup, F./Neuloh, O.: Hundert Jahre staatliche Sozialpolitik 1839–1939. Stuttgart 1957

Syrup, Friedrich: Die Bedeutung und die gesetzlichen Grundlagen des Arbeiterschutzes. In: Handbuch des Arbeiterschutzes und der Betriebssicherheit. Bd. 1, Hg. Friedrich Syrup. Berlin 1927
Taylor, Frederic Winslow: Die Grundsätze wissenschaftlicher Betriebsführung. München 1913
Teleky, Ludwig: History of Factory and Mine Hygiene. New York 1948
Tenfelde, Klaus: Sozialgeschichte der Bergarbeiterschaft an der Ruhr im 19. Jahrhundert. Bonn-Bad Godesberg 1977
Theobald, Wilhelm (Hg.): Technik des Kunsthandwerks im zehnten Jahrhundert. Des Theophilus Prebyters Diversarum Artium Schedula. Berlin 1933
Timm, Helga: Die deutsche Sozialpolitik und der Bruch der großen Koalition im März 1930. Düsseldorf 1952
Tolman, W. H.: Social Engineering. New York 1909
Troitzsch, Ulrich/Weber, Wolfhard (Hg.): Die Technik. Von den Anfängen bis zur Gegenwart. 2. Aufl. Braunschweig 1987
Troitzsch, Ulrich/Wohlauf, Gabriele (Hg.): Technik-Geschichte. Frankfurt/Main 1980
Ullrich, Otto: Technik und Herrschaft. Frankfurt/Main 1977
Umlauf, Joachim: Die Deutsche Arbeitsschutzgesetzgebung 1880–1890. Ein Beitrag zur Geschichte des sozialen Rechtsstaates. Berlin 1980
Unfallverhütung durch das Bild. 4. Ausg., Berlin 1939
Ungewitter, Claus: Ausgewählte Kapitel aus der Geschichte der chemisch-industriellen Wirtschaftspolitik 1877–1927. Berlin 1927
Ure, Andrew: The Philosophy of Manufactures: Or an Exposition of the Scientific Moral, and Commercial Economy of the Factory System of Great Britain. London 1835
Ven, Frans van der: Sozialgeschichte der Arbeit. 3 Bde., München 1972
Völkening, U.: Unfallentwicklung und -verhütung im Bergbau des deutschen Kaiserreiches. Dortmund 1980
Volkmann, Heinrich: Die Arbeiterfrage im preußischen Abgeordnetenhaus 1848–1869. Berlin 1968
Volkmann, H./Tenfelde, K. (Hg.): Streik, Berlin 1968
Volkmann, Paul: Die Zentralstelle für Unfallverhütung des Hauptverbandes der gewerblichen Berufsgenossenschaften. Entwicklung, Aufgaben und ihre Problematik. In: Grundsatzfragen der Sozialen Unfallversicherung. Festschrift H. Lauterbach. Berlin 1961, S. 271–286
Wallraff, Günter: Ganz unten. Köln 1985
Warnke, Martin: Bau und Überbau. Frankfurt/Main 1976
Weber, Wolfhard: Probleme des Technologietransfers in Europa im 18. Jahrhundert. Reisen und technologischer Transfer. In: Technologischer Wandel im 18. Jahrhundert. U. Troitzsch (Hg.). Wolfenbüttel 1981, S. 189–218
Weber, Wolfhard: Technische Sicherheit in der deutschen Industriegesellschaft. In: Festakt 100-Jahr-Feier der VdTÜV 14. Juni 1984 Bonn. Essen 1984
Weber, Wolfhard: Technische Sicherheit im Industriezeitalter 1850–1930. Wuppertal 1986
Weber-Kellermann, Ingeborg: Die deutsche Familie. Frankfurt/Main 1974
Wedekind, Erich: Die Rationalisierung im Ruhrbergbau und ihre ökonomischen und sozialen Auswirkungen. Düren 1930
Weindling, Paul (Hg.): The Social History of Occupational Health. London 1986
Weisbrod, Bernd: Wohltätigkeit und «symbolische Gewalt» in der Frühindustrialisierung. Städtische Armut und Armenpolitik in Wuppertal. In: H. Mommsen/W. Schulze: Vom Elend der Handarbeit. Stuttgart 1981, S. 334–357
Wengenroth, Ulrich: Unternehmensstrategien und technischer Fortschritt. Göttingen 1986

Werner, Wolfgang Franz: «Bleib übrig». Deutsche Arbeiter in der nationalsozialistischen Kriegswirtschaft. Düsseldorf 1983
White, Lynn jr.: Medieval Technology and Social Change. Oxford 1962
Wickenhagen, Ernst: Geschichte der gewerblichen Unfallversicherung. Wesen und Wirken der gewerblichen Berufsgenossenschaften. 2 Bde., München 1980
Wickenhagen, Ernst: Verbandsführung im Wandel der Zeit. In: Grundsatzfragen der sozialen Unfallversicherung. Bd. 2, Berlin 1981, S. 15–32
Wiesenack, Günter: Wesen und Geschichte der technischen Überwachungs-Vereine. Köln 1971
Wilsdorf, Helmut: Bergbautechnische Neuerungen des XVI. Jahrhunderts und ihr Einfluß auf die Gesundheit der Bergleute. In: Neue Zeitschrift für ärztliche Fortbildung 48, 1959, S. 778–784
Wilsdorf, Helmut/Quellmalz, Werner: Bergwerke und Hüttenanlagen der Agricola-Zeit. Berlin (Ost) 1971
Wisotzky, Klaus: Der Ruhrbergbau im Dritten Reich. Studien zur Sozialpolitik im Ruhrbergbau und zum sozialen Verhalten der Bergleute in den Jahren 1933–1939. Düsseldorf 1983
Yano, Hisashi: Hüttenarbeiter im Dritten Reich. Stuttgart 1986
Zimmermann, Lothar: Humane Arbeit. Leitfaden für Arbeitnehmer. 5 Bde., Reinbek 1982
Zumpe, Lotte: Zur Geschichte der Unfallverhältnisse in der deutschen Industrie 1885–1932. Diss. Berlin (Ost) 1961
Zunkel, Friedrich: Die Bedeutung des Gemeinwirtschaftsgedankens für die technisch-wissenschaftliche Zusammenarbeit im und nach dem Ersten Weltkrieg. In: Technikgeschichte 46, 1979, S. 212–226

Personen- und Sachregister

Bildquellen

1 Plakat von Franz von Stuck zur Internationalen Hygiene-Ausstellung Dresden 1911. Stadtmuseum München. Foto des Museums
2 Grabstele (Ende des 1. Jh. oder Anfang des 2. Jh. – Fundort Aquileia). Museo Nationale Aquileia. Foto des Museums
3 Kupferstich aus J. P. Voit: Unterhaltungen für junge Leute aus der Naturgeschichte, dem bürgerlichen Leben und der Kunst, Bd. 2. Nürnberg 1804. Taf. 19
4 Holzschnitt aus G. Agricola: De re metallica libri XII... Basel 1556 (Drucker Frobenius). Liber septimus, S. 176 (oben) – Ausschnitt
5 Holzschnitt aus G. Agricola: De re metallica libri XII... Basel 1556 (Drucker Frobenius). Liber octavus, S. 213 – Ausschnitt
6 Foto (um 1900) aus K. Hartmann: Unfallverhütung für Industrie und Landwirtschaft. In: Bibliothek der Naturkunde und Technik, Bd. 5. Stuttgart o. J. (um 1902). Abb. 71, S. 197
7 Holzschnitt aus U. Ellenbog: Von den gifftigen besen Tempffen und Reüchen, der Metal, als Silber, Quecksilber, Bley und anders so die Edlenhandtwerck des Geltschmidens und ander Arbeiter in des Feür sich gebrauchen müssen. Wie sie sich da mit halten und die Gift vertreiben sollen. Augsburg um 1524 (Drucker M. Ramminger). Titelblatt
8 Holzschnitt aus G. Agricola: De re metallica libri XII... Basel 1556 (Drucker Frobenius). Liber nonus, S. 341
9 Kupferstich von A. Hirschvogel (1538). Graphische Sammlung Albertina Wien. Foto Deutsches Museum München
10 Kupferstich aus R. A. F. de Réaumur: L'art de l'épinglier. In: Description des arts et métiers, Bd. 2. Paris 1762. Taf. 2
11 Foto (kurz nach 1900, Frankreich) aus E. M. Johansen: Kinderarbeit und Kinderausbeutung – heute wie gestern. In: Kinderleben – Kinderelend. Arbeiterkinder in der «guten alten Zeit». Bilddokumente und Texte zu einem unbequemen Thema. Begleitheft zur Ausstellung. Duisburg, Niederrheinisches Museum der Stadt Duisburg, Dezernat für Kultur und Bildung 1979. S. 33
12 Kupferstich von Benard nach Zeichnung von Lucotte aus: L'Encyclopédie... Recueil de planches, sur les sciences, les arts libéraux, et les arts méchaniques, avec leur explication (Hg. D. Diderot, J. L. d'Alembert), Bd. 8. Paris 1771. Miroitier, Taf. 1, Fig. 3 u. 4
13 Kupferstich von J. G. Seiller (um 1690). Hier aus F. Koelsch: Bernardino Ramazzini. Der Vater der Gewerbehygiene (1633–1714). Sein Leben und seine Werke. Stuttgart 1912. Frontispice
14 Zeichnung aus C. Mackenzie: One thousand experiments in chemistry. London 1822. Frontispiz
15 Gemälde auf Kupfer von H. J. Strell – 1654. Städtische Kunstsammlungen Augsburg – Maximilian Museum. Foto des Museums
16 Lithographie aus: Album des célébrités industrielles contemporaines, Bd. 2. Paris 1865. Abb. zu: Notice sur la manufacture générale de papier à lettres et d'enveloppes de lettres (no. 17)
17 Foto (o. J.) aus Woitscheck (Gewerbeaufsicht Augsburg): Die Entwicklung des technischen Arbeitsschutzes in der bayerischen Textilindustrie. In: 100 Jahre bayerische Gewerbeaufsicht 1879–1979. München, Bayerisches Staatsministerium für Arbeit und Sozialordnung 1979. Abb. 1, S. 136
18 Stahlstich von J. W. Lowry nach Zeichnung von T. Allom aus E. Baines: History of the cotton manufacture in

Great Britain: with a notice of its early history in the east, and in all the quarters of the globe; a description of the great mechanical inventions, which have caused its unexampled extension in Britain; and a view of the present state of the manufacture, and the condition of the classed engaged in its several departments. London 1835. Bei S. 211 (Ausschnitt)

19 Foto Kammgarnspinnerei Augsburg (1912). Hier aus W. Ruppert: Die Fabrik. Geschichte von Arbeit und Industrialisierung in Deutschland. München, Verlag C. H. Beck 1983. S. 178

20 Gemälde von A. Dressel (um 1910). Hier aus A. Fürst: Das Reich der Kraft. In der Reihe: Leuchtende Stunden. Eine Reihe schöner Bücher (Hg. F. Goerke). Berlin-Charlottenburg 1912. S. 67

21 Holzstich aus: Illustrirte Zeitung, Bd. 12. Leipzig 1849. Nr. 291. S. 56

22 Holzstich aus: Illustrirte Zeitung, Bd. 4. Leipzig 1845. Nr. 104, S. 413

23 Sicherheitslampen aus dem Deutschen Museum München; Bereich: Sammlungen; Abteilung: Bergbau. Foto: Deutsches Museum München, Bildstelle

24 Holzstich aus L. Simonin: La vie souterraine ou les mines et les mineurs. Paris 1867. Abb. 40, S. 119(a). Holzstich aus: Children's Employment Commission. First report of the commissioners. Mines. Presented to both Houses of Parliament by Command of Her Majesty. London 1842. Abb. 15, S. 93. Hier aus Faksimileausgabe, Shannon (Irland) 1968 (b)

25 Holzstich aus L. Simonin: La vie souterraine ou les mines et les mineurs. Paris 1867. Abb. 90, S. 337

26 Postkarte (um 1900). Hier aus S. Onkel: Haar het leven. Die Darstellung sozialer Probleme in der belgischen Malerei 1850–1875. In: Arbeit und Alltag. Soziale Wirklichkeit in der belgischen Kunst 1830–1914. Katalog der Ausstellung in Berlin. Berlin, Neue Gesellschaft für Bildende Kunst 1979. S. 292

27 Gemälde von A. Menzel – 1875. Staatliche Museen zu Berlin, Nationalgalerie. Foto Deutsches Museum München, Bildstelle

28 Titelblatt aus: Scientific American. A weekly journal of practical information, art, science, mechanics. chemistry and manufactures, Bd. 45. New York 1881. Nr. 10 (New series)

29 Stahlstich aus: Scientific American – supplement, Bd. 16. New York 1883. Nr. 6347

30 Stahlstich aus: Scientific American. A weekly journal of practical information, art, science, mechanics. chemistry, and manufactures, Bd. 62. New York 1890. Nr. 24, S. 369

31 Foto (1901) Siemens Museum München, Bildarchiv

32 Foto (um 1925) aus: Handbuch des Arbeitsschutzes und der Betriebssicherheit... (Hg. Fr. Syrup), Bd. 1. Berlin 1927. Abschnitt II (Die baulichen Anlagen gewerblicher Betriebe), Kap. 6 (Die künstliche Lüftung und Luftverbesserung), Abb. 6, S. 177

33 Holzstich nach Zeichnung von L. Burger aus C. v. Herget, Fr. Kohl, Fr. Luckenbacher, Th. Schwartze, J. Zöllner: Die mechanische Bearbeitung der Rohstoffe. In: Das neue Buch der Erfindungen, Gewerbe und Industrien. Rundschau auf allen Gebieten der gewerblichen Arbeit, Bd. 6. Leipzig u. Berlin 1874. S. 1

34 Guache von François Bonhommé (um 1866). Musée du Conservatoire national des arts et métiers, Paris. Foto des Museums

35 Foto von Lewis W. Hine (um 1909–1913). Hier aus: Kinderleben – Kinderelend. Arbeiterkinder in der «guten alten Zeit». Bilddokumente und Texte zu einem unbequemen Thema. Begleitheft zur Ausstellung. Duisburg, Niederrheinisches Museum der Stadt Duisburg, Dezernat für Kultur und Bildung 1979. S. 17

36 Holzstich nach Ölgemälde von R. Koehler (1886) aus: Illustrirte Zeitung, Bd. 86. Leipzig und Berlin 1886. Nr. 2243, S. 635

37 Foto aus: Sicherheit aktuell (3-M-Werbeschrift). Hamburg 1981. Nr. 3 (a) Kupferstich von Tanquerel des Planches aus seinem Buch: Traité des mala-

dies de plomb ou saturnines. Bd. 1. Paris 1839. S. 28 (b)
38 Plakat (o. J.) von V. Mignot. Musée de la vie Wallone, Lüttich. Foto des Museums
39 Holzstiche nach Zeichnungen von Thür aus O. Lassar: Über Volksbäder. Braunschweig 1888. Abb. 2, S. 18 (Totalansicht); Abb. 3, S. 19 (Grundriß)
40 Text aus: Reichsgesetzliche Vorschriften-Bestimmungen der Gewerbe-Ordnung v. 21. Juni 1869 betr. Genehmigung zur Anlegung von Dampfkesseln (§ 107). Hier aus: Anlage, Betrieb und Beaufsichtigung von Dampfkesseln. Nach der Gesetzgebung des Deutschen Reiches und der Einzelstaaten für den praktischen Gebrauch bearbeitet. In: Reichsgesetze. Text und Anmerkungen. Kortkampf'sche Ausgabe. Titel I. Staatsbürgerrecht, Gewerbewesen. Hf. 10. Berlin 1875. S. 12
41 Bleistiftzeichnung (1882) für den Bayerischen Dampfkessel-Revisions-Verein. Bayerisches Landesinstitut für Arbeitsschutz München
42 Stahlstich nach Zeichnung von J. Bahr aus: Illustrirte Zeitung, Bd. 93. Leipzig und Berlin 1889. Nr. 2402, S. 42–43
43 Foto (1907) aus: Zeitschrift der Dampfkesseluntersuchungs- und Versicherungs-Gesellschaft a. G., Jg. 32. Wien 1907. S. 7
44 Kupferstich von W. Grohmann aus: Anlage, Betrieb und Beaufsichtigung von Dampfkesseln. Nach der Gesetzgebung des Deutschen Reiches und der Einzelstaaten für den praktischen Gebrauch bearbeitet. In: Reichsgesetze. Text und Anmerkungen. Kortkampf'sche Ausgabe. Titel I. Staatsbürgerrecht, Gewerbewesen. Hf. 10. Berlin 1875. Taf. 1
45 Unfallanzeige aus dem Jahre 1900. Zentralarchiv für empirische Sozialforschung, Köln. Hier aus W. Bick u. E. K. Scheuch: Sozialforschung in historischen Quellen. Alte Daten werden aufbereitet. In: Forschung. Mitteilungen der DFG (Hg. Deutsche Forschungsgemeinschaft). Boppard, Harald Boldt Verlag GmbH 1980. Hf. 3, S. 21
46 Foto (1903) aus Bertheau: 25 Jahre Deutsches Arbeitsschutz-Museum 1903 bis 1928. Berlin 1928. Abb. 1, S. 24
47 Fotos (um 1925) aus Bertheau: 25 Jahre Deutsches Arbeitsschutz-Museum 1903–1928. Berlin 1928. Abb. 21, S. 80 (a); Abb. 19, S. 77 (b) Foto (um 1913) aus: Ständige Ausstellung für Arbeiterschutz und Arbeiterwohlfahrt in Helsingfors, Finnland – 1914 (c)
48 Foto (1929) aus: Die Abteilung Gewerbehygiene im Deutschen Arbeitsschutz-Museum, Berlin-Charlottenburg. Berlin 1929. Abb. 7, S. 47
49 Werkfoto (1938) aus W. Greiling: Chemie erobert die Welt. Berlin 1938. Bei S. 105
50 Werkfoto (um 1930) A. O. Smith Corp., Milwaukee, Wis. (USA)
51 Werkfoto (um 1937) Degea. Hier aus W. Greiling: Chemie erobert die Welt. Berlin 1938. Bei S. 360
52 Foto (1925) Siemens Museum München, Bildarchiv
53 Tafel aus den Sammlungen des Deutschen Hygiene-Museums Dresden. Hier aus A. Brandt: Arbeitsschutz und Gesundheitsführung. Ein Leitfaden für Arbeitsschutzwalter und Betriebsführer. Dresden 1937. Abb. 31, S. 123 (Ausschnitt)
54 Foto aus H. Röder und J. Weigert: Zur Entwicklung des Arbeitsschutzes in der ostbayerischen Glasindustrie. In: 100 Jahre bayerische Gewerbeaufsicht 1879–1979. München, Bayerisches Staatsministerium für Arbeit und Sozialordnung 1979. Abb. 4, S. 86
55 Fotos aus F. X. Karsch: Beschreibung einiger bewährten Schutzvorrichtungen an Kreissägen. In: Königlich Bayerisches Arbeiter-Museum München, 14. Folge der «Laufenden Mitteilungen». München 1913. Abb. 3, S. 3 (a); Abb. 8, S. 5 (b)
56 Merkblatt (um 1925) aus: Handbuch des Arbeiterschutzes und der Betriebssicherheit... (Hg. Fr. Syrup), Bd. 1. Berlin 1927. Abschnitt V (Die Betriebsführung und das Verhalten der Arbeiter im Betriebe unter besonderer Berücksichtigung der allgemeinen Physiologie und Psychologie der Arbeit), Kap. 8 (Die persönliche Ausrüstung

des Arbeiters), Abb. 1, S. 545 (a) Plakat der National Fire Protection Association, Boston (Mass.) – USA. Hier aus Schneider und Weber: Technischer Arbeitsschutz. Vorschriften und Normen für die Betriebssicherheit. In: Sicherheits-Probleme in USA. RKW-Auslandsdienst. Schriftenreihe des Rationalisierungs-Kuratoriums der Deutschen Wirtschaft (RKW), Hf. 67. München, Carl Hanser Verlag 1958. Abb. 10, S. 36 (b)
57 Titelblatt aus: Handbuch des Arbeiterschutzes und der Betriebssicherheit... (Hg. Fr. Syrup), Bd. 1. Berlin 1927
58 Foto (1914) Siemens Museum München, Bildarchiv
59 Schriftproben aus: Handbuch des Arbeiterschutzes und der Betriebssicherheit... (Hg. Fr. Syrup), Bd. 2. Berlin 1927. Abschnitt VI (Das Bekleidungs- und Reinigungsgewerbe) – Kap. 3 (Die Woll- und Haarhutindustrie), Abb. 8, S. 324
60 Foto aus H. Reichert: Berufsschädigungen bei Glasbläsern in der Mundhöhle und am Zahnsystem. In: Zentralblatt für Gewerbehygiene, Jg. 10. Berlin 1922. H. 1, Abb. 3b, S. 2 (links). Foto aus M. Kraus: Wiener Arbeiten aus dem Gebiete der sozialen Medizin. In der Reihe: Klinische und sozialmedizinische Arbeiten (Hg. Schiff). Wien 1915. Hier aus K. B. Lehmann: Kurzes Lehrbuch der Arbeits- und Gewerbehygiene. Leipzig 1919. Abb. 38 (Fig. 5), S. 144 (rechts)
61 Merkblatt der Lederindustrieberufsgenossenschaft (um 1926) – Ausschnitt. Hier aus: Handbuch des Arbeiterschutzes und der Betriebssicherheit... (Hg. Fr. Syrup), Bd. 2. Berlin 1927. Abschnitt V (Die Leder- und Gummiindustrie), Kap. 4 (Roßhaarspinnereien), Abb. 10, S. 295
62 Foto (1927) aus: Handbuch des Arbeiterschutzes und der Betriebssicherheit... (Hg. Fr. Syrup), Bd. 2. Berlin 1927. Abschnitt III (Die Industrie der Steine, Erden und des Torfes), Kap. 1 (Die Steinbrüche und Steinhauereien, Kies- und Sandgruben, Kalkmühlen und Kalkbrennereien), Abb. 33, S. 106
63 Anzeige aus: Handbuch des Arbeiterschutzes und der Betriebssicherheit... (Hg. Fr. Syrup), Bd. 1. Berlin 1927. S. 692
64 Werkfoto (1938) Böhringer. Hier aus W. Greiling: Chemie erobert die Welt. Berlin 1938. Bei S. 41 (Ausschnitt)
65 Foto (1931) aus: Aspekte – Drehpunkt 1930 (Hg. H. Wichmann). München, BMW-Edition 1979. S. 89
66 Foto (1938) aus: Das Taschenbuch Schönheit der Arbeit (Hg. Amt «Schönheit der Arbeit»). Berlin 1938. S. 178
67 Foto (1938) I. G. Farben Bildarchiv. Hier aus W. Greiling: Chemie erobert die Welt. Berlin 1938. Bei S. 257
68 Zeichnung aus G. Rauer: The Kohlenhobel. A guide book on the installation and performance of the Kohlenhobel. Essen und Kettwig, Verlag Glückauf 1948. Abb. 1, S. 8
69 Werbeprospekt der Fa. Otto Seifert, Neuhausen (Erzgebirge) – 1940. Archiv W. Weber, Bochum
70 Foto aus: Frauen im Werk. Schönheit der Arbeit erleichtert der Frau das Einleben im Betrieb (Hg. Amt «Schönheit der Arbeit»). Berlin 1940. S. 18 (unten)
71 Foto Associated Press – Süddeutscher Verlag München, Bilderdienst
72 Foto (1940) aus: Frauen im Werk. Schönheit der Arbeit erleichtert der Frau das Einleben im Betrieb (Hg. Amt «Schönheit der Arbeit»). Berlin 1940. S. 10
73 Foto (um 1945) KZ-Gedenkstätte Dachau, Museum-Archiv-Bibliothek
74 Foto (1945) W. B. Francé. Hier aus: Trümmerzeit in München. Kultur und Gesellschaft einer deutschen Großstadt im Aufbruch 1945–1949 (Hg. F. Prinz). Begleitbuch zur gleichnamigen Ausstellung im Münchner Stadtmuseum 1984. S. 53
75 Foto (1945) W. B. Francé. Hier aus: Trümmerzeit in München. Kultur und Gesellschaft einer deutschen Großstadt im Aufbruch 1945–1949 (Hg. F. Prinz). Begleitbuch zur gleichnamigen Ausstellung im Münchner Stadtmuseum 1984. S. 299

76 Foto (1986) Jutta Beuke, München
77 Vier Briefmarken aus der Dauerserie «Unfallverhütung» (entworfen vom Grafiker-Ehepaar Prof. Förtsch-Baumgarten, Berlin). Deutsche Bundespost
78 Foto (1958) aus: Medizinische und berufliche Rehabilitation in den USA. Bericht über eine Studienreise von A. W. Helms u. a. In: RKW-Auslandsdienst, Schriftenreihe des Rationalisierungs-Kuratoriums der Deutschen Wirtschaft (RKW), H. 66. München, Carl Hanser Verlag 1958. Abb. 2, S. 18 (a). Kupferstich aus Chr. von Mechel: Die eiserne Hand des tapfern deutschen Ritters Götz von Berlichingen wie selbige noch bei seiner Familie in Franken aufbewahrt wird... Berlin 1815. Taf. 2, Fig. 3, 4, 5 und 6. Hier aus Faksimile-Ausgabe (Hg. R. Kellermann und W. Treue). Homberg/Oberhessen und Göttingen 1961 (b)
79 Foto aus der Ausstellung des Landesverbandes Bayern der gewerblichen Berufsgenossenschaften im Deutschen Museum München (1971–1984)
80 Foto aus: Schulfunk (Hg. Bayerischer Rundfunk), Nr. 392/393. München 1980. S. 1000
81 Foto aus: Abbau von Belastungen im öffentlichen Personennahverkehr. Dortmund, Bundesanstalt für Arbeitsschutz 1986. S. 11
82 Bildtafel aus der Ausstellung des Landesverbandes Bayern der gewerblichen Berufsgenossenschaften im Deutschen Museum München (1971–1984)
83 Foto (1961) Deutsches Museum München, Bildstelle
84 Gemälde (1910) und Foto (1970) – British Ceramic Research Association. Hier aus: A history of technology, Bd. 6 (Hg. T. I. Williams). Oxford, Oxford University Press 1978. Abb. 25.2, S. 626 (Ausschnitt)

Tabellen

1 Arbeit menschlicher machen. Arbeitsschutz in der Bundesrepublik Deutschland. Dortmund, Bundesanstalt für Arbeitsschutz 1986. S. 4
2 I. Udris (Mitarbeit I. Kaufmann): Psychische Belastung und Beanspruchung. In: Humane Arbeit – Leitfaden für Arbeitnehmer (Hg. L. Zimmermann), Bd. 5 (Belastungen und Stress bei der Arbeit. Körperliche und psychische Beanspruchung, Gesundheit, Erholungspausen). Reinbek bei Hamburg, Rowohlt Taschenbuch Verlag 1982. S. 112
3 Graphische Zeichnung von L. Schletzbaum, Fürstenfeldbruck
4 Graphische Zeichnung von L. Schletzbaum, Fürstenfeldbruck
5 Arbeiterschutzbüchlein der Reichsarbeitsverwaltung (Berlin). Hier aus: Gesundheitslehre für die Fortbildungs-, Berufs- und Fachschulen unter besonderer Berücksichtigung der Gewerbehygiene (Hg. C. Adam, N. Engel, F. Lorentz), Bd. 1. Leipzig 1926. Abb. 64, S. 283
6 R. Skiba: Taschenbuch Arbeitssicherheit. Bielefeld, Erich Schmidt Verlag GmbH 1985. S. 58
7 Nach: Handbuch des Arbeitsschutzes und der Betriebssicherheit... (Hg. Fr. Syrup), Bd. 3. Nachtrag zum Band II, Abschnitt II «Eisenhütten» – Vereinigte Stahlwerke Aktiengesellschaft. Unfallschutz und Betriebssicherheit auf der Dortmunder Union im Jahre 1926. Berlin 1928. Abb. 1, S. 517
8 Nach Kühn-Birett: Umgang mit Arbeitsstoffen. München, Verlag Moderne Industrie 1979
9 R. Skiba: Taschenbuch Arbeitssicherheit. Bielefeld, Erich Schmidt Verlag GmbH 1985. S. 22 (oben)
10 Nach H. Rehhahn: Arbeitswissenschaftlicher Beitrag zur Sicherheits-

strategie. In: REFA-Nachrichten, H. 27, 1974. S. 14
11 R. Skiba: Taschenbuch Arbeitssicherheit. Bielefeld, Erich Schmidt Verlag GmbH 1985. S. 22 (unten)
12 R. Skiba: Taschenbuch Arbeitssicherheit. Bielefeld, Erich Schmidt Verlag GmbH 1985. S. 24
13 Nach H. Meine: Schallpegel und Dezibel. In: Humane Arbeit – Leitfaden für Arbeitnehmer (Hg. L. Zimmermann), Bd. 2 (Gesundheitsgefahren bei der Arbeit). Reinbek bei Hamburg, Rowohlt Taschenbuch Verlag GmbH 1982. Abb. D. 2, S. 21
14 R. Skiba: Taschenbuch Arbeitssicherheit. Bielefeld, Erich Schmidt Verlag GmbH 1985. S. 37
15 R. Skiba: Taschenbuch Arbeitssicherheit. Bielefeld, Erich Schmidt Verlag GmbH 1985. S. 57
16 Bundesanstalt für Arbeitsschutz, Dortmund
17 Abbau von Belastungen im öffentlichen Personennahverkehr. Dortmund, Bundesanstalt für Arbeitsschutz 1986. S. 22

Deutsches Museum

Kulturgeschichte der Naturwissenschaften und der Technik

Jochim Varchmin/Joachim Radkau
Kraft, Energie und Arbeit
Energie und Gesellschaft (7701)

Almut Bohnsack
Spinnen und Weben
Entwicklung von Technik und Arbeit im Textilgewerbe (7702)

Heinz Haberkorn
Anfänge der Fotografie
Entstehungsbedingungen eines neuen Mediums (7703)

Karl Heinz Mommertz
Bohren, Drehen und Fräsen
Geschichte der Werkzeugmaschinen (7704)

Michael Heidelberger/Sigrun Thiessen
Natur und Erfahrung
Von der mittelalterlichen zur neuzeitlichen Naturwissenschaft (7705)

Karl Otto Henseling
Bronze, Eisen, Stahl
Bedeutung der Metalle in der Geschichte (7706)

Erik Eckermann
Vom Dampfwagen zum Auto
Motorisierung des Verkehrs (7707)

Rolf Oberliesen
Information, Daten und Signale
Geschichte technischer Informationsverarbeitung (7709)

Gernot Krankenhagen/Horst Laube
Werkstoffprüfung
Von Explosionen, Brüchen und Prüfungen (7710)

ro
ro
ro

C 2061/5

Deutsches Museum

Kultur-
geschichte
der Natur-
wissenschaften
und der Technik

Helmut Lindner
Strom
Erzeugung, Verteilung und Anwendung der Elektrizität (7723)

Günter Garbrecht
Wasser
Vorrat, Bedarf und Nutzung in Geschichte und Gegenwart (7724)

Michael Eckert/Helmut Schubert
Kristalle, Elektronen, Transistoren
Von der Gelehrtenstube zur Industrieforschung (7725)

Jörg Meya/Heinz Otto Sibum
Das fünfte Element
Wirkungen und Deutungen der Elektrizität (7726)

Günter Bayerl/Karl Pichol
Papier
Produkt aus Lumpen, Holz und Wasser (7727)

Joachim Radkau/Ingrid Schäfer
Holz
Ein Naturstoff in der Technikgeschichte (7728)

rororo

C 2061/7 b